ENZYKLOPÄDIE DER BUNDESMARINE
1956–1990

Hans Karr

Motor
buch
Verlag

Einbandgestaltung: Luis dos Santos

Bildnachweis: Die zur Illustration dieses Buches verwendeten Aufnahmen stammen – wenn nicht anderes vermerkt ist – vom Verfasser.
Allen Bildgebern sei recht herzlich für die Überlassung des Bildmaterials gedankt. Bei den Bildunterschriften sind sie jeweils vermerkt.
Bei einigen Fotos konnten die Inhaber der Bildrechte nicht eindeutig ermittelt werden. Verlag und Autor bitten freundlicherweise um Kontaktaufnahme.
Der Leser möge die Bildqualität einiger Abbildungen entschuldigen. Sie ist dem altersbedingten Zustand der Bildvorlagen geschuldet.

ISBN: 978-3-613-04219-3

1. Auflage 2019

Sie finden uns im Internet unter www.motorbuch-verlag.de

Lektorat: Joachim Köster
Innengestaltung: Jürgen Knopf, Medien und Printprodukte, 74321 Bietigheim
Druck und Bindung: Graspo CZ, 76302 Zlin
Printed in Czech Republic

1. VORWORT

Nahezu aus dem Nichts ist 1956 die Bundesmarine entstanden. Nach einer zehnjährigen maritimen Abstinenz gelang der Aufbau neuer deutscher Seestreitkräfte nur, weil man auf Gebrauchttonnage zurückgreifen konnte. Dies waren Schiffe und Boote der ehemaligen Kriegsmarine, die auf recht unterschiedliche Art und Weise die Zeit überdauert hatten. Seefahrzeuge des aufgelösten Seegrenzschutzes und von der amerikanischen und englischen Marine überlassenes und ebenfalls aus dem Zweiten Weltkrieg stammendes Schiffsmaterial waren weitere Einheiten der ersten Jahre.

Bewaffnung und Technik dieser alten Einheiten stellten naturgemäß keinen besonders hohen Kampfwert mehr dar. Zur Ausbildung des Personals waren sie aber um so wertvoller. Recht bald konnte man die mit ihnen aufgestellten Schiffsverbände und Geschwader der NATO als einsatzfähig unterstellen.

Ende der 1950er Jahre liefen dann auch schon die ersten modernen Neubauten der Flotte zu. Modern bewaffnet waren sie zusammen mit den Bündnismarinen für die Sicherung der transatlantischen Verbindungswege, den Schutz der Ostseezugänge und für Verteidigungsaufgaben in der westlichen Ostsee zuständig.

Ende der 1960er und Anfang der 1970er Jahre stellte eine zweite, mit elektronischen Führungssystemen und Flugkörpern auf dem aktuellen waffentechnischen Stand stehende neue Schiffsgeneration in Dienst. Rund zehn Jahre später begann mit weiteren Neuzugängen die Ablösung der noch vorhandenen und mittlerweile in die Jahre gekommenen Einheiten aus der ersten Neubauphase.

All diese Schiffe und Boote haben mit dazu beigetragen, dass aus dem Kalten Krieg kein Heißer Krieg wurde. »Kämpfen können, um nicht kämpfen zu müssen« war das Motto. Man stand sich auf See zuweilen lauernd gegenüber, aber man respektierte sich auch gegenseitig. Angemessenes politisches Handeln in Krisensituationen und strategische Weitsicht – im Westen wie auch gleichermaßen im Osten – bildeten die zweite Grundlage für die bis heute andauernde Friedensperiode in Europa.

Mit welchen Schiffen und Booten die Bundesmarine diesen Friedensprozess mitgestaltet hat, wird in den Kapiteln dieses Buches aufgezeigt. Dabei wird in kurzen Texten eingegangen auf ihre Entstehungsgeschichte, ihre Technik, Bewaffnung und Ausrüstung. Zahlreiche Fotos und Tabellen ergänzen diese Darstellungen. Hinweise auf den Verbleib der Schiffe und Boote werden gegeben.

Ein zusammenfassendes Abschlusskapitel widmet sich den neuen Einheiten, die seit den 1990er Jahren – nun als Deutsche Marine – die Seestreitkräfte der Bundesrepublik Deutschland bilden. Der Name Bundesmarine hat jetzt nach der deutschen Wiedervereinigung ausgedient, war er doch auch das verbale Gegenstück zu der jetzt nicht mehr existierenden NVA Volksmarine gewesen.

Nach Wegfall der Ost-West-Konfrontation stehen die Einheiten der Deutschen Marine in den sogenannten neuen Seekriegsszenarien weiterhin für die Erhaltung des Friedens, in der Krisen- und Konfliktbewältigung sowie zum Schutz der See- und Handelswege im Einsatz. Seit einigen Jahren ist auch die Bündnis- und Landesverteidigung, so wie es bei der Bundesmarine der Fall war, wieder stärker im Mittelpunkt des Aufgabenkatalogs der Deutschen Marine.

Hans Karr, Stuttgart im Oktober 2019

ÜBER DEN AUTOR

Hans Karr, Jahrgang 1951, trat nach dem Abitur in die Bundesmarine ein. Nach der Offiziersausbildung war der heutige Fregattenkapitän a.D. neben Landverwendungen auch über einen langen Zeitraum an Bord schwimmender Einheiten u.a. als Wachoffizier, Schiffsoperationsoffizier und Kommandant eingesetzt.

In Fachzeitschriften veröffentlicht er Beiträge zu schiffbaulichen, waffentechnischen und marinehistorischen Themen. Karr ist derzeit Redakteur bei einer Marinezeitschrift und Autor mehrerer Buchpublikationen des pietsch Verlages und des Motorbuch Verlages.

Sein Interesse an der deutschen Marinegeschichte ist mit einer umfangreichen Fachbuchsammlung sowie Text- und Bildarchiv belegt.

INHALT

2. VORGESCHICHTE UND AUFBAU DER BUNDESMARINE

2.1 DIE VORLÄUFER

Nach fast sechs Jahren endete der Zweite Weltkrieg mit der totalen Niederlage Deutschlands. Am 8. Mai 1945, dem Tag der deutschen Kapitulation, hörte die deutsche Staatsgewalt auf zu existieren und ging über auf die vier Siegermächte. In Trümmern liegende Städte, allgemeine Not und die Ungewissheit über die weitere Zukunft bestimmten als Hinterlassenschaften des verlorenen Krieges das Leben der Bevölkerung.
Nicht nur an Land, auch auf See hinterließ der Krieg seine Spuren. Über 600.000 Seeminen der verschiedensten Typen waren zu räumen, um die Seewege in der Nordsee und den Ostseezugängen wieder sicher zu machen. Bereits am Tag der bedingungslosen Kapitulation ordnete der Oberbefehlshaber der Alliierten Streitkräfte an, dass die Kriegsmarine alle noch vorhandenen Minensuch- und Räumboote für die Räumung der verminten Seegebiete einzusetzen habe.
Am 21. Juli 1945 wurden daher unter britischem Kommando und mit der Bezeichnung **German Minesweeping Administration (GMSA)** bzw. **Deutscher Minenräumdienst** die ersten Minensuchverbände mit Fahrzeugen der ehemaligen Kriegsmarine aufgestellt. Die technische und innere Verwaltung oblag deutschen Dienststellen. Die Besatzungen bestanden aus dienstverpflichteten ehemaligen Marinesoldaten. Sie trugen zunächst weiterhin ihre alten Uniformen mit Dienstgradabzeichen, jedoch ohne den Hoheitsadler, und unterlagen der militärischen Disziplin und Ordnung. Als äußeres Kennzeichen und als Ersatz für eine deutsche Nationalflagge führten die schwimmenden Einheiten der GMSA aus dem internationalen Flaggenalphabet den Buchstaben »C« als Doppelstander. Dies war bis Februar 1951 auch für alle übrigen deutschen Seefahrzeuge so vorgeschrieben.

Als Ersatz für eine Nationalflagge mussten deutsche Seefahrzeuge bis Februar 1951 die Flagge »C« des internationalen Flaggenalphabets in Form eines Doppelstanders führen. (Foto: Archiv Autor)

Im Herbst 1946 erreichte die GMSA mit über 27.000 Mann und 840 Fahrzeugen ihren höchsten materiellen und personellen Stand. Nach Erledigung der dringendsten Aufgaben wurden die Verbände nach und nach reduziert, umgegliedert und – auch unter Druck der Sowjetunion, die in der GMSA den versteckten Aufbau bzw. Unterhaltung deutscher Seestreitkräfte sah – offiziell im Dezember 1947 aufgelöst. Bei den Minenräumarbeiten gingen durch Minenexplosionen acht – nach einer anderen Quelle zehn – Fahrzeuge verloren. Fast 400 Tote waren zu beklagen.
Die Auflösung der GMSA war aber nicht das Ende des Minenräumens unter britischer Kontrolle. Schon im Januar 1948 kam es zur Aufstellung des **Minenräumverbandes Cuxhaven**. Diese wesentlich kleinere Nachfolgeorganisation verfügte über rund 20 Einheiten. Die Personalstärke betrug etwa 600 nun zivil eingekleidete Freiwillige. Bis zum Sommer 1951 war der Verband aktiv. Nach seiner Auflösung gingen die Fahrzeuge an die amerikanische der Labor Service Unit (B). Das Personal wurde entlassen, wechselte ebenfalls zur LSU (B) oder in den neu aufgestellten deutschen Seegrenzschutz.
Nach der deutschen Kapitulation stellten auch die Amerikaner in Bremerhaven mit der **Labor Service Unit (B) (LSU (B))** einen eigenen Verband mit ehemaligen deutschen Marinesoldaten auf. Er umfasste etwa 1000 Mann und knapp 50 ehemalige Kriegsmarinefahrzeuge verschiedener Typen. Im Gegensatz zur GMSA führte die LSU (B) nicht nur Minenräumaufgaben durch, sondern auch Unterstützungsaufgaben und Hafendienste für die amerikanische Marine. Als Hilfsverband der US Navy fuhren die Schiffe und Boote unter amerikanischer Flagge. Erst nach Aufstellung der Bundesmarine wurde die LSU (B) aufgelöst. Fahrzeuge und Personal wurden von der Bundesmarine übernommen.

Das Ärmelabzeichen an der Arbeitskleidung / Uniform von Angehörigen der LSU (B). (Foto: Autor)

Anfang 1951 begannen auch die ersten deutschen Planungen für den Aufbau des **Seegrenzschutzes**. Als truppenmäßig organisierte Polizeiformation sollte dieser einen effektiven Küstenschutz sicherstellen. Er war nach dem Krieg die erste deutsche Formation auf Bundesebene, die wieder bewaffnet zur See fuhr. Ab September 1951 erfolgte der Ankauf erster Fahrzeuge. Es waren im Krieg nicht mehr fertig gestellte Kriegsfischkutter, die noch bei verschiedenen Werften lagen und jetzt zu Ende gebaut werden sollten. Ihr Einsatz war als Wachboote vorgesehen. Weitere Gebrauchtfahrzeuge und ehemalige Kriegsmarinefahrzeuge aus den Beutebeständen der Siegermächte wurden erworben sowie Neubauten in Auftrag gegeben. Bis Anfang 1955 stellten insgesamt 28 Schiffe und Boote der unterschiedlichsten Typen unter der Bundesdienstflagge in Dienst. Stationierungsorte des Seegrenzschutzes waren Neustadt / Holstein, Kiel und Cuxhaven.

Im November 1955 fasste die Bundesregierung den Entschluss den Seegrenzschutz aufzulösen. Schiffe und Boote sollten für

Die Dienstflagge der Bundesbehörden, kurz Bundesdienstflagge, wird neben den Behördenschiffen des Bundes auch von den zivil besetzten Hilfsschiffen der Bundesmarine / Deutschen Marine geführt. (Foto: Archiv Autor)

den Aufbau der neuen deutschen Marine verwendet werden. Das Personal konnte auf freiwilliger Basis ebenfalls in das neue Dienstverhältnis wechseln. Am 30. Juni 1956 erfolgte dann die Auflösung und die Überführung in die schon im Aufbau befindliche Bundesmarine.

2.2 DIE ENTSTEHUNG

Nach der Niederringung des Deutschen Reiches war auch bald die Eintracht unter den Kriegsalliierten zu Ende. Zu unterschiedlich waren die Ansichten und Interessen der westlichen Siegermächte und die der Sowjetunion. Insbesondere die Berlin-Krise (1948 / 1949) und der Korea-Krieg (1950 bis 1953) zeigten, wie labil die internationale Lage tatsächlich war. Zwei Blöcke hatten sich gebildet. Auf der einen Seite die westlichen Demokratien und auf der anderen Seite der kommunistisch geprägte Machtbereich der Sowjetunion. Vor dem Hintergrund dieser gefährlichen außen- und sicherheitspolitischen Weltlage sowie der krisenhaften Situation in Europa und im geteilten Deutschland kam es schon bald zu ersten Überlegungen für die Aufstellung neuer deutscher Streitkräfte. Vor allen Dingen in den USA gab es frühzeitig Stimmen, die eine westdeutsche Beteiligung an der Verteidigung Europas einforderten.
Im Oktober 1950 berieten unter strenger Geheimhaltung im Kloster Himmerod in der Eifel 15 hochrangige ehemalige Offiziere der Wehrmacht über einen künftigen deutschen Verteidigungsbeitrag. Das Ergebnis dieser Beratungen ist in der Himmeroder Denkschrift niedergelegt, in der auch eine neue deutsche Marine insbesondere für die Küstenvorfeldverteidigung vorgesehen war. Bei einer Stärke von 15.000 bis 19.000 Mann wurden im Einzelnen folgende Einsatzmittel als notwendig erachtet:

- 24 kleine U-Boote
- 12 Geleitboote
- 12 Torpedoboote
- 12 Jagdboote
- 36 Schnellboote
- 60 Minensuchboote
- 35 Kriegsfischkutter
- Marineflieger

Damit lag erstmals seit Ende des Krieges ein Entwurf für eine deutsche Marine vor. Doch dieser Vorschlag blieb nicht der einzige. Konteradmiral a.D. Gerhard Wagner verfasste im März 1951 die Denkschrift »Aufbau eines deutschen Marinekontingents im Rahmen deutscher Mitwirkung an der Verteidigung Westeuropas«. Wagner war Mitglied des Naval Historical Team (NHT), eine von der amerikanischen Marine im April 1949 in Bremerhaven aufgestellten Gruppe deutscher Marineoffiziere, die aus deutscher Sicht das Marine-Kriegsgeschehen aufarbeiten sollten, wobei die Amerikaner besonders an den Erfahrungen aus dem Seekrieg mit der Sowjetunion Interesse zeigten. Das NHT war dem amerikanischen Marinenachrichtendienst Office of Naval Intelligence unterstellt.

Wagners Denkschrift diente bei den Verhandlungen zur Europäischen Verteidigungsgemeinschaft (EVG) den deutschen Vertretern als Grundlagenpapier für den deutschen maritimen Beitrag zu den geplanten europäischen Streitkräften. Als Ergebnis dieser Verhandlungen sollte das deutsche Kontingent dann wie folgt aussehen:

- 18 Geleitboote
- 60 Schnellboote
- 60 Minensuchboote (aktiv)
- 85 Minensuchboote (Reserve)
- 2 Minenleger
- 36 Landungsboote
- 10 Hafenschutzboote (aktiv)
- 40 Hafenschutzboote (Reserve)
- Marineflieger

Als Aufgabe für die deutschen Marineanteile war die Küstenverteidigung in Schleswig-Holstein, die Sicherung der Seewege in den Ostseezugängen, die Minenabwehr in der westlichen Ostsee und der Deutschen Bucht sowie die Sicherung der deutschen Nordseehäfen vorgesehen. Auffallend ist das Fehlen von Zerstörern und U-Booten, die auf französisches Drängen aus den ursprünglichen deutschen Verhandlungsvorschlägen herausgestrichen wurden.

Zu einer Umsetzung dieser Planung sollte es jedoch nicht kommen. Im August 1954 lehnte die französische Nationalversammlung die Ratifizierung des EVG-Vertrages ab und damit scheiterte das gesamte Projekt.

In einer anderen politischen Lösung kam es dann im Rahmen der Pariser Verträge zur Aufnahme der Bundesrepublik Deutschland zum einen in die Westeuropäische Union (WEU) und zum anderen am 9. Mai 1955 als 15. Mitglied in die NATO (North Atlantic Treaty Organization).

Für die neu aufzustellende deutsche Marine setzte die WEU nun als Höchststärken fest, wobei es aber auch Auflagen hinsichtlich Tonnage, Ausrüstung und Bewaffnung gab:

- 12 U-Boote
- 12 Zerstörer
- 6 Geleitboote
- 40 Schnellboote
- 6 große Minensuchboote
- 18 Küstenminensuchboote
- 30 Minenräumboote
- 2 Minenschiffe
- 36 Landungsboote
- 10 Hafenschutzboote
- 58 Marineflugzeuge

2.3 DER AUFBAU

Der 12. November 1955 kann als symbolischer Gründungstag der Bundeswehr und damit auch der Bundesmarine gelten. Der damalige Bundesminister der Verteidigung Theodor Blank überreichte an diesem Tag, dem 200. Geburtstag des preußischen Generals und Armeereformers Gerhard von Scharnhorst, in der Bonner Ermekeil-Kaserne den ersten Freiwilligen die Ernennungsurkunde. Weitere Freiwillige wurden am 2. Januar 1956 nach Andernach (Heer), Nörvenich (Luftwaffe) und Wilhelmshaven (Marine) einberufen.

Die Aufstellung der ersten schwimmenden Verbände der Bundesmarine begann nach entsprechender Vorbereitung im Mai 1956. Dabei konnte die Bundesmarine als Erstmaßnahme auf Einheiten und auf Personal der LSU (B) und des Seegrenzschutzes zurückgreifen. Als erste Boote setzten am 29. Mai 1956 die drei Schnellboote »Silbermöwe«, »Sturmmöwe« und »Wildschwan«, die bereits der Seegrenzschutz als Neubauten beauftragt hatte, aber dann unter englischer Flagge in Dienst stellen mussten, die Dienstflagge der Seestreitkräfte.

Im Juni 1956 folgten die ersten Räumboote aus der LSU (B) und im Juli fand die Übernahme der Fahrzeuge des Seegrenzschutzes statt. Minensuchboote des Kriegsmarine-Typs M 40 aus der LSU (B) stellten im Juli und August in Dienst.

Die Dienstflagge der Seestreitkräfte der Bundesrepublik Deutschland ist die als Doppelstander ausgeführte Bundesdienstflagge. Sie wird von den militärisch besetzten Schiffen und Booten der Bundesmarine / Deutschen Marine geführt. (Foto: Archiv Autor)

Die kohlebefeuerten und schwarz qualmenden Minensuchboote der »Seelöwe«-Klasse (li) und die Schulboote der »Wespe«-Klasse (re) gemeinsam an der Tirpitzmole im Marinestützpunkt Kiel. Das vorne links liegende U-Boot ist entweder »Hai« oder »Hecht«. Gegenüber an der anderen Pierseite sind die Aufbauten eines der damaligen Schulschiffe »Eider« oder »Trave« zu erkennen. (Foto: Deutsche Marine)

Vier der sechs von den USA überlassenen Zerstörer der »Z 1«-Klasse in Dwarslinie. Von oben nach unten sind es die Zerstörer »Z 2«, »Z 3«, »Z 4« und »Z 5«. (Foto: Deutsche Marine)

Von den neuen Bündnispartnern der NATO kam ebenfalls kräftige Unterstützung und Starthilfe. Aus Frankreich wurden dort noch vorhandene Minensuchboote des Kriegsmarine-Typs M 35 zurückgegeben. Von der Royal Navy kamen sieben Korvetten, die dann als Schulfregatten eingesetzt wurden. Die USA lieferten neben weiteren Einheiten aus der LSU (B) sechs Zerstörer der »Fletcher«-Klasse sowie zahlreiche Landungsschiffe und Landungsboote. So konnte nochmals eine große Anzahl von Einheiten in Jahren 1957 bis 1960 in Dienst stellen.

Zur logistischen Unterstützung und zur Versorgung der Flotteneinheiten kam es zudem zum Ankauf von ziviler Handelsschifftonnage. Die Schiffe wurden zu Trossschiffen umgebaut und dann ab 1959 als Versorger, Tanker und Transporter eingesetzt.

Es war ein Glücksfall für die Bundesmarine, dass über die LSU (B) und den Seegrenzschutz von Anfang an Schiffe und Boote sowie fachkundiges Personal vorhanden waren. Dadurch war es möglich, ihren Aufbau energisch voranzutreiben. Bereits im April 1957 konnten zwei Minensuchgeschwader als einsatzfähige Verbände der NATO unterstellt werden. Ein viertel Jahr später folgte ein drittes Geschwader.

Mit Ausnahme der Schnellboote waren aber die Einheiten der ersten Stunde alles alte und gebrauchte Fahrzeuge, die zum Teil einen sehr geringen Gefechtswert besaßen und nicht mehr wirklich auf dem modernsten Stand der Technik standen. Mit ihnen ließen sich weder quantitativ noch qualitativ die Vorgaben und Forderungen der WEU und der NATO erfüllen. Um so wertvoller waren sie jedoch für die Ausbildung der Besatzungen. Von vorneherein waren sie deshalb auch nur als schnell verfügbare Übergangslösung gedacht. Für ihren Ersatz liefen daher in dieser Aufbauphase parallel die Vorbereitungen zu den notwendigen Neubauten. Die praktische Umsetzung sollte sich jedoch nach der zehnjährigen Abstinenz im deutschen Marineschiffbau als nicht so einfach erweisen.

Beim Bau der neu entwickelten U-Boote kam es zu gravierenden schiffbaulichen und technischen Problemen, was zu erheblichen Bauverzögerungen, Umkonstruktionen und dann sogar zu vorzeitigen Außerdienststellungen führte. Weiterhin waren die deutschen Großwerften durch den Handelsschiffbau voll ausgelastet und nicht sonderlich geneigt neue Aufträge anzunehmen, die zudem noch mit erheblichen Entwicklungsarbeiten verbunden waren und andere Produktionsabläufe erforderlich machten. Außerdem wollte man auf Grund der bitteren Erfahrungen aus der jüngsten Vergangenheit, wie zum Beispiel die Zerstörungen durch den Bombenkrieg und die Demontage der Werftanlagen durch die Besatzungsmächte, nichts mehr mit Kriegsschiffen zu tun haben. Erst allmählich änderte sich ihre diesbezügliche Haltung. Bei den Schnellbooten und Minensuchbooten konnten jedoch renommierte kleinere Werften nahezu verzugslos mit Neubauten beginnen.

Nach und nach kam dann auch bei den übrigen Schiffstypen der zunächst schleppende Anlauf bei den Neubauvorhaben auf Touren. Allerdings machten Kinderkrankheiten, technische Unzulänglichkeiten, Terminverzögerungen und Mehrkosten zunächst doch erhebliche Probleme. Es zeigte sich, dass es doch recht schwierig war, nach der langen Pause im Marineschiffbau wieder Fuß zu fassen. Dennoch: Ein mit weit über 200 Einheiten recht umfangreiches und umfassendes Neubauprogramm, das sich an den WEU- und NATO-Vorgaben orientierte, wurde abgewickelt.

Bis Ende der 1960er Jahre erhielt die Bundesmarine an neuen Schiffen und Booten:

- 12 U-Boote
- 2 Klein-U-Boote
- 4 Zerstörer
- 6 Fregatten
- 5 Torpedofangboote
- 40 Schnellboote
- 18 Küstenminensuchboote
- 30 Schnelle Minensuchboote
- 20 Binnenminensuchboote
- 2 Minentransporter
- 22 Landungsboote
- 13 Tender
- 8 Versorger
- 2 Munitionstransporter
- 4 Betriebsstofftransporter
- 8 Schlepper
- Schulschiff »Deutschland«
- Segelschulschiff »Gorch Fock«

Diese Aufstellung ist noch zu ergänzen durch zahlreiche kleinere Hilfsfahrzeuge, Hafenschlepper und diverse Sonderfahrzeuge. Weiterhin kommen sechs in Frankreich gebaute und 1959 / 1960 in Dienst gestellte Küstenminensuchboote hinzu. In den USA wurden drei Zerstörer geordert, die als »Lütjens«, »Mölders« und »Rommel« 1969 / 1970 der Flotte zuliefen. Sie waren die ersten Schiffe der Bundesmarine, die mit Flugkörpern und hochmodernen rechnergestützten elektronischen Anlagen ausgerüstet waren. Ebenso sind noch die 18 U-Boote der Klasse 206 einzurechnen, die 1969 beauftragt und bis 1975 in Dienst gekommen sind.

Weitere Beschaffungsschübe liefen dann in den 1970er Jahre an. Doch dies waren nun schon überwiegend Fahrzeuge, die nicht mehr der unmittelbaren Aufbauphase zuzurechnen sind. Sie sind vielmehr die Ablösung und die Nachfolgegeneration der mittlerweile in die Jahre gekommenen Einheiten aus den ersten Bauserien.

Zerstörer »Mölders«, Minenjagdboot »Weilheim« und U-Boot »U 10« (v.l.n.r) sind drei typische Vertreter von Schiffen und Booten der Bundesmarine. Sie können heute als Museumsschiffe im Deutschen Marinemuseum in Wilhelmshaven besucht werden. (Foto: Autor)

3. U-BOOTE

3.1 »HAI« UND »HECHT«

Nach dem NATO-Beitritt der Bundesrepublik Deutschland genehmigte im Juli 1955 der Deutsche Bundestag den ersten Schiffbauplan, der auch zwölf U-Boote vorsah. Da die U-Boote erst noch konstruiert und gebaut werden mussten, beschloss man daher als erste Maßnahme zwei im Mai 1945 versenkte U-Boote des Typs XXIII zu heben, diese instand zu setzen und bis zum Zulauf der Neubauten als Schulboote zu verwenden.

Am 4. Mai 1945 verließ das am 2. März in Dienst gestellte U-Boot »U 2365« die Geltinger Bucht mit Zielhafen Kristiansand. Während des Überwassermarsches wurde das Boot im Kattegat von englischen Fliegern mehrfach angegriffen. Die entstandenen leichten Schäden konnten auf Grund liegend mit Bordmitteln behoben werden. Angesichts des sich abzeichnenden Kriegsendes versenkte die Besatzung am 8. Mai ihr Boot nördlich der Insel Anholt. Elf Jahre später tauchte im Juni 1956 das U-Boot an den Trossen des Bergungskrans »John Beckedorf« wieder auf.

Das am 17. März 1945 in Dienst gestellte U-Boot »U 2367« wurde in der Kieler Bucht während eines Fliegerangriffs von einem anderen Boot am Heck gerammt und musste zur Instandsetzung. Vor der Besetzung Kiels durch die Engländer wich das Boot am 2. Mai in die Flensburger Förde aus. Nach der Kapitulation versenkte die Besatzung am 9. Mai ihr Boot südöstlich des Leuchtturms Schleimünde. Im August 1956 wurde auch dieses U-Boot wieder gehoben.

Die beiden U-Boote waren trotz der langen »Tauchphase« in erstaunlich gutem Zustand und kamen zu den Howaldtswerken nach Kiel zur Wiederinstandsetzung. Öl- und Schlammablagerungen hatten vor Korrosion geschützt. Erneuert werden mussten lediglich die feuchtigkeitsempfindlichen elektrischen Einrichtungen und das Kabelnetz. Nur einer Überholung bedurften die Antriebsmaschinen, andere maschinenbaulichen Elemente und die Sehrohre. Selbst die Elektro-Fahrmotoren waren nach gründlicher Reinigung und Neuwicklung wieder verwendbar. In fast ursprünglicher Ausführung wieder hergestellt, nur der Bugbereich war zur Aufnahme eines Sonars etwas verändert worden, erfolgten Mitte 1957 unter dem Namen »Hai« und »Hecht« die Indienststellungen von ex »U 2365« und ex »U 2367«.

Gebaut wurden die rund 35 m langen U-Boote 1944 / 1945 auf der Deutschen Werft in Hamburg. Sie sind Einhüllenkonstruktionen, das heißt der Druckkörper ist zugleich die Außenhaut. Der Bootskörper war in drei Abteilungen unterteilt. Ihre ↑/↓-Verdrängung betrug 233 t / 275 t. Weiteres Baumerkmal ist die beim Typ XXIII angewandte Sektionsbauweise, bei der vier unterschiedliche Rohsektionen von außerhalb durch Stahlbaufirmen vorgefertigt und der Werft zum Zusammenbau und zur Endausrüstung zugeliefert wurden. Die Tauchtiefe des Typs XXIII war für maximal 160 m ausgelegt.

Als Antrieb standen für die Überwasser- und Schnorchelfahrt ein Dieselmotor und für die Unterwasserfahrt ein Elektro-Fahrmotor zur Verfügung. Für Schleichfahrt war ein zusätzlicher Elektro-Fahrmotor vorhanden, der über einen Keilriemen auf die Welle wirkte. Die U-Boote hatten eine hohe Unterwasserausdauer und erreichten eine ↑/↓-Geschwindigkeit von 9,5 kn / 12,5 kn. Bewaffnet waren »Hai« und »Hecht« mit zwei 533-mm-Torpedorohren. An elektronischer Ausrüstung besaßen sie ein Sonar und ein Navigationsradar.

Da die U-Bootflottille noch nicht existierte, wurden »Hai« und »Hecht« zunächst dem Kommando der Amphibischen Streitkräfte unterstellt. Amtsintern erhielten sie die Typenbezeichnung U-Boot Klasse 240. Sie fanden bis 1960 als Zielschiffe in der U-Jagdausbildung Verwendung. Danach dienten sie als Schulboote in der neu aufgestellten U-Bootlehrgruppe. Fast alle U-Bootfahrer der neuen deutschen Marine erhielten bis Mitte der 1960er Jahre auf ihnen ihre Bordausbildung.

In den Jahren 1961 und 1963 erfolgten bei der Hamburger Werft Blohm+Voss mehrere Umbauten, um die U-Boote den zulaufenden Neubauten anzupassen. Unter anderem wurde die Turmverkleidung in eine strömungsgünstigere Form verändert. Außerdem erhielten die U-Boote 1963 eine neue und auf die im Zulauf befindlichen Neubauten abgestimmte Antriebsanlage, wozu sie auf 36,13 m verlängert werden mussten.

Am 14. September 1966 gegen 18:00 Uhr kam es 138 sm nordwestlich von Helgoland auf Position 55° 15' N 004° 22' O zu einem tragischen Unglück. Bei schwerem Wetter sank »Hai« infolge eines Wassereinbruchs. Das Boot befand sich zu diesem Zeitpunkt in einem Ausbildungsverband und war

U-Boote »Hai«und »Hecht«	
Typbezeichnung	Klasse 240
Verdrängung ↑/↓	233 t / 275 t
Länge x Breite x Tiefgang	34,68 x 3,08 x 3,66 m
Tauchtiefe	160 m
Besatzungsstärke	17
Antrieb	1 x Dieselmotor 1 x Elektro-Fahrmotor, 1 x Elektro-Fahrmotor für Schleichfahrt
Antriebsleistung	1 x 600 PS, 1 x 427 kW, 1 x 26 kW
Wellen / Ruder	1 / 1
Geschwindigkeit ↑/↓	9,5 kn / 12,5 kn
Fahrstrecke ↑/↓	1350 sm bei 9 kn / 110 sm bei 6 kn
Torpedorohre	2 x 533 mm
Radar	1 x Navigationsradar
Sonar	1 x Bugsonar
Elektronik	Navigations- und Fernmeldeanlagen
Ausrüstung	Sehrohr, Schnorchel

auf dem Marsch nach Aberdeen. Von der Besatzung konnte nur ein Obermaat gerettet werden, nachdem er 13 Stunden im Wasser getrieben hatte. Zehn Tage nach dem Unglück, bei dem die Marine ihr erstes Schiff verlor, wurde die »Hai« vom Schwimmkran »Magnus III« gehoben. Das Boot wurde anschließend zu den Rheinstahl-Nordseewerken nach Emden verbracht, untersucht und nach Freigabe abgebrochen.

Das Unglück der »Hai« bedeutete letztendlich auch für das Schwesterboot das Aus. Am 30. September 1968 ging »Hecht« außer Dienst, um anschließend in Kiel abgebrochen zu werden. Damals hatte man leider noch keinen Sinn und auch kein Interesse daran, schiffbauliche Meilensteine, wie sie die U-Boote des Typs XXIII zweifelsohne darstellten, für museale Zwecke und für die Nachwelt zu erhalten.

Das U-Boot »U 2365« nach seiner Hebung. (Foto: Deutscher Marinebund)

U-Boot »Hai«			
Bord-Nr.	UW 20, S 170		
Bauwerft	Deutsche Werft, Hamburg		
Baudaten	Kiellegung	Stapellauf	in Dienst
	06.12.44	26.01.45	02.03.45 15.08.57
Verbleib	am 14.09.66 im Sturm gesunken, nach Bergung und Untersuchung der Unglücksursache abgewrackt		

Das wiederhergestellte U-Boot »U 2365« strahlt im neuen Glanz und wird am 15. August 1957 als »Hai« erneut in Dienst gestellt. (Foto: Howaldtswerke)

U-Boot »Hai« mit alter und … (Foto: Deutscher Marinebund)

… neuer Turmform. (Foto: Deutsche Marine)

U-Boot »Hecht«			
Bord-Nr.	UW 21, S 171		
Bauwerft	Deutsche Werft, Hamburg		
Baudaten	Kiellegung	Stapellauf	in Dienst
	11.12.44	23.02.45	17.03.45 01.10.57
Verbleib	am 30.09.68 außer Dienst gestellt und anschließend abgewrackt		

Das wiederhergestellte U-Boot »U 2367« setzte am 1. Oktober 1957 als »Hecht« erneut Flagge und Wimpel. (Foto: Deutsche Marine)

U-Boot »Hecht«. (Foto: Deutscher Marinebund)

Die U-Boote »Hai« und »Hecht« im Päckchen an der Pier. (Foto: Deutscher Marinebund)

Die U-Boote »Hai« und »Hecht« während der Umbauarbeiten bei der Werft Blohm+Voss in Hamburg. (Foto: Blohm+Voss)

U-Boot »Hecht« am Kranhaken.
(Foto: Archiv Autor)

3.2 »WILHELM BAUER«

Nachdem die Bergung und Instandsetzung der U-Boote »U 2365« und »U 2367« so erfolgreich verlaufen waren, holte im Juni 1957 in eigener Initiative die Hamburger Bergungsreederei Bugsier mit ihren Hebeschiffen »Energie« und »Ausdauer« das selbstversenkte U-Boot »U 2540« wieder an die Oberfläche. Da das Verteidigungsministerium sein Interesse an einer späteren Übernahme des überraschend gut erhaltenen Bootes signalisiert hatte, kauften die Howaldtswerke kurz entschlossen das Boot, um es wieder für die Bundesmarine instand zu setzen.

»U 2540« bzw. »Wal«, wie es zwischenzeitlich in Anlehnung an »Hai« und »Hecht« genannt wurde, wurde jetzt von der Marine angekauft, um als Versuchsfahrzeug und Erprobungsplattform für neue U-Booteinrichtungen hergerichtet zu werden. Im November 1958 begannen die Umbauarbeiten und am 1. September 1960 stellte das Boot als »Wilhelm Bauer« – der Name erinnert an den ersten deutschen U-Bootskonstrukteur – erneut in Dienst. Hierzu hatte es allerdings einer Sondergenehmigung der Westeuropäischen Union bedurft.

Zum ersten Mal setzte »U 2540« am 24. Februar 1945 Flagge und Wimpel. Es folgten Seeerprobungen und die Frontausbildung im Seegebiet um Bornholm. Das Boot kam aber anschließend nicht mehr zum Kriegseinsatz. Am 4. Mai 1945 versenkte die Besatzung das U-Boot in der Nähe von »Flensburg Feuerschiff«.

»U 2540« war ein Zweihüllenboot des Typs XXI und war für die Atlantik-Kriegführung entworfen worden. Es entstand 1944 / 1945 auf der Hamburger Werft Blohm+Voss. Das U-Boot hatte sieben Abteilungen und einen 8-förmigen Druckkörper. Seine ↑/↓-Verdrängung betrug 1621 t / 1819 t, die Tauchtiefe 240 m. Der Antrieb erfolgte über Wasser durch zwei Dieselmotoren und getaucht durch zwei Elektro-Fahrmotoren. Zudem waren zwei Elektro-Fahrmotoren für Schleichfahrt vorhanden. Damit erreichte das U-Boot mit seinen beiden Wellen eine ↑/↓-Geschwindigkeit von 13 kn / 17 kn.

Genau wie der Typ XXIII zählte diese U-Bootentwicklung gegen Ende des Krieges zu den technisch fortschrittlichsten und innovativsten U-Bootkonstruktionen. Durch eine große Batterieanlage und leistungsstarke Elektromotoren sowie durch die aquadynamisch günstige Rumpfform war der Typ als reines Unterwasserfahrzeug konzipiert. Mit den ab Frühjahr 1944 auf Kiel gelegten und in Sektionsbauweise in acht Teilen gefertigten U-Booten des Typs XXI erhoffte man sich noch eine Wende im U-Bootkrieg, doch sie kamen zu spät und hatten keinen Einfluss mehr auf das Kriegsgeschehen.

Die Antriebsanlage der »Wilhelm Bauer« wurde im Laufe der Indiensthaltung umgerüstet und an diejenige der neuen U-Boote angeglichen. Sie war auch nur mit vier 533-mm-Torpedorohren ausgestattet, als »U 2540« hatte sie sechs. Zur weiteren Ausrüstung zählten eine Kampfschwimmerschleuse, Navigationsradar und eine Sonaranlage sowie wechselnde diverse Erprobungseinrichtungen.

Amtsintern als U-Boot Klasse 241 bezeichnet war die »Wilhelm Bauer« zunächst dem Schiffserprobungskommando in Kiel zugeordnet. Im Dezember 1962 wechselte die Unterstellung zur U-Bootlehrgruppe in Neustadt / Holstein. Nach einer zwischenzeitlichen Außerdienststellung zu Umbauten, wurde die »Wilhelm Bauer« am 20. Mai 1970 von dem Bundesamt für Wehrtechnik und Beschaffung übernommen und mit ziviler Besatzung in Eckernförde als Erprobungsfahrzeug stationiert.

Zehn Jahre blieb sie in dieser Funktion noch aktiv. Am 18. November 1980 verholt das Boot in das Marinearsenal nach Wilhelmshaven und wird dort bis zu seiner endgültigen Außerdienststellung am 15. März 1982 aufgelegt. Altersschwächen hatten sich bemerkbar gemacht. Zwei Kollisionen – mit Zerstörer »Lütjens« am 27. April 1976 und mit Zerstörer »Z 3« am 6. Mai 1980 – sowie Seeschäden bei Erprobungen im Frühjahr 1980 hatten ihre Spuren hinterlassen. Die Zeit für die »Wilhelm Bauer« war damit endgültig abgelaufen. Nach dem Rückbau in den Originalzustand von 1945 liegt sie heute als Technikmuseum und Besuchermagnet im Alten Hafen beim Deutschen Schifffahrtsmuseum in Bremerhaven.

Die Hebung des 1945 selbst versenkten U-Bootes »U 2540« erfolgte im Juni 1957.
(Foto: Deutscher Marinebund)

U-Boot »Wilhelm Bauer«			
Bordnummer	Y 880		
Typbezeichnung	Klasse 241		
Bauwerft	Blohm+Voss, Hamburg		
Baudaten	Kiellegung	Stapellauf	in Dienst
	29.10.44	13.01.45	24.02.45 01.09.60
Verdrängung ↑/↓	1621 t / 1819 t		
Länge x Breite x Tiefgang	76,70 x 6,60 x 6,32 m		
Tauchtiefe	240 m		
Besatzungsstärke	57		
Antrieb	2 x Dieselmotor, 2 x Elektro-Fahrmotor, 2 x Elektro-Fahrmotor für Schleichfahrt		
Antriebsleistung	2 x 2000 PS, 2 x 1839 kW, 2 x 83 kW		
Wellen / Ruder	2 / 2		
Geschwindigkeit ↑/↓	13 kn / 17 kn		
Fahrstrecke ↑/↓	14.100 sm bei 10 kn / 285 sm bei 6 kn		
Torpedorohre	4 x 633 mm		
Radar	1 x Navigationsradar		
Sonar	nach Erprobungsprogramm wechselnde Einrüstung		
Elektronik	Navigations- und Fernmeldeanlagen, verschiedene Erprobungsanlagen		
Ausrüstung	Sehrohr, Schnorchel		
Verbleib	am 15.03.82 außer Dienst gestellt, Museumsschiff in Bremerhaven		

U-Boot »Wilhelm Bauer«. (Foto: Deutsche Marine)

Die »Wilhelm Bauer« bei hoher Überwasserfahrt. (Foto: Deutscher Marinebund)

Der Turm der »Wilhelm Bauer«. (Foto: Deutscher Marinebund)

Das Technikmuseum »Wilhelm Bauer« in Bremerhaven. (Foto: Autor)

Das Technikmuseum »Wilhelm Bauer« in Bremerhaven. (Foto: Autor)

Der Maschinenraum auf dem Museums-U-Boot »Wilhelm Bauer«. (Foto: Autor)

3.3 »U 1«-KLASSE

Schon bei den ersten Vorüberlegungen und Planungen für die neu aufzustellenden deutschen Seestreitkräfte war die Beschaffung von U-Booten vorgesehen. In der Himmeroder Denkschrift aus dem Oktober 1950 wird eine Zahl von 24 kleineren Booten genannt. Sie sollten zum Schutz der westlichen Ostseeküsten eingesetzt werden. Im Falle eines Falles sollten sowjetische Angriffsunternehmungen abgewehrt und der sowjetische Nachschubverkehr in der Ostsee gestört und unterbrochen werden.

Nach dem NATO-Beitritt der Bundesrepublik Deutschland genehmigte im Juli 1955 der Deutsche Bundestag den ersten Schiffbauplan für die aufzustellende neue deutsche Marine, der dann allerdings nur zwölf U-Boote vorsah. Die Größe der Boote war durch die Pariser Verträge zunächst auf 350 t begrenzt. Später wurde die Tonnagebegrenzung auf 450 t angehoben.

Den Auftrag zur Ausarbeitung des Schiffsentwurfs für die U-Boote Klasse 201, so die marineinterne Bezeichnung der neuen Boote, erhielt das Ingenieur Kontor Lübeck. Eine der wesentlichen Forderungen war eine amagnetische Bauweise, um in den flachen Gewässern des Einsatzgebietes die Minengefahr durch Grundminen mit Magnetzünder zu reduzieren. Weiterhin sollten die U-Boote möglichst geräuscharm operieren.

Die U-Boote der Klasse 201 erhielten den Buchstaben »U« und eine fortlaufende Nummer als Namen, so wie es auch bei früheren deutschen Marinen bereits der Fall gewesen war. Sie waren aus amagnetischem Stahl hergestellte Einhüllenboote. Ihr Druckkörper war zugleich die Außenhülle des U-Bootes. An der Vorderkante des Turms verfügten die Boote über einen offenen, durch eine Reling nach vorne und zur Seite gesicherten Überwasserfahrstand. Ein etwas ungewöhnliches Bild, das den Booten eine markante Silhouette verlieh.

Bei rund 42 m Länge hatten die Boote eine ↑/↓-Verdrängung von 395 t / 433 t. Die Tauchtiefe betrug 100 m. Der Antrieb der Klasse 201 bestand aus einem direkt auf die Welle geschaltetem Elektro-Fahrmotor mit 1103 kW Leistung, der über die Batterie sowohl für die Tauchfahrt wie auch für die Überwasserfahrt genutzt wurde. Zwei amagnetische Mercedes-Benz Dieselmotoren mit je 600 PS Leistung waren direkt mit einem Ladegenerator verbunden und standen so bei Überwasser- und Schnorchelfahrt zur Batterieladung zur Verfügung. Die U-Boote erreichten eine ↑/↓-Geschwindigkeit von 10 kn / 17 kn. Je ein Seitenruder war beidseitig der Schraube angebracht.

Bewaffnet war die Klasse 201 mit acht 533-mm-Torpedorohren. Zur weiteren Ausrüstung gehörten eine Waffenleitanlage, Gruppenhorchanlage, aktive und passive Sonaranlage und Navigationsradar sowie Navigations- und Fernmeldeanlagen.

Mit der Kiellegung von »U 1« am 8. Juni 1960 begann bei den Howaldtswerken in Kiel der deutsche Nachkriegs-U-Bootbau. Bereits am 20. März 1962 erfolgte die Indienststellung beim 1. U-Bootgeschwader in Kiel. »U 2« setzte am 3. Mai des gleichen Jahres Flagge und Wimpel. Nach einer vorläufigen Abnahme durch die Marine ging »U 3« am 10. Juli 1962 als Leihgabe nach Norwegen, wo es als »Kobben« in Dienst gestellt wurde und als Ausbildungs- und Schulboot Verwendung fand. Nach Rückgabe setzte das Boot am 20. Juni 1964 die deutsche Flagge.

Nach den Indienststellungen erfolgte eine fast einjährige Typerprobung der neuen U-Boote. Bereits Mitte 1962 zeigten sich mit zunehmendem Umfang auf »U 1« und dann auch auf »U 2«

Das zu Erprobungen mit einem Hecktorpedorohr ausgerüstete U-Boot »U 1«. (Foto: Archiv Autor)

starke Korrosionserscheinungen. Die Ursache konnte auf den verwendeten amagnetischen Stahl zurückgeführt werden. In der Presse wurde dieser »Skandal« schnell aufgegriffen und der Deutsche Bundestag befasste sich mit dem U-Bootbau der Marine. Es stellte sich heraus, dass der beschaffte österreichische Stahl nur unzureichend im Labor auf seine Verwendung getestet worden war. Als Sofortmaßnahme wurde aus Sicherheitsgründen die Tauchtiefe auf 40 m beschränkt. In der weiteren Folge kam es im Sommer 1963 zur Außerdienststellung von »U 1« und »U 2«.
»U 1« erhielt danach bei einem Umbau achtern einen auf den Bootskörper aufgesattelten voluminösen Aufsatz mit Torpedorohr und ging nochmals als Erprobungsboot für Drahtlenktorpedos kurzzeitig in Dienst. Nach Ausschlachtung und Ansprengversuchen erfolgte im August 1971 der Verkauf zum Abbruch. Auch »U 2« wurde ausgeschlachtet und verblieb bis zu seinem Verkauf und Verwertung im Jahre 1971 als Auflieger im Marinearsenal Kiel. »U 3« hatte eine etwas längere aktive Lebenszeit. Als Schulboot bei der U-Bootlehrgruppe in Neustadt / Holstein war es bis zum 15. September 1967 noch im Dienst verblieben. Nach Verwendung zu Anspreng- und Druckversuchen folgte das dabei im Druckdock zerstörte Boot dann 1971 ebenfalls seinen beiden Schwestern in den Hochofen.

U-Boote der »U 1«-Klasse	
Bootsnamen	»U 1«, »U 2«, »U 3«
Typbezeichnung	Klasse 201
Verdrängung ↑/↓	395 t / 433 t
Länge x Breite x Tiefgang	42,40 x 4,59 x 3,80 m
Tauchtiefe	100 m
Besatzungsstärke	21
Antrieb	2 x Dieselmotor, 1 x Elektro-Fahrmotor
Antriebsleistung	2 x 600 PS, 1 x 1103 kW
Wellen / Ruder	1 / 2
Geschwindigkeit ↑/↓	10 kn / 17 kn
Fahrstrecke ↑/↓	3800 sm bei 6 kn / unbekannt
Torpedorohre	8 x 533 mm,
Elektronik	Radar, Sonar , Gruppenhorchanlage,
Waffenleitanlage,	Navigations- und Fernmeldeanlagen
Ausrüstung	Sehrohr, Schnorchel, verschiedene Ausfahrgeräte

Das U-Boot »U 1« läuft aus dem Marinestützpunkt Kiel aus. (Foto: Deutscher Marinebund)

U-Boot »U 1«			
Bord-Nr.	S 180		
Bauwerft	Howaldtswerke, Kiel		
Baudaten	Kiellegung	Stapellauf	in Dienst
	08.06.60	21.10.61	20.03.62
Verbleib	am 22.06.63 außer Dienst gestellt, Umbau für Erprobungen mit Hecktorpedorohr, am 04.03.65 wieder in Dienst gestellt, am 25.03.66 endgültig außer Dienst gestellt, Auflieger im Marinearsenal Kiel, Ansprengversuche, nach Ausschlachtung 1971 Abbruch		

U-Boot »U 2«			
Bord-Nr.	S 181		
Bauwerft	Howaldtswerke , Kiel		
Baudaten	Kiellegung	Stapellauf	in Dienst
	01.09.60	25.01.62	03.05.62
Verbleib	am 15.08.63 außer Dienst gestellt, Auflieger im Marinearsenal Kiel, nach Ausschlachtung 1971 Abbruch		

U-Boot »U 3«			
Bord-Nr.	S 182		
Bauwerft	Howaldtswerke, Kiel		
Baudaten	Kiellegung	Stapellauf	in Dienst
	12.10.60	07.05.62	20.06.64
Verbleib	am 15.09.67 außer Dienst gestellt, Auflieger im Marinearsenal Kiel, Ansprengversuche, im Druckdock zerstört, 1971 Abbruch		

Abb. rechts: Das U-Boot »U 3« lief am 7. Mai 1962 vom Stapel.
(Foto: Deutsche Marine)

Das U-Boot »U 2« lief am 25. Januar 1962 vom Stapel. (Foto: Deutsche Marine)

Das U-Boot »U 3« als »Kobben« unter norwegischer Flagge. (Foto: Deutsche Marine)

3.4 »HANS TECHEL« UND »FRIEDRICH SCHÜRER«

Klein-U-Boote »Hans Techel« und »Friedrich Schürer«	
Typbezeichnung	Klasse 202
Verdrängung ↑/↓	100 t / 137 t
Länge x Breite x Tiefgang	22,00 x 3,40 x 2,70 m
Tauchtiefe	60 m
Besatzungsstärke	6
Antrieb	1 x Dieselmotor, 1 x Ladegenerator zugleich Elektro-Fahrmotor, 1 x Elektro-Fahrmotor für Schleichfahrt
Antriebsleistung	1 x 330 PS, 1 x 257 kW, 1 x 20 kW
Wellen / Ruder	1 / 2 (»Hans Techel«), 1 / 1 (»Friedrich Schürer«)
Geschwindigkeit ↑/↓	10 kn / 13 kn
Fahrstrecke ↑/↓	400 sm bei 10 kn / 270 sm bei 5 kn
Torpedorohre	2 x 533 mm
Elektronik	Radar, Sonar, Gruppenhorchanlage, Navigations- und Fernmeldeanlagen
Ausrüstung	Sehrohr, Schnorchel

Parallel zu dem Bau der U-Boote der Klasse 201 begann die Bundesmarine auch mit der Beschaffung von Klein-U-Booten. Die Arbeiten an deren Schiffsentwurf hatten bereits 1957 begonnen. Als Aufgabe war ihnen der Vorposten- und Aufklärungsdienst sowie die Verwendung als kleine wendige U-Bootjäger zugedacht. Bis zu 40 Einheiten, des auch als KUB (Küsten-U-Boot) bezeichneten Vorhabens, waren vorgesehen. Amtsintern erhielten sie die Bezeichnung Klein-U-Boot Klasse 202.

Als Vorserie wurden im Juli 1959 bei den Atlas Werken in Bremen drei Klein-U-Boote beauftragt. Immer wieder neue Diskussionen und Änderungswünsche der Marine hinsichtlich Zielsetzung und Ausrüstung verzögerten den Baubeginn. In der Folge kam es schließlich sogar gänzlich zur Aufgabe des dritten Bootes. Als Erprobungsträger baute man dann ab Oktober 1961 die beiden Boote »Hans Techel« und »Friedrich Schürer«, die am 15. Oktober 1965 und 6. April 1966 in Dienst stellten. Die Namensgebung geht auf zwei Ingenieure zurück, die an der deutschen U-Bootentwicklung maßgeblich beteiligt waren.

Die U-Boote der Klasse 202 waren Einhüllenboote aus amagnetischem Stahl. Sie hatten eine ↑/↓-Verdrängung von 100 t / 137 t. Die Tauchtiefe wird mit 60 m (nach anderer Quelle 100 m) angegeben. Ihre Maschinenanlage bestand aus einem amagnetischen Mercedes-Benz Dieselmotor mit 330 PS Leistung. Über einen Ladegenerator erfolgte die Aufladung der 23 t schweren

Der Stapellauf des Klein-U-Bootes »Hans Techel« erfolgte am 15. März 1965. (Foto: Deutscher Marinebund)

Batterie. Im umgekehrten Betrieb über die Batterie diente er wiederum in Zweitfunktion als Elektro-Fahrmotor mit 257 kW Leistung. Für Schleichfahrt war ein zusätzlicher Elektro-Fahrmotor von 20 kW vorhanden. Damit erreichten die Klein-U-Boote eine ↑/↓-Geschwindigkeit von 10 kn / 13 kn. Das ursprünglich vorgesehene dritte und dann nicht mehr gebaute Boot sollte einen Walter-Antrieb erhalten.
Die Boote unterschieden sich in der Heckruder-Ausführung. Während »Friedrich Schürer« eine Kort-Ruderdüse aufwies, hatte »Hans Techel« beidseitig der Schraube je ein Ruderblatt. Eine Anordnung wie sie auch auf den U-Booten der Klassen 201 und 205 vorhanden war.
An Bewaffnung besaß die Klasse 202 zwei 533-mm-Torpedorohre. Die elektronische Ausrüstung umfasste eine Sonarausrüstung, eine Gruppenhorchanlage, ein Navigationsradar, ein Radarwarngerät sowie Fernmeldeeinrichtungen. Weiterhin waren ein Sehrohr und ein Schnorchel an Bord.
Das angedachte Konzept bewährte sich nicht. Für die vorgesehenen Einsatzaufgaben erwiesen sich die Klein-U-Boote als ungeeignet. Nach nur wenigen Monaten stellten beide Einheiten am 15. Dezember 1966 wieder außer Dienst. Eine durchgeführte Untersuchung für die Herrichtung und weitere Verwendung als Sonderfahrzeuge verlief negativ. Die Boote wurden verschrottet und hatten damit die kürzeste Dienstzeit von Schiffen oder Booten in der Bundesmarine. Diese Fehlinvestition kostete damals den deutschen Steuerzahlen 30 Millionen DM.

Klein-U-Boot »Hans Techel«			
Bord-Nr.	S 172		
Bauwerft	Atlaswerke, Bremen		
Baudaten	Kiellegung	Stapellauf	in Dienst
	10.10.61	15.03.65	15.10.65
Verbleib	am 15.12.66 außer Dienst gestellt, Auflieger im Marinearsenal Kiel, 1969 Abbruch		

Klein-U-Boot »Friedrich Schürer«			
Bord-Nr.	S 173		
Bauwerft	Atlaswerke, Bremen		
Baudaten	Kiellegung	Stapellauf	in Dienst
	10.10.61	10.11.65	06.04.66
Verbleib	am 15.12.66 außer Dienst gestellt, Auflieger im Marinearsenal Kiel, 1969 Abbruch		

Die Abbildung des Schnellen Minensuchbootes »Stier« mit dem längsseits liegenden Klein-U-Boot »Friedrich Schürer« und den an Oberdeck stehenden Personen lässt einen direkten Größenvergleich beider Fahrzeuge zu. (Foto: Deutscher Marinebund)

Klein-U-Boot »Hans Techel«. (Foto: Archiv Autor)

Klein-U-Boot »Friedrich Schürer«. (Foto: Deutscher Marinebund)

Die beiden Klein-U-Boote hatten bei Überwasserfahrt schon bei mäßigem Seegang große Probleme. (Foto: Archiv Autor)

Die Klein-U-Boote »Friedrich Schürer« (li) und »Hans Techel« (re) nach ihrer Außerdienststellung als Auflieger im Marinearsenal Kiel. (Foto: Deutsche Marine)

3.5 »U 4«-KLASSE

Den U-Booten »U 1« bis »U 3« schloss sich nahtlos mit »U 4« bis »U 8« eine zweite, modifizierte Bauserie an. Sie erhielt die Bezeichnung U-Boot Klasse 205. Die Boote waren teilweise schon vor der Stahlkrise begonnen worden. Bereits gefertigte Sektionen konnten aber für den geänderten Entwurf genutzt werden.
Um den auch hier zu erwartenden Korrosionserscheinungen vorzubeugen, erhielt der Bootskörper als Schutz eine Spritzverzinkung. Außerdem bekamen sie eine andere Turmform, um den größeren Schwinger eines neu entwickelten Sonargerätes aufnehmen zu können. Somit entfiel der offene Fahrstand, was auch wiederum im Überwassermarsch bei schlechtem Wetter für die Brückenbesatzung von Vorteil war. Neuere und modernere Anlagen machten infolge ihres größeren Platzbedarfs auch eine leichte Verlängerung des Bootskörpers notwendig. Die ↑/↓-Verdrängung erhöhte sich auf 419 t / 455 t. Antriebsanlage und Bewaffnung blieben vom Grundsatz her unverändert.
Die fünf U-Boote stellten von Ende 1962 bis Mitte 1964 beim 1. U-Bootgeschwader in Kiel in Dienst, blieben aber problembehaftet. Rissbildungen führten aus Sicherheitsgründen bald zu Tauchbeschränkungen. Ab dem 1. Oktober 1969 erfolgte der Unterstellungswechsel zur U-Bootlehrgruppe nach Neustadt / Holstein. Sie dienten jetzt ausschließlich als Schul-

U-Boote der »U 4«-Klasse	
Bootsnamen	»U 4«, »U 5«, »U 6«, »U 7«, »U 8«
Typbezeichnung	Klasse 205
Verdrängung ↑/↓	419 t / 455 t
Länge x Breite x Tiefgang	44,30 x 4,59 x 3,80 m
Tauchtiefe	100 m
Besatzungsstärke	21
Antrieb	2 x Dieselmotor, 1 x Elektro-Fahrmotor
Antriebsleistung	2 x 600 PS, 1 x 1103 kW
Wellen / Ruder	1 / 2
Geschwindigkeit ↑/↓	10 kn / 17 kn
Fahrstrecke ↑/↓	3800 sm bei 6 kn / 228 sm bei 4 kn
Torpedorohre	8 x 533 mm
Elektronik	Radar, Sonar , Gruppenhorchanlage, Waffenleitanlage, Navigations- und Fernmeldeanlagen
Ausrüstung	Sehrohr, Schnorchel, verschiedene Ausfahrgeräte

U-Boot »U 4«. (Foto: Deutscher Marinebund)

boote, weshalb auch die Torpedorohre dicht gesetzt wurden. Nach einer Knallgasexplosion bei der Batterieladung ging »U 7« vom September 1965 bis Mai 1968 vorübergehend außer Dienst. Im Rahmen der Instandsetzung erhielt das Boot einen nochmals neu gestalteten Turmaufbau mit Formgebung wie bei der »U 9«-Klasse (Klasse 205mod). Alle Boote gingen zwischen Mai und Oktober 1974 endgültig außer Dienst und wurden wenige Jahre später abgewrackt.

An den kurzen Lebensläufen der ersten acht U-Boote der Klassen 201 und 205 der Bundesmarine kann man feststellen, dass die Anfangsphase der neuen deutschen U-Bootwaffe nicht gerade optimal verlaufen war. Den wesentlichsten Anteil daran hatte die Stahlmisere. Aber auch anderweitig musste man viel Neuland betreten und es galt Kinderkrankheiten jeglicher Art zu überwinden. Nach kurzer Verwendung im Flottendienst konnten die U-Boote nur noch als Schulboote genutzt werden.

U-Boot »U 4«			
Bord-Nr.	S 183		
Bauwerft	Howaldtswerke, Kiel		
Baudaten	Kiellegung	Stapellauf	in Dienst
	01.04.61	25.08.62	19.11.62
Verbleib	am 01.08.74 außer Dienst gestellt, 1977 Abbruch		

Der Stapellauf des U-Bootes »U 4« erfolgte am 25. August 1962. (Foto: Deutsche Marine)

U-Boot »U 4«, hohe Fahrt laufend. (Foto: Bundesarchiv / CC-BY-SA 3.0)

U-Boot »U 5«			
Bord-Nr.	S 184		
Bauwerft	Howaldtswerke, Kiel		
Baudaten	Kiellegung	Stapellauf	in Dienst
	01.06.61	20.11.62	04.07.63
Verbleib	am 17.05.74 außer Dienst gestellt, 1975 Abbruch		

Abb. links: U-Boot »U 5«. (Foto: Deutsche Marine)

U-Boot »U 6«			
Bord-Nr.	S 185		
Bauwerft	Howaldtswerke, Kiel		
Baudaten	Kiellegung	Stapellauf	in Dienst
	08.11.61	30.01.63	24.07.63
Verbleib	am 23.08.74 außer Dienst gestellt, 1977 Abbruch		

Das U-Boot »U 6« im Kieler Marinestützpunkt. (Foto: Deutsche Marine)

U-Boot »U 7«			
Bord-Nr.	S 186		
Bauwerft	Howaldtswerke, Kiel		
Baudaten	Kiellegung	Stapellauf	in Dienst
	01.02.62.	10.04.63	16.03.64
Verbleib	am 30.09.65 außer Dienst gestellt, Reparatur der Schäden einer Knallgasexplosion und Umbau, am 22.05.68 wieder in Dienst gestellt, am 12.07.74 endgültig außer Dienst gestellt, 1976 Abbruch		

Das U-Boot »U 7« mit alter und ... (Foto: Deutsche Marine)

... mit neuer Turmform. (Foto: Deutsche Marine)

U-Boot »U 8«			
Bord-Nr.	S 187		
Bauwerft	Howaldtswerke, Kiel		
Baudaten	Kiellegung	Stapellauf	in Dienst
	20.02.63	19.06.63	22.07.64
Verbleib	am 09.10.74 außer Dienst gestellt, 1977 Abbruch		

U-Boot »U 8«. (Foto: Deutsche Marine)

3.6 »U 9«-KLASSE

Nach Überwindung der Stahlmisere und unter Verwendung eines neuen amagnetischen Stahls begann ab Dezember 1964 mit der nochmals veränderten Klasse 205mod eine weitere Bauserie. Die vier U-Boote »U 9« bis »U 12« stellten zwischen April 1967 und Januar 1969 in Dienst.

Ebenfalls zu dieser Klasse 205mod müssen noch die U-Boote »U 1« (II) und »U 2« (II) gezählt werden. Die Fertigung dieser Ersatzbauten für die außer Dienst gestellten Namensvorgänger erfolgte bereits ab September 1964. Sie waren allerdings aus einem gewöhnlichen magnetischen Schiffbaustahl gefertigt. Beim Bau fanden Teile der Inneneinrichtung von »U 1« (I) und »U 2« (I) Wiederverwendung. Die Boote sind dennoch als Neubauten zu werten.

Gegenüber ihren unmittelbaren Vorgängern hatte die Klasse 205mod einen nochmals veränderten Turmaufbau. Dadurch konnte auf Sehrohrtiefe und bei Schnorchelfahrt der Wellenwiderstand erheblich vermindert werden. Weiteres typisches Kennzeichen dieser Serie war der auf dem Vorschiff deutlich erkennbare kleine Hüllkörper. In ihm war ein Passivsonar zur Entfernungsmessung eingebaut. Antriebsanlage, Bewaffnung, Innenausstattung und Ausrüstung wurden verbessert und dem damals aktuellen technischen Stand angepasst.

Alle sechs Boote der Klasse 205mod wurden im 1. U-Bootgeschwader in Kiel zusammengefasst. Damit hatte die Bundesmarine erstmals voll einsatzfähige U-Boote. Sie nahmen regelmäßig an Torpedoschießabschnitten und NATO-Manövern teil und stellten dabei ihre Leistungsfähigkeiten unter Beweis. Zahlreiche längere Auslandsreisen führten die Boote nach

U-Boote der »U 9«-Klasse	
Bootsnamen	»U 1« (I), »U 2« (II), »U 9«, »U 10«, »U 11«, »U 12«
Typbezeichnung	Klasse 205mod
Verdrängung ↑/↓	419 t / 455 t
Länge x Breite x Tiefgang	44,30 x 4,59 x 3,80 m
Tauchtiefe	100 m
Besatzungsstärke	21
Antrieb	2 x Dieselmotor, 1 x Elektro-Fahrmotor
Antriebsleistung	2 x 600 PS, 1 x 1103 kW
Wellen / Ruder	1 / 2 (»U 9« und »U 10«), 1 / 1 (»U 11« und »U 12«)
Geschwindigkeit ↑/↓	10 kn / 17 kn
Fahrstrecke ↑/↓	3800 sm bei 6 kn / 228 sm bei 4 kn
Torpedorohre	8 x 533 mm
Minen	alternativ für Torpedos
Elektronik	Radar, Sonar, Gruppenhorchanlage, Waffenleitanlage, Navigations- und Fernmeldeanlagen
Ausrüstung	Sehrohr, Schnorchel, verschiedene Ausfahrgeräte

U-Boot »U 1« (II). (Foto: Deutscher Marinebund)

Frankreich, Großbritannien, Norwegen und weitere ausländische Häfen im Nord- und Ostseebereich. Zusammen mit den 18 Booten der »U 13«-Klasse (Klasse 206), die ab April 1973 der Flotte zuliefen, bildeten sie nahezu drei Jahrzehnte lang die neue deutsche U-Bootwaffe.

Das U-Boot »U 1« wurde von März bis November 1987 zum Erprobungsträger für die Brennstoffzelle umgebaut. Hierzu erhielt es vor dem Turmbereich eine Zwischensektion zur Aufnahme des neuen in der Entwicklung befindlichen außenluftunabhängigen Antriebssystems. Nach Abschluss der Erprobungen stellte das Boot außer Dienst. Anschließend wurde es den Nordseewerken in Emden zur Verfügung gestellt. Unter dem neuen Namen »ex U 1« war es nochmals Testfahrzeug für ein weiteres außenluftunabhängiges Antriebssystem, den Kreislaufdiesel. Danach kam das Aus. An eine Abbruchfirma verkauft, erfolgte die Verwertung.

Im Gegensatz zu seinem Schwesterboot war dem U-Boot »U 2« nach seiner Marinelaufbahn keine weitere Verwendung mehr gegönnt. Nach der Außerdienststellung wurde das U-Boot abgewrackt.

Das U-Boot »U 9« ist seit Ende September 1993 als Museumsschiff im Technikmuseum in Speyer ein Besuchermagnet. Ebenso »U 10«, das auf dem Gelände des Deutschen Marinemuseums in Wilhelmshaven als Museumsschiff aufgestellt ist.

Das U-Boot »U 11« erhielt 1987 / 1988 eine zweite amagnetische Außenhülle. Nach diesem Umbau zum Zweihüllenboot konnte »U 11« als Unterwasserzielschiff für Torpedoschießübungen verwendet werden. Die aufgeschweißte zweite Außenhaut hätte bei einem eventuell fehlgesteuertem Übungstorpedo eine Schutzfunktion erfüllt und damit als »Knautschzone« die unmittelbare Gefährdung von Boot und Besatzung verhindert. Übungstorpedos haben zwar keinen Sprengkopf, können aber alleine mit ihrer Masse bei einem Aufschlag erheblichen Schaden anrichten, sollte ihre Tiefensteuerung, aus welchem Grund auch immer, versagen.

Eine weitere Besonderheit des Bootes ist die Anordnung des Seitenruders. Im Gegensatz zu den bisherigen deutschen U-Booten ist das Seitenruderblatt direkt hinter der Schiffsschraube und damit direkt im Schraubenstrom angeordnet. Das führt, insbesondere bei geringen Geschwindigkeiten sowie bei An- und Ablegemanövern, zu einer besseren Manövrierfähigkeit. Das Schwesterboot »U 12« und alle Boote der Klasse 206 erhielten die gleiche Ruderanordnung. Seit Mai 2005 ist das 2003 außer Dienst gestellte »U 11« auf der Ostseeinsel Fehmarn im Hafengelände von Burgstaaken als Museumsschiff zu besichtigen.

Bei »U 12« erfolgte Anfang der 1990er Jahre ein größerer Umbau zu einem Sonarerprobungsträger. Hierfür wurde das Boot verlängert und erhielt zur Aufnahme der Erprobungsanlagen an beiden Seiten Längswülste sowie eine markante Kuppel auf dem Vorschiff. Das vordere Tiefenruder wurde in Form von zwei Horizontalflossen an die Vorderkante des Turms verlegt. Nach der Außerdienststellung wurde das Boot zum Abbruch nach Dänemark verkauft. Mit 36 Dienstjahren ist es in der Klasse 205mod das Boot mit der längsten Dienstzeit.

Bleibt noch zu erwähnen, dass auch die dänische Marine zwei U-Boote der Klasse 205mod bauen ließ. Sie entstanden auf der Orlogsværft in Kopenhagen in Lizenz und stellten am 27. Februar 1970 als »Narhvalen« und am 22. Dezember 1970 als »Nordkaperen« in Dienst. Am 16. Oktober 2003 und am 2. Februar 2004 holten die beide U-Boote Flagge und Wimpel nieder und wurden danach verschrottet.

U-Boot »U 1« (II)			
Bord-Nr.	S 180		
Bauwerft	Howaldtswerke, Kiel		
Baudaten	Kiellegung	Stapellauf	in Dienst
	01.02.65	17.02.67	26.06.67
Verbleib	am 29.11.91 außer Dienst gestellt, zuvor Erprobungsboot für Brennstoffzelle, danach als »ex U 1« Erprobungsboot für Kreislaufdiesel, 1993 Abbruch		

U-Boot »U 2« (II)			
Bord-Nr.	S 181		
Bauwerft	Howaldtswerke, Kiel		
Baudaten	Kiellegung	Stapellauf	in Dienst
	01.09.64	15.07.66	11.10.66
Verbleib	am 19.03.92 außer Dienst gestellt, 1993 Abbruch		

Das U-Boot »U 2« (II) im Schwimmdock. Deutlich ist die bislang für alle neuen deutschen U-Boote typische Ruderanordnung mit den beiden Seitenrudern links und rechts der Schraube zu erkennen.
(Foto: Deutscher Marinebund)

U-Boot »U 9«			
Bord-Nr.	S 188		
Bauwerft	Howaldtswerke, Kiel		
Baudaten	Kiellegung	Stapellauf	in Dienst
	10.12.64	20.10.66	11.04.67
Verbleib	am 03.06.93 außer Dienst gestellt, Museumsschiff im Technikmuseum in Speyer		

U-Boot »U 9«. (Foto: Deutsche Marine)

Das U-Boot »U 9« als Museumsschiff im Technikmuseum in Speyer. (Foto: Autor)

U-Boot »U 10«			
Bord-Nr.	S 189		
Bauwerft	Howaldtswerke, Kiel		
Baudaten	Kiellegung	Stapellauf	in Dienst
	15.07.65	05.06.67	28.11.67
Verbleib	am 16.02.93 außer Dienst gestellt, Museumsschiff im Deutschen Marinemuseum in Wilhelmshaven		

Das U-Boot »U 10« als Museumsschiff im Deutschen Marinemuseum in Wilhelmshaven. (Foto: Autor)

Der Wohnraum der Unteroffiziere. (Foto: Autor)

Abb. links: Auf dem Luftbild von »U 10« ist auf dem Vorschiff der Hüllkörper für die Passivsonaranlage deutlich zu erkennen. (Foto: Deutsche Marine)

U-Boot »U 11«			
Bord-Nr.	S 190		
Bauwerft	Howaldtswerke, Kiel		
Baudaten	Kiellegung	Stapellauf	in Dienst
	01.04.66	09.02.68	21.06.68
Verbleib	am 30.10.03 außer Dienst gestellt, Museumsschiff in Burgstaaken / Fehmarn		

U-Boot »U 11«. (Foto: Deutsche Marine)

Das U-Boot »U 11« als Museumsschiff in Burgstaaken auf Fehmarn. Deutlich ist die zweite Außenhaut zu erkennen, die aus Sicherheitsgründen für die Verwendung als Zielschiff notwendig war. Ebenso gut erkennbar die Anordnung des Seitenruders hinter der Schraube. (Foto: Autor)

U-Boot »U 12«			
Bord-Nr.	S 191		
Bauwerft	Howaldtswerke, Kiel		
Baudaten	Kiellegung	Stapellauf	in Dienst
	01.09.66	10.09.68	14.01.69
Verbleib	am 21.06.05 außer Dienst gestellt, anschließend Abbruch		

Das U-Boot »U 12« nach dem Umbau zum Sonarerprobungsträger. (Foto: Deutsche Marine)

Die vier Steuerbord-Torpedorohre des Torpedorohrsatzes von insgesamt acht 533-mm-Torpedorohren. (Foto: Autor)

Der Motorenraum mit zwei Dieselmotoren und dem Elektro-Fahrmotor. (Foto: Autor)

3.7 »U 13«-KLASSE

Die Planungen für die U-Boote Klasse 206, so die amtsinterne Bezeichnung, liefen nahezu parallel zum Bau der Klasse 205mod. Vorstudien für dieses neue Beschaffungsvorhaben gab es bereits im Jahre 1962. Mitte 1967 waren die Entwurfsarbeiten beim Ingenieur Kontor Lübeck abgeschlossen.
Im März 1968 gingen die neuen U-Boote in die Ausschreibung. Der Vertragsabschluss zum Bau von »U 13« bis »U 24« erfolgte dann im Juni 1969 mit den Howaldtswerken in Kiel als Generalunternehmer und den Rheinstahl-Nordseewerken in Emden als Subunternehmer. In den Jahren 1972 / 1973 sollten die Boote zulaufen. Zudem bestand für sechs weitere Boote eine Option, die dann auch im März 1970 wahrgenommen wurde. Letztendlich kam es so zum Bau von acht Booten in Kiel und zehn Booten in Emden.
Wie schon bei ihren Vorgängern war die amagnetische Bauweise eine Grundforderung. Die als Einhüllenboote ausgelegten U-Boote erhielten nochmalige Optimierungen hinsichtlich ihrer Geräuscharmut. Weiterhin erhöhte sich die ↑/↓-Verdrängung auf 456 t / 500 t. Die schiffstechnischen Anlagen wurden auf den neuesten Stand der Technik gebracht, wobei gegenüber den früheren U-Booten die Grundkonzeption beibehalten wurde. Eine leistungsstärkere Batterie kam zum Einbau. Das Seitenruder wurde wie bei »U 11« und »U 12« direkt hinter dem Propeller und damit direkt im Schraubenstrom angeordnet. Markant für die Klasse ist das fülligere Vorschiff, in dem ein neues Sonar untergebracht wurde. Die U-Boote waren wieder auf eine Tauchtiefe von 100 m ausgelegt.
Drahtgelenkte Torpedos und eine verbesserte Sensorik sowie modernere Ortungs- und Feuerleitanlagen erhöhten die Kampfkraft der Klasse 206. Für die Mitnahme von Seeminen wurde ein auf das Vorschiff überstülpbarer Minengürtel konstruiert. Dadurch konnte man vermeiden, dass die Mitnahme von Minen zu Lasten der Torpedokapazität ging.
Am 19. April 1973 stellten mit »U 13« und »U 14« die beiden ersten Einheiten in Dienst. Mit den Indienststellungen von »U 26« und »U 30« am 13. März 1975 sowie »U 23« am 2. Mai 1975 war das Bauvorhaben beendet. Dem neu aufgestellten 3. U-Bootgeschwader in Eckernförde wurden »U 13« bis »U 24« zugeteilt. »U 25« bis »U 30« ergänzten die Einheiten des 1. U-Bootgeschwaders in Kiel.
Die U-Boote der Klasse 206 waren drei Jahrzehnte im Einsatz. An fast allen in der Nord- und Ostsee abgehaltenen NATO-Manövern waren sie Teilnehmer und überzeugten die Bündnispartner von ihrer Leistungsfähigkeit. Sie simulierten Angriffe auf Schiffsverbände und dienten den U-Jagdeinheiten als »Sparrings-Partner«. Die schwer ortbaren Boote waren begehrte Zielobjekte für die Ausbildung des U-Jagdpersonals auf Zerstörern und Fregatten.
So erinnert sich der Verfasser aus seiner eigenen Bordzeit noch sehr genau an ein Fernschreiben eines amerikanischen Zerstörer-Kommandanten mit der darin enthaltenen Bemerkung: »It is just unfair to fight with such small submarines.« Zum Hintergrund: Die am Manöver teilnehmenden U-Boote der Klasse 206 waren während einer U-Jagdübung trotz der großen Zahl der in der Übung eingebundenen U-Jagdeinheiten mehrfach zum »erfolgreichen Torpedoschuss« gekommen, ohne selbst entdeckt oder erfasst zu werden.
Auch den Sprung über den »Großen Teich« haben sie geschafft. »U 17« und »U 26« überquerten im Frühjahr 1997 in Begleitung des U-Boottenders »Meersburg« den Atlantik zu Übungen mit der US Navy. Der große Erfolg dieser Amerikafahrt führte im Februar 1999 zu einer Wiederholung durch »U 15« und »U 25«. Die dritte und letzte Atlantiküberquerung machten zwei Jahre später »U 24« und »U 28«. Ab den 1990er Jahren waren Boote der Klasse 206 auch regelmäßig im Mittelmeer im Einsatz. Sie beteiligten sich an der NATO-Operation »Active Endeavour« und führten Seeüberwachungsoperationen im östlichen Mittelmeer durch.
Mit Ausnahme von »U 13«, »U 14«, »U 19«, »U 20«, »U 21«, und »U 27« wurden die U-Boote der Klasse 206 in den Jahren 1987 bis 1992 zur Klasse 206A umgebaut. Bei dieser Umrüstung erhielten sie ein modernes Sonar, ein Lagebearbeitungs- und Waffeneinsatzsystem, eine verbesserte Fernmeldeeinrichtung und eine leistungsfähigere Navigationsanlage. Durchgeführt wurden auch Maßnahmen zur Verbesserungen der Lebens- und Arbeitsbedingungen. In einem zweiten Umrüstungsabschnitt erhielten die Boote 1995 / 1996 modernere Drahtlenktorpedos eingerüstet. Mit dieser gründlichen Modernisierung wurde eine wesentliche Leistungssteigerung erzielt und die Einsatzfähigkeit für die nächsten Jahre sichergestellt.
Die nicht umgebauten Einheiten stellten in den Jahren 1996 (»U 20«, »U 27«), 1997 (»U 13«, »U 14«) und 1998 (»U 19«, »U 21«) außer Dienst und wurden in der Folge abgewrackt. Knapp zehn Jahre später begann ein zweiter »Außer-Dienststellungs-Schub«. Mit »U 28« (2004), »U 26« (2005), »U 29« (2006) und »U 30« (2007) verließen die ersten Boote der Klasse 206A die Flotte mit gleichem Schicksal. Im Jahre 2008 holten auch »U 22« und »U 25« Flagge und Wimpel nieder. Während »U 22« verschrottet wurde, diente »U 25« Ende 2011 der Wehrtechnischen Dienststelle 71 der Bundeswehr zu Ansprengversuchen. Im Sommer 2019 wurde das Boot zur Verschrottung verkauft.
Die sechs restlichen U-Boote der Klasse 206A sollten noch bis zum Zulauf des zweiten Bauloses der Klasse 212A im Dienst bleiben bzw. sukzessive bis 2015 außer Dienst gestellt werden. Doch dann kam plötzlich alles ganz anders. Auch die Marine musste sich den Sparzwängen der Bundeswehr unterordnen. Im Juni 2010 wurde verfügt, die Boote mit sofortiger Wirkung aus

der Fahrbereitschaft zu nehmen. Am 30. August 2010 liefen alle sechs U-Boote nochmals in Formation fahrend gemeinsam aus Eckernförde aus und verabschiedeten sich so von der Marine. Damit endete die 35-jährige Ära der Klasse 206 / 206A in der Deutschen Marine.

Ganz von den Weltmeeren wird die Klasse 206A aber noch nicht verschwinden. Mehrere ausländische Marinen zeigten Interesse am Erwerb der U-Boote, wobei Kolumbien beim Kauf das Rennen machte. Im August 2012 übernahm das Land die Boote »U 23« und »U 24«, die als »Intrepido« und »Indomable« erneut Flagge und Wimpel der kolumbianischen Marine setzten. »U 16« und »U 18« dienten bei der in Deutschland durchgeführten Überholung als Ersatzteillager.

Bereits 1997 sollten Boote aus der ersten Außerdienststellungsphase der Klasse 206 verkauft werden. »U 13« und »U 14« hatten sogar schon die indonesische Flagge gesetzt, aber das Land machte dann doch wieder einen Rückzieher und annullierte den Kauf. Ebenso war Thailand an U-Booten der Klasse 206A interessiert, nahm aber wieder Abstand von dem Vorhaben.

Für das noch als Auflieger im Marinearsenal Wilhelmshaven liegende »U 17« gibt es Bemühungen, das Boot in 2019 / 2020 im Technikmuseum Sinsheim / Baden-Württemberg als Exponat aufzustellen. Die ebenfalls noch als Auflieger vorhandenen U-Boote »U 15«, »U 16« und »U 18« werden vermutlich verschrottet.

Ergänzend sei auch noch auf ein Derivat der Klasse 206 hingewiesen, die israelische »Gal«-Klasse. Drei Einheiten wurden hiervon in Lizenz bei der britischen Werft Vickers in Barrow gebaut und 1976 / 1977 in Dienst gestellt. Die U-Boote verdrängten ↑/↓ 600 t / 670 t und hatten eine Länge von 48,90 m. In den Jahren 1999 / 2000 sind sie durch die in Deutschland gebauten U-Boote der »Dolphin«-Klasse ersetzt worden.

U-Boote der »U 13«-Klasse – Schiffsdaten	
Anzahl	18
Typbezeichnung	Klasse 206, Klasse 206A (*)
Bauwerften	Howaldtswerke, Kiel, Rheinstahl-Nordseewerke, Emden
Verdrängung ↑/↓	456 t / 500 t
Länge x Breite x Tiefgang	48,62 x 4,59 x 4,30 m
Tauchtiefe	100 m
Besatzungsstärke	22
Antrieb	2 x Dieselmotor 1 x Elektro-Fahrmotor
Antriebsleistung	2 x 600 PS, 1 x 1103 kW
Wellen / Ruder	1 / 1
Geschwindigkeit ↑/↓	10 kn / 17 kn
Fahrstrecke ↑/↓	4500 sm bei 6 kn / 280 sm bei 4 kn
Torpedorohre	8 x 533 mm
Minen	Minengürtel mit 24 Minen
Elektronik	Radar, Sonar, Gruppenhorchanlage, Waffenleitanlage, Navigations- und Fernmeldeanlagen
Ausrüstung	Sehrohr, Schnorchel, verschiedene Ausfahrgeräte
Anmerkung	(*) nach späterem Umbau

Die Indienststellung der U-Boote »U 13« und »U 14« erfolgte am 19. April 1973 im Marinerstützpunkt Eckernförde. (Foto: Deutscher Marinebund)

U-Boote der »U 13«-Klasse – Baudaten und Verbleib								
Name	Bord-Nr.	Bauwerft	U	Kiellegung	Stapellauf	in Dienst	außer Dienst	Verbleib
»U 13«	S 192	HDW		15.11.69	28.09.71	19.04.73	23.09.97	Abbruch
»U 14«	S 193	RNSW		01.03.70	01.02.72	19.04.73	26.03.97	Abbruch
»U 15«	S 194	HDW	A	01.06.70	15.06.72	17.07.74	14.12.10	Auflieger
»U 16«	S 195	RNSW	A	01.11.70	29.08.72	09.11.73	31.03.11	Auflieger
»U 17«	S 196	HDW	A	01.10.70	10.10.72	28.11.73	14.12.10	Museumsschiff (?)
»U 18«	S 197	RNSW	A	01.04.71	31.10.72	19.12.73	31.03.11	Auflieger
»U 19«	S 198	HDW		05.01.71	15.12.72	09.11.73	03.06.98	Abbruch
»U 20«	S 199	RNSW		03.09.71	16.01.73	24.05.74	26.09.96	Abbruch
»U 21«	S 170	HDW		15.04.71	09.03.73	16.08.74	03.06.98	Abbruch
»U 22«	S 171	RNSW	A	18.11.71	27.03.73	26.07.74	18.12.08	Abbruch
»U 23«	S 172	RNSW	A	05.03.73	25.05.74	02.05.75	31.03.11	Kolumbien
»U 24«	S 173	RNSW	A	20.03.72	26.06.73	16.10.74	31.03.11	Kolumbien
»U 25«	S 174	HDW	A	01.07.71	23.05.73	14.06.74	31.01.08	Abbruch
»U 26«	S 175	RNSW	A	14.07.72	20.11.73	13.03.75	09.11.05	Abbruch
»U 27«	S 176	HDW		01.10.71	21.08.73	16.10.74	13.06.96	Abbruch
»U 28«	S 177	RNSW	A	04.10.72	22.01.74	18.12.74	30.06.04	Abbruch
»U 29«	S 178	HDW	A	10.01.72	05.11.73	27.11.74	20.12.06	Abbruch
»U 30«	S 179	RNSW	A	05.12.72	04.04.74	13.03.75	28.02.07	Abbruch

Bauwerften: HDW = Howaldtswerke, Kiel, RNSW = Rheinstahl-Nordseewerke, Emden
Umbau: A = Klasse 206A

U-Boot »U 19«. (Foto: Deutsche Marine)

Das U-Boot »U 20« während seiner Bauzeit im Dock.
(Foto: Deutscher Marinebund)

Die im Päckchen liegenden U-Boote »U 23«, »U 14« und »U 24« (v.l.n.r.). (Foto: Autor)

Das U-Boot »U 22«, einlaufend Kiel. (Foto: Autor)

U-Boot »U 24«. (Foto: Deutsche Marine)

U-Boot »U 23«. (Foto: Deutsche Marine)

U-Boot »U 27«. (Foto: Autor)

Die Operationszentrale auf der Klasse 206 und … (Foto: Autor)

… auf der Klasse 206A. (Foto: Deutsche Marine)

Zwei U-Boote der Klasse 206 und ein U-Boot der Klasse 205mod liegen im Päckchen an der Pier. (Foto: Autor)

Ein U-Boot der »U 13«-Klasse mit angehängtem Minengürtel. (Foto: Deutsche Marine)

U-Boot »U 29«. (Foto: Deutsche Marine)

Ein außer Dienst gestelltes U-Boot der »U 13«-Klasse als Auflieger im Arsenalhafen in Kiel. Vermutlich handelt es sich um »U 25«. (Foto: Autor)

Das U-Boot »U 28« während seiner Bauzeit. (Foto: Deutsche Marine)

Mit dem U-Boot »U 30« endete die Bauserie der »U 13«-Klasse. (Foto: Deutsche Marine)

3.8 »NARWAL«

Ende der 1980er Jahre entwickelte die Werft Abeking & Rasmussen zusammen mit der Firma Atlas Elektronik das Unterwassertransportgerät »Narwal«. Das Klein-U-Boot war im Küstenbereich der Ostsee zum Verbringen von Kampfschwimmern vorgesehen. Auch andere geheime und verdeckte Operationen sollte das Fahrzeug durchführen können.

Die aus amagnetischem Stahl gefertigte »Narwal« hatte bei einer Länge von etwa 13,27 m rund 23 t Verdrängung. Der Antrieb erfolgte über eine Batterie durch einen 15-kW-Elektro-Fahrmotor. Das Klein-U-Boot erreichte eine Geschwindigkeit von 5 kn und konnte mit einer Batterieladung eine Distanz von 150 sm zurücklegen. Die Tauchtiefe wird mit 100 m angegeben. Ein ausfahrbarer Mast war mit einem GPS-Empfänger (Global Positioning System), einer Kamera und einer Funkantenne ausgerüstet. Des Weiteren war ein Sonar an Bord vorhanden. Die Aufnahmekapazität der »Narwal« betrug fünf Kommandosoldaten. Sie konnten im getauchten Zustand über eine Schleuse ausgesetzt und auch wieder aufgenommen werden. Ein weiterer Soldat war als Bootsführer an Bord.

Mit Ende des Kalten Krieges gab es dann allerdings bei der Deutschen Marine keinen Bedarf mehr für solche Fahrzeuge. Das Programm wurde abgebrochen. Die »Narwal« wurde am 4. September 1990 noch getauft und kam anschließend zu Erprobungen in Fahrt. Im Jahre 1996 wurde das Klein-U-Boot aus der Fahrt genommen und ausgesondert. Die ehemals streng geheim gehaltene »Narwal« stand danach einige Jahre als Exponat im Freigelände des Militärhistorischen Museums der Bundeswehr in Dresden und wird heute im Depot des Museums aufbewahrt.

Das Klein-U-Boot »Narwal« im Depot des Dresdener Militärhistorischen Museums der Bundeswehr.
(Foto: Militärhistorisches Museum der Bundeswehr)

3.9 »LP 1«-KLASSE

Für Ladung der U-Bootbatterien im Rahmen der Batteriepflege und Batteriewartung vergab im Jahre 1962 die Bundesmarine den Auftrag zum Bau zweier schwimmenden Ladestationen, die die Typbezeichnung Batterieladeprahm Klasse 718 erhielten. Je eine Einheit wurde bei der Jadewerft in Wilhelmshaven und der Oelkers Werft in Hamburg beauftragt. Als »LP 1« und »LP 2« stellten die beiden pontonartigen, als Schwimmendes Gerät eingestuften Fahrzeuge am 18. Februar 1964 und 17. April 1964 beim Marinestützpunktkommando in Kiel in Dienst. Im Jahre 1973 erfolgte bei der Wilhelmshavener Jadewerft die Beauftragung von »LP 3«, der am 12. September 1974 beim Marinestützpunktkommando Kiel Außenstelle Eckernförde in Dienst stellte.

Der stählerne nahezu rechteckig gestaltete und in fünf Abteilungen unterteilte Rumpf der Ladeprähme hatte eine Länge von 25,50 m und eine Breite von 7,02 m sowie einen Tiefgang von 1,48 m. Vermessen waren die Fahrzeuge mit 192 t Verdrängung. »LP 3« hatte geringfügige Änderungen bei den Abmessungen 27,05 x 7,45 x 1,71 m und damit eine Verdrängung von 223 t. Drei Mercedes-Benz Dieselmotoren mit jeweils 600 PS Leistung waren für den Batterieladebetrieb mit je einem Ladegenerator von 405 kW kuppelbar. Jeweils einer der Dieselmotoren konnte bei Bedarf für Verlegungen und zum Manövrieren als Eigenantrieb auf die Welle geschaltet werden. Damit erreichten die Fahrzeuge eine Geschwindigkeit von 8 kn. Ein zusätzlicher Dieselgenerator von 196 PS diente der Stromerzeugung für das Bordnetz.

An weiterer Ausrüstung sind zu erwähnen: zwei Buganker, eine Kort-Ruderdüse für den Propeller, zwei Ladebäume für die Übergabe der Anschlusskabel und eine Rettungsinsel.

Die Ladeprähme wurden in den Marinestützpunkten Kiel und Eckernförde stationär eingesetzt. Sie waren mit sechs Mann Zivilpersonal besetzt. Nach »Gröner – Die deutschen Kriegsschiffe 1815–2015« Band 9/1 waren die Ladeprähme für U-Boote 2017 noch im aktiven Dienst.

Die Abbildung zeigt vermutlich den Ladeprahm »LP 3«. (Foto: Deutscher Marinebund)

Der Ladeprahm »LP 2« mit dem längsseits liegenden U-Boot »U 9«. Im Hintergrund ist das Vorschiff des Tenders »Lahn« zu erkennen.
(Foto: Deutscher Marinebund)

3.10 DRUCKDOCK FÜR U-BOOTE

Aus Sicherheitsgründen sind für U-Boote routinemäßig Druck- und Dichtigkeitserprobungen erforderlich. Nach Zulauf der ersten U-Boote führte die Bundesmarine diese Kontrolluntersuchungen zunächst in norwegischen Gewässern durch, wo in den Fjorden die entsprechend großen Wassertiefen vorhanden sind. Allerdings war dieses Verfahren sehr teuer und zeitaufwendig. Die U-Boote brauchten zum einen allein schon mehrere Tage für An- und Rückmarsch und zum anderen war die Assistenz von zivilen Hebefahrzeugen und Kranschiffen für das Absenken der U-Boote notwendig. Zudem bestand in einem Not- oder Schadensfall für das an den Hebetrossen hängende U-Boot ein hohes Risiko.

So fiel dann auch schon Mitte der 1960er Jahre der Entschluss für diese Sicherheitsüberprüfungen ein spezielles Druckdock zu bauen. Die Flenderwerke in Lübeck erhielten den Auftrag und lieferten im September 1967 das Schwimmdock mit röhrenförmigen Druckkörper, offiziell als »Dock C« bezeichnet, ab. Es ist das dritte in der deutschen Marinegeschichte. Auch die Kaiserliche Marine und die Kriegsmarine hatten ein solches Spezialdock in ihrem Bestand.

Das Marinearsenal in Kiel wurde Betreiber des 5000 t (nach anderer Quelle 4700 t) schweren Druckdocks, das die Abmessungen von 93,00 m Länge und 26,50 m Breite aufwies. Der eigentliche Druckkörper hatte einen Durchmesser von 12,50 m und war 74,40 m lang. Die nutzbare Länge betrug ca. 60 m. Das Dock konnte auf maximal 11,55 m abgesenkt werden.

Nach dem Eindocken des U-Bootes und dem Schließen des schweren Kugeltores wurde das Dock komplett mit Wasser gefüllt und dann mit Pumpen der Wasserdruck in der Röhre nach und nach gesteigert bis die gewünschte »Tauchtiefe« erreicht war. Bei einer Dichtigkeitsprüfung blieb die Besatzung an Bord und prüfte das Boot auf Leckstellen. Sollte eine Festigkeitsprüfung

»U 18« läuft am 17. August 2009 zum 1000. Dockvorgang in das Druckdock ein. (Foto: Deutsche Marine)

des Druckkörpers durchgeführt werden, ging die Besatzung von Bord und Messgeräte übernahmen die Kontrollfunktionen.
Diese Art der Prüfung hatte sich als kostengünstiges und sicheres Verfahren erwiesen. Passierte etwas Unerwartetes, so konnte der Druckausgleich innerhalb von wenigen Sekunden wieder hergestellt werden. Auch die NATO-Partner Dänemark, Norwegen und Polen prüften in dieser NATO-weit einmaligen Einrichtung ihre U-Boote. Am 17. August 2009 fand mit U 18 die 1000. Dockung statt.
Mit der Außerdienststellung der U-Boote der Klasse 206A und dem Zulauf der U-Boote der Klasse 212A wurde das Druckdock arbeitslos. Die neue Bootsklasse ist in ihren Abmessungen zu groß für ein Eindocken. Der zunächst vorgesehene Neubau eines größeren Druckdocks wurde aus Kostengründen wieder verworfen. Im März 2011 erfolgte die letzte Dockung mit dem norwegischen U-Boot »Utstein«, ein Boot der »Ula«-Klasse. Im August 2012 erfolgte dann für »Dock C« die Aussonderung und der Verkauf in die Türkei zur Verschrottung.

Das Druckdock an seinem ständigen Liegeplatz im Marinearsenal in Kiel. (Foto: Autor)

Ein U-Boot wird für die Druckprüfung im Druckdock vertäut und ausgerichtet. (Foto: Deutsche Marine)

4. ZERSTÖRER

4.1 »Z 1«-KLASSE

Nach dem Krieg gab es für eine große Anzahl von Zerstörern der »Fletcher«-Klasse, die sich im pazifischen Seekriegsgeschehen bestens bewährt hatten, in der amerikanischen Marine keinen weiteren Bedarf. Einige Zerstörer gingen über in den Reservestatus und andere wurden an verbündete Marinen im Rahmen von Militärhilfeprogrammen abgegeben.
Auch die neu aufgestellte deutsche Bundesmarine war Nutznießer dieser Rüstungshilfe. Nach über zehnjähriger maritimer Abstinenz war abzusehen, dass es einige Jahre dauern würde, bis eigene Neubauten für die Flotte zur Erfüllung ihrer Aufgaben und ihrer Bündnisverpflichtungen in Dienst gestellt werden konnten. Mit der Übernahme von zuvor noch in den USA grundüberholten und modernisierten sechs sogenannten Leihzerstörern wollte man diese Lücke zunächst überbrücken und dann die Schiffe wieder zurückgeben.
Die vollständig geschweißten Schiffe hatten einen keilförmigen Rumpfzuschnitt mit rundem Heck. Sie verfügten über ein durchgehendes Hauptdeck mit Deckssprung im Vorschiff. Zur Verbesserung der Standkraft hatten sie 15 wasserdichte Abteilungen. Die Aufbauten erstreckten sich über die mittlere Schiffshälfte, waren aber im Vorschiffsbereich massiert und verfügten achtern über die damals typische Zerstörerinsel. Hinter den Brückenaufbauten befand sich als Sensorträger ein Mast und die beiden Schornsteine. Zum Schutz gegen Splitterwirkung erhielten alle lebenswichtige Bereiche eine leichte Panzerung.
Die Zerstörer waren als reine Kampfinstrumente gebaut. Dementsprechend war die Unterbringung der Besatzung äußerst spartanisch. Während einer Hafenliegezeit wohnte daher die Besatzung in Unterkünften an Land.
Zwei General Electric Dampfturbinen mit jeweils 30.000 PS Leistung verliehen den 2750 t verdrängenden Zwei-Wellen-Schiffen eine Geschwindigkeit von 36 kn.
Bewaffnet waren die Zerstörer mit vier 127-mm-Türmen und sechs 76-mm-Geschützen in Doppellafette. Ein Rohrsatz von fünf 533-mm-Torpedorohren wurde 1973 entfernt. Eine Sonarausrüstung sowie zwei Hedgehog-Werfer und Wasserbomben dienten der U-Jagd. Des Weiteren konnten die Zerstörer Minen verlegen. An Elektronik waren Radargeräte für die See- und Luftüberwachung und zur Feuerleitung und Navigation an Bord vorhanden.
Am 17. Januar 1958 setzte in den USA in Charleston der Zerstörer »Z 1« ex »Anthony« die deutsche Flagge. Bis zum April 1960 folgten dann die übrigen fünf Einheiten, die ehemaligen US-Zerstörer »Ringgold«, »Wadsworth«, »Claxton«, »Dyson« und »Charles Ausburne« als »Z 2« bis »Z 6«. Wie schon bei den U-Booten erhielten auch die Zerstörer traditionelle Namen mit dem Buchstaben »Z« und fortlaufender Nummer.
Der zunächst auf fünf Jahre angelegte Leihvertrag der nun amtsintern als Zerstörer Klasse 119 bezeichneten Zerstörer wurde in der Folge mehrmals verlängert. Von dem amerikanischen Angebot weitere acht Schiffe zu übernehmen, wurde allerdings von deutscher Seite kein Gebrauch gemacht.
Das in Kiel (1. Zerstörergeschwader) und in Flensburg (3. Zerstörergeschwader) stationierte Zerstörer-Sextett der »Fletcher«-Klasse, so die umgangssprachlich in der Marine benutzte Bezeichnung, bildet lange Jahre mit seiner hohen Kampfkraft das Rückgrat der Bundesmarine. Schon recht schnell bewährten sich die Schiffe. In kaum einem nationalen oder internationalen Manöver waren sie wegzudenken. Sie zeigten als »Botschafter in Blau« im Ausland wieder die deutsche Flagge und erwarben für sich und die junge deutsche Marine Anerkennung und Akzeptanz bei den übrigen NATO-Partnern. Gleichzeitig waren sie Ausbildungsplattformen für das Personal der im Zulauf befindlichen modernen Neubauten aus deutscher Entwicklung, den Fregatten der »Köln«- und den Zerstörern der »Hamburg«-Klasse.
Als erstes Schiff ging »Z 6« am 15. Dezember 1967 außer Dienst. Kurz zuvor war es schon bei der US Navy aus der Liste

Zerstörer der »Z 1«-Klasse	
Schiffsnamen	»Z 1«, »Z 2«, »Z 3«, »Z 4«, »Z 5«, »Z 6«
Typbezeichnung	Klasse 119
Verdrängung	2750 t
Länge x Breite x Tiefgang	114,74 x 12,00 x 5,81 m
Besatzungsstärke	280
Antrieb	2 x Dampfturbine
Antriebsleistung	2 x 30.000 PS
Wellen / Ruder	2 / 1
Geschwindigkeit	36
Fahrstrecke	6700 sm bei 15 kn
Rohrwaffen	4 x 127-mm-Turm, 3 x 76-mm-Zwillings-Geschütz
Torpedorohre	5 x 533 mm
U-Jagdwaffen	2 x Hedgehog-Werfer, Wasserbomben
Minen	Minenschienen
Radar	See- und Luftraumüberwachungsradar, Feuerleitradar, Navigationsradar
Sonar	Rumpfsonar
Elektronik	Navigations- und Fernmeldeanlagen

der Kriegsschiffe gestrichen und der Bundesmarine überlassen worden. Nach Ausschlachtung erfolgten Verkauf und Verschrottung.
»Z 1« holte als zweite Einheit am 17. März 1972 Flagge und Wimpel nieder. Das Schiff wurde formal an die USA zurückgeben und dort aus der Liste der Kriegsschiffe gestrichen. Der Bundesmarine ist es aber als Materialreserve erhalten geblieben. Seitdem lag »Z 1« im Marinearsenal Kiel als Ersatzteillager für die noch aktiven Schwesterschiffe. Im Juni 1978 verließ »Z 1« im Schlepp der Marineschlepper »Helgoland« und »Norderney« Kiel zu seiner letzten Fahrt. In die Gewässer von Kreta überführt, überstand der Zerstörer dort mit ausgeschäumtem Rumpf als Zielschiff mehrere Flugkörper-Schießübungen der Marineflieger, bevor er durch einen Torpedoschuss von »U 29« am 16. Mai 1979 versenkt wurde.
Die vier verbliebenen und mittlerweile zum Stückpreis von 375.000 DM angekauften Einheiten wurden zum 3. Zerstörergeschwader mit Liegeplatz in Kiel zusammengefasst. Sie blieben der Marine noch ein paar Jahre erhalten und erreichten mehr als 20 Dienstjahre. Damit fuhren sie weit länger, als ursprünglich einmal geplant unter deutscher Flagge.
Mit dem sich abzeichnenden Zulauf der neuen Fregatten der »Bremen«-Klasse war in Deutschland die Zeit der »Fletcher« dann aber endgültig abgelaufen. Nach und nach verlegten 1981 / 1982 die vier Schiffe nach Griechenland und stellten dort zur anschließenden Übergabe an die griechische Marine außer Dienst. Zwei setzten nochmals für etwa zehn Jahre die griechische Flagge. In den Jahren 1992 / 1993 folgte die endgültige Verwertung.

Zerstörer »Z 1«			
Bord-Nr.	D 170		
Bauwerft	Bath Iron Works, Bath / Maine, USA		
Baudaten	Kiellegung	Stapellauf	in Dienst
	17.08.42	20.12.42	26.02.43 17.01.58
Verbleib	am 17.03.72 außer Dienst gestellt, 1979 als Zielschiff im Mittelmeer mit Torpedo versenkt		

Zerstörer »Z 1«. (Foto: Deutscher Marinebund)

Zerstörer »Z 2«			
Bord-Nr.	D 171		
Bauwerft	Federal Shipbuilding, Kearny / New Jersey, USA		
Baudaten	Kiellegung	Stapellauf	in Dienst
	25.06.42	11.11.42	30.12.42 14.07.59
Verbleib	am 18.09.81 außer Dienst gestellt, 1981 an Griechenland, »Kimon«, 1993 Abbruch		

Zerstörer »Z 3«			
Bord-Nr.	D 172		
Bauwerft	Bath Iron Works, Bath / Maine, USA		
Baudaten	Kiellegung	Stapellauf	in Dienst
	18.08.42	10.01.43	16.03.43 06.10.59
Verbleib	am 15.10.80 außer Dienst gestellt, 1980 an Griechenland, »Nearchos«, 1993 Abbruch		

Zerstörer »Z 3«. (Foto: Deutscher Marinebund)

Zerstörer »Z 4«			
Bord-Nr.	D 178		
Bauwerft	Consolidated Steel Corp., Orange / Texas, USA		
Baudaten	Kiellegung	Stapellauf	in Dienst
	25.06.41	01.04.42	08.12.42 15.12.59
Verbleib	am 26.02.81 außer Dienst gestellt, 1981 an Griechenland, Ersatzteillager, 1992 Abbruch		

Zerstörer »Z 4«. (Foto: Deutscher Marinebund)

Zerstörer »Z 5«			
Bord-Nr.	D 179		
Bauwerft	Consolidated Steel Corp., Orange / Texas, USA		
Baudaten	Kiellegung	Stapellauf	in Dienst
	25.06.41	15.04.42	30.12.42 23.02.60
Verbleib	am 26.02.82 außer Dienst gestellt, 1982 an Griechenland, Ersatzteillager, 1992 Abbruch		

Zerstörer »Z 5«. (Foto: Deutscher Marinebund)

Zerstörer »Z 6«			
Bord-Nr.	D 180		
Bauwerft	Consolidated Steel Corp., Orange / Texas, USA		
Baudaten	Kiellegung	Stapellauf	in Dienst
	14.05.41	16.03.42	24.11.42 12.04.60
Verbleib	15.12.67 außer Dienst gestellt, 1968 Abbruch		

Zerstörer »Z 6«. (Foto: Deutscher Marinebund)

4.2 »HAMBURG«-KLASSE

Die größten geplanten Neubauten der jungen Bundesmarine waren die Zerstörer der »Hamburg«-Klasse. Von den zunächst zwölf vorgesehenen Einheiten wurden aber zunächst nur vier in Auftrag gegeben und in den Jahren 1959 bis 1968 bei der Stülcken Werft bzw. nach deren Fusion bei Blohm+Voss in Hamburg gebaut. Zunächst als Zerstörer 55 bezeichnet, bekamen sie amtsintern die Bezeichnung Zerstörer Klasse 101 und erhielten Namen von deutschen Bundesländern.

Das Bauvorhaben war mit erheblichen Schwierigkeiten verbunden. Mehr als ein Jahrzehnt war vergangen, in denen in Deutschland kein Kriegsschiffbau dieser Größenordnung stattgefunden hatte. Der schiffbautechnische Anschluss im Marineschiffbau war demzufolge verloren gegangen.

Zwischenzeitlich gelangte man zur Erkenntnis, dass es auf Grund der modernen Waffen- und Elektronikentwicklung nicht mehr zweckmäßig sei, weitere Zerstörer dieses Typs in Auftrag zu geben. Der Flugkörper begann seinen Einzug bei der Schiffsbewaffnung zu halten und von dieser Entwicklung durfte man sich nicht abkoppeln. Es blieb somit bei dem beauftragten Zerstörer-Quartett.

Aus Gewichtsgründen erhielt der in 14 wasserdichte Abteilungen untergliederte Stahlrumpf Aufbauten aus Aluminium. Diese Mischbauweise hatte sich allerdings in der Praxis nicht so besonders bewährt. Durch die Schiffsbewegungen im Seegang kam es zu Rissbildungen. Trotz Einbau von Dehnungsfugen ließ sich dieser Mangel nicht abstellen. Im Laufe der über 30-jährigen Betriebsphase der »Hamburg«-Klasse verschlang dieses Manko viele Instandsetzungsmittel.

Schiffbauliches Merkmal der 4330 t verdrängenden Zerstörer war die sehr stark ausgeprägte Knickspantenbauweise des Vorschiffs. Das Hauptdeck lief stufenlos nach achtern bis zum Spiegelheck durch. Die sehr kompakten und in zwei Gruppen aufgeteilten Aufbauten verliehen den Schiffen ein recht wuchtiges Aussehen. Im vorderen Teil waren sie bis an die Bordwand verbreitert. Ebenso bestimmten die beiden Schornsteine und drei Vierbein-Gittermasten als Sensorträger das äußere Bild der Schiffe.

Ein aus den Zerstörer-Anlagen des Zweiten Weltkriegs weiterentwickelter Hochdruck-Heißdampf Turbinenantrieb verlieh den Zwei-Wellen-Schiffen mit seiner Gesamtleistung von rund 68.000 PS eine Geschwindigkeit von 35 kn.

Bei ihrer Ablieferung waren die Zerstörer der »Hamburg«-Klasse mit vier 100-mm-Türmen ausgerüstet. Vier 40-mm-Zwillingsgeschütze ergänzten die Rohrbewaffnung. Die Torpedobewaffnung bestand aus drei fest im Bug und zwei im Heck eingebauten 533-mm-Torpedorohren, die später wieder entfernt wurden. Als U-Jagdbewaffnung waren zwei U-Jagdraketenwerfer sowie U-Jagdtorpedos und Wasserbomben an Bord. Weiterhin waren die Zerstörer der »Hamburg«-Klasse in der Lage über an Oberdeck verlegten Schienen Minen zu verlegen.

An elektronischer Ausrüstung besaßen die Zerstörer mehrere Radargeräte zur See- und Luftraumüberwachung. Hinzu kamen Waffenleitgeräte für die Rohrwaffen sowie die seiner Zeit übliche Navigations- und Fernmeldeausrüstung.

Die Zerstörer der »Hamburg«-Klasse bildeten das 2. Zerstörergeschwader in Wilhelmshaven. Sie waren ein äußerst vielseitiges Einsatzmittel. Neben der klassischen See- und Luftzielbekämpfung, konnten sie Geleitschutz- und U-Jagdaufgaben wahrnehmen. Aus keinem bedeutendem nationalen wie auch internationalem Manöver waren sie als Teilnehmer wegzudenken. In den ständigen NATO-Verbänden wie STA-

Zerstörer der »Hamburg«-Klasse	
Schiffsnamen	»Hamburg«, »Schleswig-Holstein«,»Hessen«, »Bayern«
Typbezeichnung	Klasse 101, Klasse 101A (*)
Verdrängung	4330 t, 4692 t (*)
Länge x Breite x Tiefgang	133,70 x 13,42 x 4,80 m
Besatzungsstärke	284
Antrieb	2 x Dampfturbine
Antriebsleistung	2 x 34.000 PS
Wellen / Ruder	2 / 2
Geschwindigkeit	35 kn
Fahrstrecke	6.000 sm bei 13 kn
Flugkörper	4 x Schiff-Schiff-Flugkörper EXOCET MM 38 (*)
Rohrwaffen	4 x 100-mm-Turm, 3 x 100-mm-Turm (*), 4 x 40-mm-Zwillings-Geschütz,
Torpedorohre	5 x Seeziel-Torpedorohr (1973 ausgebaut) 2 x 533-mm-U-Jagdtorpedorohr, 4 x 533-mm-U-Jagdtoprpedorohr (*)
U-Jagdwaffen	2 x U-Jagdraketenwerfer, Wasserbomben
Minen	Minenschienen
Radar	See- und Luftraumüberwachungsradar, Feuerleitradar, Navigationsradar
Sonar	Rumpfsonar
Elektronik	Führungs- und Waffeneinsatzsystem (*), Passiv-Aktiv Link-System (*), Navigations- und Fernmeldeanlagen
Anmerkungen	(*) nach Umbau Mitte der 1970er Jahre

NAVFORLANT (Standing Naval Force Atlantic) oder STANAVFORMED (Standing Naval Force Mediterranean) kamen sie routinemäßig zum Einsatz.

Bei den reinen Artilleriezerstörern wurden Mitte der 1970er Jahre umfangreiche Kampfwertsteigerungen und mehrere Umbauten vorgenommen. Sie erhielten unter anderem eine geschlossene Brücke, neue Radaranlagen, im Austausch gegen Turm C zwei Doppelstarter für den Schiff-Schiff-Flugkörper EXOCET MM 38 und ein Passiv-Aktiv Link-System (PALIS) sowie Täuschkörpereinrichtungen und neue Fernmeldeanlagen.

In den 1980er Jahren verloren die Zerstörer der »Hamburg«-Klasse jedoch mit ihren elektro-mechanischen Feuerleitanlagen und ihrer doch nicht mehr so modernen sonstigen elektronischen Ausrüstung mehr und mehr den waffentechnischen Anschluss. Eine weitere Modernisierung wurde zwar angedacht, aber dann doch nicht mehr durchgeführt. Als erste Einheit stellte die »Hessen« 1990 außer Dienst. Es folgte 1993 die »Bayern«. Ein Jahr später kam auch für die »Schleswig-Holstein« und die »Hamburg« das Aus.

Zerstörer »Hamburg«			
Bord-Nr.	D 181		
Bauwerft	H.C. Stülcken Sohn, Hamburg		
Baudaten	Kiellegung	Stapellauf	in Dienst
	29.01.59	26.03.60	23.03.64
Verbleib	am 24.02.94 außer Dienst gestellt, 1998 Abbruch		

Der Zerstörer »Hamburg« in der ursprünglichen Bauausführung. Gut zu erkennen die drei fest eingebauten Bugtorpedorohre.
(Foto: Deutsche Marine)

Zerstörer »Schleswig-Holstein«			
Bord-Nr.	D 182		
Bauwerft	H.C. Stülcken Sohn, Hamburg		
Baudaten	Kiellegung	Stapellauf	in Dienst
	20.08.59	20.08.60	12.10.64
Verbleib	am 15.12.94 außer Dienst gestellt, 1998 Abbruch		

Der Zerstörer »Schleswig-Holstein« nach dem Umbau. Geschlossene Brücke und Flugkörper sind gut zu erkennen. Die Bugtorpedorohre sind ausgebaut. (Foto: US Navy)

Das Mittelschiff des Zerstörers »Hessen«.
(Foto: Autor)

Zerstörer »Bayern«			
Bord-Nr.	D 183		
Bauwerft	H.C. Stülcken Sohn, Hamburg		
Baudaten	Kiellegung	Stapellauf	in Dienst
	15.02.61	14.08.62	06.07.65
Verbleib	am 16.12.93 außer Dienst gestellt, 1995 Abbruch		

Zerstörer »Hessen«			
Bord-Nr.	D 184		
Bauwerft	H.C. Stülcken Sohn, Hamburg, Blohm+Voss, Hamburg		
Baudaten	Kiellegung	Stapellauf	in Dienst
	15.02.61	04.05.63	08.10.68
Verbleib	am 29.03.90 außer Dienst gestellt, 1991 Abbruch		

Der Zerstörer »Bayern« vor dem Umbau. (Foto: Deutscher Marinebund)

4.3 »LÜTJENS«-KLASSE

Zu den größten Beschaffungsvorhaben der 1960er Jahre gehörten in der Bundesmarine die drei Flugkörper-Zerstörer der »Lütjens«-Klasse. Auf Grund von damaligen NATO-Forderungen zur Verstärkung der Verteidigung des nordeuropäischen Raumes wollte die Bundesmarine zunächst sechs Schiffe beschaffen, die auf deutschen Werften entwickelt und gebaut sowie mit amerikanischer Bewaffnung und Elektronik ausgestattet werden sollten. Dabei kam man allerdings sehr schnell zur Erkenntnis, dass man sich mit diesem Vorhaben in mehrfacher Hinsicht übernehmen würde. Die sich abzeichnenden Schwierigkeiten bei der Systemintegration von Waffen, Sensoren und Elektronik sowie die zu erwartenden hohen Kosten führten zur Aufgabe des Vorhabens.

Statt dessen ging man einen anderen Weg und beschaffte drei Zerstörer als Nachbauten der amerikanischen »Charles F. Adams«-Klasse. Die nach deutschen Vorgaben in der Ausstattung (verbesserte Wohneinrichtungen, größeres Schiffslazarett, Bilgenwasser-Entölungsanlage, Navigationsanlagen, Funkanlagen) leicht modifizierten Einheiten entstanden in den USA bei der Werft Bath Iron Works in Bath / Maine. Benannt nach hochdekorierten Soldaten des Zweiten Weltkriegs stellten die Einheiten als »Lütjens«, »Mölders« und »Rommel« in den Jahren 1969 / 1970 bei der Bundesmarine in Dienst. Sie erhielten die amtsinterne Bezeichnung Flugkörper-Zerstörer Klasse 103.

Der Stahlrumpf war in 17 wasserdichte Abteilungen unterteilt. Die Aufbauten waren in Leichtmetallbauweise erstellt. Der Glattdeckrumpf hatte einen deutlich erkennbaren Backsprung, einen markanten Sichelbug und ein gekrümmtes Spiegelheck. Zwei Aufbautengruppen mit je einem Schornstein und je einem Mastsystem als Sensorenträger bestimmten die Schiffssilhouette. Die Zerstörer verdrängten 4717 t.

Die Antriebsanlage bestand aus zwei General Electric Dampfturbinen, die mit ihren 71.000 PS den Zwei-Wellen-Schiffen eine Höchstgeschwindigkeit von 36 kn ermöglichten.

Mit dem 32 km weit reichenden Schiff-Luft-Flugkörper TARTAR ausgestattet, hatten die Zerstörer Fähigkeiten für die Verbandsflugabwehr. Zwei 127-mm-Türme bildeten die Artilleriebewaffnung. Als U-Jagdbewaffnung war ein Achtfachstarter das U-Jagdwaffensystem ASROC (Anti Submarine Rocket) eingerüstet. Weiterhin waren 324-mm-U-Jagdtorpedos an Bord. Das elektronische Herz der Zerstörer war die rechnergestützte Datenverarbeitungs- und Übertragungsanlage SATIR (System zur Auswertung taktischer Informationen für Raketenzerstörer). Sie ermöglichte eine Lagedarstellung und Bedrohungsberechnung sowie die Datenübermittlung an andere Einheiten.

An elektronischer Ausrüstung besaßen die Zerstörer der »Lütjens«-Klasse mehrere Radargeräte zur See- und Luftraumüberwachung. Hinzu kamen Waffenleitgeräte für die Rohrwaffen und den Flugkörpereinsatz sowie Navigations- und Fernmeldeausrüstung.

Diese hochmodernen und kampfkräftigen Schiffe stellten im Hinblick auf ihre elektronische, fernmeldetechnische und waffentechnische Ausstattung höchste Anforderungen an die Besatzungen. Die Bundesmarine betrat mit ihnen in vielerlei Hinsicht absolutes Neuland. Im Marinejargon wurden sie wegen ihrer in allen Belangen vorhandenen absoluten Priorität auch recht bald als »Heilige Kühe« bezeichnet.

Die drei Zerstörer der »Lütjens«-Klasse bildeten das neu aufgestellte 1. Zerstörergeschwader in Kiel. Sie waren die ersten Flugkörper- und Systemschiffe der Bundesmarine. Erstmals verfügte die Bundesmarine mit ihnen über Kampfschiffe, die einen Vergleich mit modernen Einheiten anderer NATO-Partner nicht scheuen mussten.

Über 30 Jahre bildete die mehrfach durch Nach- und Umrüstungen im Kampfwert gesteigerte »Lütjens«-Klasse das Rück-

Flugkörper-Zerstörer der »Lütjens«-Klasse	
Schiffsnamen	»Lütjens«, »Mölders«, »Rommel«
Typbezeichnung	Klasse 103, Klasse 103A (*), Klasse 103B (*)
Verdrängung	4717 t
Länge x Breite x Tiefgang	134,48 x 14,38 x 4,79 m
Besatzungsstärke	337
Antrieb	2 x Dampfturbine
Antriebsleistung	2 x 35.500 PS
Wellen / Ruder	2 / 2
Geschwindigkeit	36 kn
Fahrstrecke	4.500 sm bei 20 kn
Flugkörper	1 x Starter für Schiff-Luft-Flugkörper TARTAR, Schiff-Luft-Flugkörper SM 1 (*), Schiff-Schiff-Flugkörper HARPOON (*), 1 x Schiff-Luft-Flugkörpersystem RAM (*)
Rohrwaffen	2 x 127-mm-Turm 2 x 20-mm-Geschütz (*)
Torpedorohre	6 x 324 mm
U-Jagdwaffen	8 x ASROC
Radar	See- und Luftraumüberwachungsradar, Feuerleitradar, Navigationsradar
Sonar	Rumpfsonar
Elektronik	Datenverarbeitungsanlage SATIR, Navigations- und Fernmeldeanlagen
Anmerkung	(*) nach späteren Umbauten

grat der deutschen Flotte. So wurde unter anderem der Schiff-Luft-Flugkörper TARTAR durch STANDARD MISSILE 1 (SM 1) ersetzt. Der Schiff-Schiff-Flugkörper HARPOON, der aus demselben Starter wie die SM 1 verschossen wurde, und das Schiff-Luft-Flugkörpersystem RAM (Rolling Airframe Missile) kamen zusätzlich an Bord. Zum unmittelbaren Eigenschutz rüstete man in den letzten Jahren der Indiensthaltung nochmals zwei 20-mm-Geschütze ein. Sie stammten von außer Dienst gestellten Landungsbooten der »Barbe«-Klasse.

Weiterhin wurden die Rechneranlagen digitalisiert und die Kesselanlage von Schweröl auf leichtes Heizöl umgerüstet.

Die Schiffe nahmen an zahlreichen nationalen, internationalen und NATO-Manövern teil und waren häufig in den NATO-Schiffsverbänden STANAVFORLANT (Standing Naval Force Atlantic) und STANAVFORMED (Standing Naval Force Mediterranean) integriert.

Mit dem Weggang der Zerstörer der »Lütjens«-Klasse endete 2003 in der Deutschen Marine zugleich auch die Ära der dampfgetriebenen Schiffe. »Mölders« blieb als Museumsschiff im Deutschen Marinemuseum in Wilhelmshaven der Nachwelt erhalten. Die beiden Schwesterschiffe wurden abgewrackt.

Zerstörer »Lütjens«			
Bord-Nr.	D 185		
Bauwerft	Bath Iron Works, Bath / Maine, USA		
Baudaten	Kiellegung	Stapellauf	in Dienst
	01.03.66	11.08.67	22.03.69
Verbleib	am 18.12.03 außer Dienst gestellt, 2012 Abbruch		

Zerstörer »Lütjens« im Jahre 2000. Vor der Brücke ist der nachgerüstete RAM-Starter zu sehen. Die »rote Nase« dokumentiert, dass das Schiff auf dieser Fahrt den Äquator passiert hat. (Foto: Deutsche Marine)

Zerstörer »Mölders« als Museumsschiff im Deutschen Marinemuseum in Wilhelmshaven. (Foto: Autor)

Zerstörer »Mölders«			
Bord-Nr.	D 186		
Bauwerft	Bath Iron Works, Bath / Maine, USA		
Baudaten	Kiellegung	Stapellauf	in Dienst
	12.04.66	13.04.68	20.09.69
Verbleib	am 28.05.03 außer Dienst gestellt, Museumsschiff im Deutschen Marinemuseum in Wilhelmshaven		

Zerstörer »Rommel«			
Bord-Nr.	D 187		
Bauwerft	Bath Iron Works, Bath / Maine, USA		
Baudaten	Kiellegung	Stapellauf	in Dienst
	22.08.67	01.02.69	02.05.70
Verbleib	am 30.06.99 außer Dienst gestellt, 2004 Abbruch		

Abb. rechts: Ein Mannschaftsdeck auf dem Zerstörer »Mölders«. Bedrückende Enge im Unterkunftsbereich prägte das Bordleben. Gegenseitige Rücksichtsnahme war angesagt. (Foto: Autor)

Zerstörer »Rommel«. (Foto: Deutscher Marinebund)

5. FREGATTEN

5.1 »KÖLN«-KLASSE

Nach der Neuaufstellung der Bundesmarine lief schon während der Übernahme der im Ausland beschafften Schiffe und der von den Alliierten zurückgegebenen ehemaligen Einheiten der Kriegsmarine der erste Schiffbauplan an. Darunter befanden sich sechs Geleitboote Typ 55, die späteren Fregatten Klasse 120. In der Namensgebung folgten sie alter Marinetradition und erhielten in Reihenfolge ihrer Kiellegungen die Städtenamen Köln, Emden, Augsburg, Karlsruhe, Lübeck und Braunschweig. Eingebunden in das westliche Bündnis der NATO, sollten die Schiffe mit dazu beitragen die europäischen Nachschubwege über den Atlantik zu sichern.

Mit diesen Neubauten entstand ein vollkommen neuer Schiffstyp mit den Hauptaufgaben Geleitdienst und U-Jagd. Es waren zugleich die ersten größeren voll hochseefähigen Marineschiffe, die nach dem Krieg wieder in Deutschland gebaut wurden. Es war kein leichtes Unterfangen. Eine Erfahrungslücke im Kriegsschiffbau von über zehn Jahren sowie fehlende Fachleute und Ingenieure bei der deutschen Werftindustrie galt es zu kompensieren. Entwickelt und konzipiert wurden die Geleitboote / Fregatten von der Werft H.C. Stülcken Sohn in Hamburg.

Die 2969 t verdrängenden Schiffe hatten eine elegante Linienführung. Das Heck war als Rundheck ausgeführt und der schräg geschnittene Bug mit Knickspanten sorgte für gute Fahreigenschaften. Der Stahlrumpf war in 13 wasserdichte Abteilungen unterteilt. Die Aufbauten bestanden aus Aluminium. Im vorderen Bereich reichten sie bis an die Bordwand.

Bei extrem schwerem Wetter erwiesen sich die Fregatten zuweilen anfällig. Immer wieder traten, wie bei den Zerstörern der »Hamburg«-Klasse, Rissbildungen in den Aufbauten auf, die trotz dem Einziehen von Dehnungsfugen nie ganz vermieden werden konnten. Ansonsten zeichneten sie sich durch gute See-Eigenschaften aus.

Die CODAG-Antriebsanlage (Combined Diesel and Gasturbine, Combined Diesel and Gasturbine, Nutzung der Dieselmotoren für Marschfahrt und zusammen mit den Gasturbinen für Höchstfahrt) aus vier MAN Dieselmotoren von insgesamt 12.000 PS und zwei jeweils 12.000 PS starke BBC Gasturbinen war ein technisches Novum im deutschen Kriegsschiffbau. Das Zuschalten der Gasturbinen konnte erst bei 22 kn Fahrt erfolgen. Wegen des erforderlichen Synchronisierens der Drehzahlen dauerte dieser Vorgang recht lange, etwa 15 Minuten. Für den hohen Strombedarf mussten zudem alle sechs E-Diesel zur Inbetriebnahme der Gasturbinen verfügbar sein. Nach der Zuschaltung erreichten die Schiffe dann eine Höchstgeschwindigkeit von 32 kn. Der Vortrieb erfolgte über zwei Wellen. Bewaffnet waren die Fregatten der »Köln«-Klasse mit damals hochmodernen Rohrwaffen gegen See- und Luftziele in den Kalibern 40 mm und 100 mm, U-Jagdraketenwerfer und U-Jagdtorpedos. Leistungsfähige Sensorik und Feuerleitsysteme zeichneten diesen formschönen Schiffstyp aus. Ein Gittermast hinter der Brücke diente als Sensor- und Antennenträger. Neu auf deutschen Kriegsschiffen war auch das Cafeteria-System für die Einnahme der Mahlzeiten.

Die Schiffe stellten in den Jahren 1961 bis 1964 beim 2. Geleitgeschwader in Cuxhaven in Dienst. Die Umklassifizierung in Fregatte erfolgte 1965. Die Geschwaderbezeichnung wurde beibehalten. Im April 1968 verlegte das Geschwader nach Wilhelmshaven. Im Rahmen dieser Maßnahme wurden »Emden« und »Karlsruhe« dem Flottendienstgeschwader in Flensburg zugeteilt, kamen aber 1973 und 1974 wieder zurück zum Geleitgeschwader.

Die sechs Fregatten der »Köln«-Klasse hatten im Kalten Krieg wesentlich mit dazu beigetragen, den Frieden zu erhalten. Sowohl in nationalen Vorhaben wie auch in NATO-Manövern

Fregatten der »Köln«-Klasse	
Schiffsnamen	»Köln«, »Emden«, »Augsburg«, »Karlsruhe«, »Lübeck«, »Braunschweig«
Typbezeichnung	Klasse 120
Verdrängung	2969 t
Länge x Breite x Tiefgang	109,90 x 11,02 x 4,60 m
Besatzungsstärke	210 bis 238
Antrieb	2 x Gasturbine, 4 x Dieselmotor
Antriebsleistung	2 x 12.000 PS, 4 x 3000 PS
Wellen / Ruder	2 / 2
Geschwindigkeit	32 kn
Fahrstrecke	4000 sm bei 12 kn
Rohrwaffen	2 x 100-mm-Turm, 2 x 40-mm-Geschütz, 2 x 40-mm-Zwillings-Geschütz
Torpedorohre	4 x 533 mm
U-Jagdwaffen	2 x U-Jagdraketenwerfer, Wasserbomben
Minen	Minenschienen
Radar	See- und Luftraumüberwachungsradar, Feuerleitradar, Navigationsradar
Sonar	2 x Sonaranlage
Elektronik	Navigations- und Fernmeldeanlagen

zeigten sie ihre Leistungsfähigkeit und ihr Können. Unter anderem waren sie regelmäßig in dem NATO-Verband STANAVFORLANT (Standing Naval Force Atlantic) integriert. Als »Botschafter in Blau« besuchten die Schiffe zahlreiche Häfen in Europa, Afrika sowie Nord- und Südamerika.

Die Seefahrtsjahre hinterließen ihre Spuren und die Technik verlor im Laufe der Zeit ihre einst moderne Ausrichtung. Am 1. Juli 1982 ging die Fregatte »Köln« als erste Einheit des Sextetts außer Fahrbereitschaft und diente den noch fahrenden Einheiten zunächst als Ersatzteillager. Nach Umbaumaßnahmen liegt die »Köln« seit November 1989 unter dem Namen »ex Köln« in Neustadt / Holstein an der Pier des Einsatzausbildungszentrums Schadensabwehr, der früheren Lehrgruppe Schiffsicherung, und dient der praxisnahen Ausbildung in Brand- und Leckabwehr.

Für die Schwesterschiffe hieß es dann auch bald die Flagge niederholen. Während die »Augsburg« verschrottet wurde, gingen die übrigen vier im Rahmen der NATO-Verteidigungshilfe an die türkische Marine. Zum Zerstörer verbal aufgewertet, leisteten sie dem NATO-Partner am Bosporus noch ein paar Jahre wertvolle Dienste.

Als Nachfolger übernahmen in der Bundesmarine die Fregatten der »Bremen«-Klasse ihre Aufgaben und bis auf Braunschweig auch ihre Namen.

Fregatte »Köln«			
Bord-Nr.	F 220		
Bauwerft	H.C. Stülcken Sohn, Hamburg		
Baudaten	Kiellegung	Stapellauf	in Dienst
	21.12.57	06.12.58	15.04.61
Verbleib	am 17.12.82 außer Dienst gestellt, als Ausbildungshulk »ex Köln« noch aktiv		

Fregatte »Köln«. (Foto: US Navy)

Die Fregatte »Köln« dient heute als Ausbildungshulk »ex Köln« der Schiffssicherungsausbildung. (Fotos: Autor)

Fregatte »Emden«			
Bord-Nr.	F 221		
Bauwerft	H.C. Stülcken Sohn, Hamburg		
Baudaten	Kiellegung	Stapellauf	in Dienst
	15.04.58	21.03.59	24.10.61
Verbleib	am 23.09.83 außer Dienst gestellt, 1983 an die Türkei, »Gemlik«, nach zwei Großbränden außer Dienst, 1994 Abbruch		

Fregatte »Emden«. (Foto: F221 / CC-BY-SA 3.0)

Fregatte »Augsburg«			
Bord-Nr.	F 222		
Bauwerft	H.C. Stülcken Sohn, Hamburg		
Baudaten	Kiellegung	Stapellauf	in Dienst
	29.10.58	15.08.59	07.04.62
Verbleib	am 30.03.88 außer Dienst gestellt, 1989 Abbruch		

Fregatte »Karlsruhe«			
Bord-Nr.	F 223		
Bauwerft	H.C. Stülcken Sohn, Hamburg		
Baudaten	Kiellegung	Stapellauf	in Dienst
	15.12.58	24.10.59	15.12.62
Verbleib	am 28.03.83 außer Dienst gestellt, 1983 an die Türkei, »Gazi Osman Pascha«, 1984 umbenannt in »Gelibolu«, 1995 Abbruch		

Fregatte »Augsburg«. (Foto: Deutscher Marinebund)

Abb. unten: Fregatte »Karlsruhe«. (Foto: Deutscher Marinebund)

Fregatte »Lübeck«			
Bord-Nr.	F 224		
Bauwerft	H.C. Stülcken Sohn, Hamburg		
Baudaten	Kiellegung	Stapellauf	in Dienst
	28.10.59	23.07.60	06.07.63
Verbleib	am 01.12.88 außer Dienst gestellt, 1988 an die Türkei, Materialreserve, 1998 Abbruch		

Fregattte »Braunschweig«			
Bord-Nr.	F 225		
Bauwerft	H.C. Stülcken Sohn, Hamburg		
Baudaten	Kiellegung	Stapellauf	in Dienst
	28.07.60	03.02.62	16.06.64
Verbleib	am 04.07.89 außer Dienst gestellt, 1989 an die Türkei, zunächst Ersatzteillager, 1992 als »Gemlik« wieder in Dienst gestellt, 1998 außer Dienst gestellt, anschließend Abbruch		

Fregatte »Lübeck«. (Foto: Deutscher Marinebund)

Abb. unten: Fregatte »Braunschweig«. (Foto: Deutscher Marinebund)

5.2 »BREMEN«-KLASSE

Anfang der 1970er Jahre wurden die ersten Forderungen formuliert, um die Zerstörer der »Z 1«-Klasse und die Fregatten der »Köln«-Klasse abzulösen. Es war offensichtlich, dass mit den beiden Schiffsklassen ab den 1980er Jahren die Aufgabenerfüllung absolut nicht mehr möglich ist.
Eine taktische Forderung nach Mehrzweckfregatten mit bordgestützten Hubschraubern wurde deshalb erstellt. Parallel zu einem möglichem Neubau wurde auch der Kauf von Fregatten, die bereits bei NATO-Partnern im Dienst standen, erwogen, aber dann bald zu Gunsten einer Eigenentwicklung wieder verworfen. Allerdings hatten die Untersuchungen erkennen lassen, dass ein Zusammengehen mit den Niederlanden, wo ebenfalls neue Fregatten beschafft werden sollten, durchaus sinnvoll sei.
Im Sommer 1975 wurde ein Memorandum of Understanding abgeschlossen, das die Zusammenarbeit regelte und eine möglichst große Standardisierung bei den Bauvorhaben beider Länder festschrieb. Daraus entstand auf niederländischer Seite die »Kortenaer«-Klasse und auf deutscher Seite die Fregatte Klasse 122. Die Schiffe erhielten die Namen von deutschen Städten und Bundesländern. Die Namen der »Köln«-Klasse wurden dabei teilweise übernommen.
Im Juni 1977 fiel im Bundeskabinett die Entscheidung für die Bauvergabe von sechs Fregatten. Generalunternehmer wurde der Bremer Vulkan in Bremen. Der Bau fand auf den Werften Bremer Vulkan in Bremen, der A.G. Weser in Bremen, Blohm+Voss in Hamburg, Thyssen-Nordseewerke in Emden und Howaldtswerke Deutsche Werft in Kiel statt. Die Endausrüstung lag ausschließlich beim Generalunternehmer.
Mit der Kiellegung des Typschiffes »Bremen« begann im Juli 1979 der Bau der Einheiten, der mit der Indienststellung der Fregatte »Karlsruhe« im April 1984 abgeschlossen war. Im Dezember 1985 beauftragte die Bundesmarine zwei weitere identische Einheiten, die 1989 und 1990 als »Augsburg« und »Lübeck« in Dienst stellten. Die Einführung der neuen Fregatten bedeutet damals für die Bundesmarine einen gewaltigen Technologiesprung und endlich den Anschluss an den Entwicklungsstand von Fregatten der NATO-Partner.
Der Bau der Fregatten der »Bremen«-Klasse geschah nicht im herkömmlichen Sinne, sondern in Modulbauweise. Dabei wurden einzelne Sektionen vorgefertigt und dann im Dock oder auf der Helling zusammengefügt. Die »Bremen« und die »Karlsruhe« kamen durch Aufschwimmen im Dock zu Wasser, die übrigen Einheiten liefen noch konventionell vom Stapel.
Die Fregatten haben eine Glattdeck-Schiffskörper mit Sichelbug und Spiegelheck. Die Aufbauten sind dreigeteilt und bestehen aus einer kastenförmigen Brücke, kleineren mittleren Aufbauten, die den Schornstein und den das Aussehen markant prägenden Gittermast aufnehmen und dem Hubschrauberhangar. Im Schiffsrumpf unterhalb der Wasserlinie ist die Operationszentrale positioniert. Dies steht im Gegensatz zu dem bislang üblichen Einbau im unmittelbaren Bereich der Brücke. Die Fregatten sind in 16 wasserdichte Abteilungen unterteilt und verdrängen 3800 t.
Die Antriebsanlage der »Bremen«-Klasse ist als CODOG-Anlage ausgelegt. Diese Abkürzung steht für Combined Diesel or Gasturbine. Dieser Schiffsantrieb bietet die Auswahl zwischen Diesel- oder Gasturbinenbetrieb. In der Regel erfolgt die Marschfahrt mit den Dieselmotoren und die Höchstfahrt mit den Gasturbinen. Eingebaut sind zwei General Electric Gasturbinen von jeweils 25.000 PS und zwei 5200 PS starke MTU Dieselmotoren. Beide Antriebssysteme sind über ein Getriebe miteinander gekuppelt. Ihr Zusammenwirken wird elektronisch gesteuert. Die Fregatten erreichen mit zwei Wellen eine Höchstgeschwindigkeit von 30 kn.
An Rohrbewaffnung ist die »Bremen«-Klasse nur mit einem auf der Back stehenden 76-mm-Turm ausgerüstet. Vor der Brücke befindet sich der Achtfachstarter für die Schiff-Luft-Flugkörper NATO SEA SPARROW. Hinter dem Brückenaufbau stehen

Fregatten der »Bremen«-Klasse – Schiffsdaten	
Anzahl	8
Typbezeichnung	Klasse 122
Verdrängung	3800 t
Länge x Breite x Tiefgang	130,50 x 14,57 x 6,00 m
Besatzungsstärke	219
Antrieb	2 x Gasturbine, 2 x Dieselmotor
Antriebsleistung	2 x 25.000 PS, 2 x 5200 PS
Wellen / Ruder	2 / 2
Geschwindigkeit	30 kn
Fahrstrecke	4000 sm bei 18 kn
Flugkörper	8 x Schiff-Schiff-Flugkörper HARPOON, 8 x Schiff-Luft-Flugkörper NSSM 2 x Schiff-Luft-Flugkörpersystem RAM
Rohrwaffen	1 x 76-mm-Turm, 2 x 27-mm-Geschütz
Torpedorohre	4 x 324-mm-U-Jagdtorpedorohr
Radar	1 x See- und Luftraumüberwachungsradar, 2 x Feuerleitradar, 1 x Navigationsradar
Sonar	1 x Rumpfsonar
Elektronik	Führungs- und Waffeneinsatzsystem, Navigations- und Fernmeldeanlagen
Ausrüstung	2 x Bordhubschrauber

nach jeder Schiffsseite ausgerichtet in zwei Vierfachstartern die Schiff-Schiff-Flugkörper HARPOON. Für die Feuerleitung der Schiffswaffen sind die Anlagen WM 25 und STIR an Bord.
Für U-Jagdaufgaben steht den Fregatten der »Bremen«-Klasse ein Bugsonar zur Verfügung. Aus zwei Zwillings-Rohrsätzen können 324-mm-U-Jagdtorpedos eingesetzt werden. Die U-Bootbekämpfung ist auch Hauptaufgabe der beiden eingeschifften Bordhubschrauber des Typs SEA LYNX. An dieser Stelle sei auch darauf hingewiesen, dass die Fregatten der »Bremen«-Klasse die ersten Schiffe der Bundesmarine waren, die mit Bordhubschraubern ausgerüstet wurden.
Mitte bis Ende der 1990er Jahre und im ersten Jahrzehnt des 21. Jahrhunderts wurden die Fregatten der »Bremen«-Klasse umfassend modernisiert und kampfwertgesteigert. Dabei kamen zur Flugabwehr im Nah- und Nächstbereich neben zwei Marineleichtgeschützen MLG 27 auch zwei Starter des Schiff-Luft-Flugkörpersystems RAM (Rolling Airframe Missile) an Bord. Letztere fanden auf dem Hangardach Aufstellung, das MLG 27 beidseitig im Brückenbereich. Des Weiteren wurde das Führungs- und Waffeneinsatzsystem umfassend erneuert und erweitert. Das ursprüngliche See- und Luftraumüberwachungsradar DA 08 wurde durch das TRS 3D ersetzt.
Nach dem Weggang der Zerstörer der »Z 1«-Klasse und den Fregatten der »Köln«-Klasse waren die Schiffe der »Bremen«-Klasse neben den Zerstörern der »Hamburg«- und der »Lütjens«-Klasse die einzigen größeren Kampfschiffe der Bundesmarine. Die ersten sechs Fregatten bildeten das 4. Fregattengeschwader in Wilhelmshaven und die beiden Nachzügler »Augsburg« und »Lübeck« dann das 2. Fregattengeschwader, das mit dem Geschwaderwechsel von »Köln« und der »Karlsruhe auf vier Einheiten aufgefüllt wurde. Ab dem Januar 2006 sind alle acht Schiffe in dem 4. Fregattengeschwader zusammengefasst.
Die weltweit im Einsatz stehenden Fregatten waren regelmäßig in die ständigen NATO-Einsatzverbände integriert und erhielten schon bald den Spitznamen »Arbeitspferde der Flotte«. Insbesondere nach den politischen Umwälzungen der 1990er und 2000er Jahren standen sie im Rahmen von UN- und EU-Missionen unentwegt im Mittelmeer und am Horn von Afrika in der Bekämpfung von Piraterie und maritimen Terrorismus erfolgreich im Einsatz. Hierzu nur ein Beispiel: 1993 holten sie das in Bedrängnis geratene deutsche Heereskontingent unter realen Kampfbedingungen aus Mogadischu / Somalia und brachten die Heereskameraden in Sicherheit. Nebenbei, so möchte man schon fast sagen, blieben auch die Einsätze in nationalen, internationalen und NATO-Manövern weiterhin fester Bestandteil im Seefahrtsplan der »Bremen«-Klasse.
Die für eine Nutzungsdauer von 25 Jahren ausgelegten Fregatten unterlagen so zwangsläufig der schnellen Abnutzung. Dennoch mussten die sich als robust erwiesenen Schiffe weit über die genannte Zeitgrenze im Dienst verbleiben.
Als erstes Schiff holte die Fregatte »Köln« am 31. Juli 2012 Flagge und Wimpel nieder. Es folgten 2013 die »Rheinland-Pfalz«, 2014 das Typschiff »Bremen«, 2015 die »Niedersachsen und 2017 die »Karlsruhe«. Ende 2019 soll die »Augsburg« folgen. Die »Lübeck« hat nach der derzeitigen Planung der Deutschen Marine noch eine Gnadenfrist bis 2021 und wird dann das Kapitel Fregatte Klasse 122 für die Bundesmarine respektive Deutsche Marine schließen. Bis dahin dienten und dienen die bereits außer Dienst gestellten Einheiten als Ersatzteillager und Materialreserve.

Fregatte »Bremen«. (Foto: Autor)

Fregatten der »Bremen«-Klasse – Baudaten und Verbleib							
Name	Bord-Nr.	Bauwerft	Kiellegung	Stapellauf	in Dienst	außer Dienst	Verbleib
»Bremen«	F 207	BV	09.07.79	27.09.79	07.05.82	28.03.14	Auflieger
»Niedersachsen«	F 208	AG	09.11.79	09.06.80	25.10.82	26.06.15	Auflieger
»Rheinland-Pfalz«	F 209	B+V	25.09.79	03.09.80	09.05.83	22.03.13	Auflieger
»Emden«	F 210	TNSW	23.06.79	17.12.80	07.10.83	29.11.13	Auflieger
»Köln«	F 211	B+V	16.06.80	29.05.81	19.10.84	31.07.12	Auflieger
»Karlsruhe«	F 212	HDW	10.03.81	08.01.82	19.04.84	16.06.17	Auflieger
»Augsburg«	F 213	BV	04.04.87	17.09.87	03.10.89	2019	
»Lübeck«	F 214	TNSW	01.06.87	15.10.87	19.03.90	2021	
Bauwerften: AG = A.G. Weser, Bremen, BV = Bremer Vulkan, Bremen, B+V = Werft Blohm+Voss, Hamburg, HDW = Howaldtswerke Deutsche Werft, Kiel, TNSW = Thyssen-Nordseewerke, Emden							

Die Fregatte »Niedersachsen wird von ihrem Bordhubschrauber des Typs SEA LYNX überflogen. (Foto: Deutsche Marine)

Fregatte »Lübeck«. (Foto: Deutsche Marine)

Fregatte »Rheinland-Pfalz«. (Foto: Deutsche Marine)

Die Fregatte »Augsburg« wird Ende 2019 außer Dienst gestellt. (Foto: Deutsche Marine)

Auf der Fregatte »Emden« setzt gerade der Bordhubschrauber zur Landung an. (Foto: Deutsche Marine)

Fregatte »Karlsruhe«. (Foto: Deutsche Marine)

Fregatte »Köln« beim Schießen eines Schiff-Luft-Flugkörpers SEA SPARROW. (Foto: Deutsche Marine)

6. KORVETTEN

6.1 »THETIS«-KLASSE

Unter Torpedofangboot versteht man gewöhnlich ein kleineres Marineschiff, dessen Aufgabe es ist, verschossene Übungstorpedos zu bergen. Die Planung der Bundesmarine sah erstmals zu diesem Zweck größere Einheiten vor. Sie sollten eine gewisse Hochseetauglichkeit haben, um Zerstörer und Fregatten begleiten zu können. In Zweitverwendung waren sie für U-Jagd- und Konvoiaufgaben sowie als Ausbildungsboote für die Marineschulen vorgesehen. Fünf als Torpedofangboot, groß, Typ A, Klasse 420 bezeichnete Einheiten wurden beauftragt. Sie erhielten später Namen aus der griechischen Mythologie.

Die in den Jahren 1959 bis 1963 auf der Rolandwerft in Bremen gebauten Boote hatten einen Stahlrumpf mit zwölf Abteilungen, Spiegelheck, Knickspanten im Vorschiff und Leichtmetallaufbauten. Die vorderen Aufbauten reichten teilweise bis an die Bordkante. Die Boote hatten vollen ABC-Schutz und verdrängten 658 t. Zum Aussetzen der beidseitig vom Schornstein gelagerten Beiboote und zum Aufnehmen der Torpedos diente ein mittschiffs befindlicher 2-t-Kran. Als Arztboot konzipiert, hatte »Najade« auf der Hauptdecksebene nach vorne verlängerte Brückenaufbauten, in denen sich das Lazarett befand.

Die Boote erwiesen sich jedoch insbesondere bei schwerer See wegen ihrer relative hohen Bordwand für die Torpedofangaufgaben als ungeeignet. Kran und Beiboote kamen von Bord und die Boote wurden für die ohnehin vorgesehenen U-Jagdaufgaben optimiert.

Angetrieben wurden die Einheiten der »Thetis«-Klasse durch zwei MAN Dieselmotoren mit jeweils 3000 PS Leistung, die jeweils auf eine Welle wirkten und eine Geschwindigkeit von 24 kn ermöglichten.

Auf der langen Back befand sich ein U-Jagdraketenwerfer. Ein 40-mm-Zwillings-Geschütz stand auf dem achteren Aufbau. Auf dem freien Oberdeck zwischen den beiden Aufbauten war Platz zum Lagern der gefischten Übungstorpedos vorhanden. Beidseitig kamen hier auch je zwei und später vier 533-mm-U-Jagdtorpedorohre zum Einbau. Wasserbomben und Minenschienen ergänzten die Bewaffnung. Zur Erfüllung der U-Jagdaufgaben war eine Sonaranlage eingebaut.

Am 1. November 1969 erfolgte die Umbenennung in Flottendienstboot und die Einführung einer A-Bordnummer, um auch äußerlich die Hilfsschiffunktion deutlich zu machen. Am 15. April 1974 kam eine weitere Umbenennung, diesmal in U-Jagdboote. Gleichzeitig wurden die Boote der NATO assigniert und erhielten wieder P-Bordnummern. Über zehn Jahre nach ihrer Indienststellung wurden die Boote nun endlich als das bezeichnet, was sie eigentlich auch waren. Neue Hauptaufgabe war im Verteidigungsfall die Sicherung des Seeverkehrs von und nach deutschen Häfen, Geleitaufgaben und die U-Bootbekämpfung. Im Frieden blieb weiterhin die Bordausbildung für die Schulen der Marine der Auftrag.

Gleich, ob Torpedofangboot, Flottendienstboot oder U-Jagdboot, die »Thetis«-Klasse wurde immer vielseitig eingesetzt. Nationale und internationale Manöver sowie Ausbildungsfahrten in außerheimische Gewässer führten sie in nahezu alle Länder des westeuropäischen Auslands. Kaum wegzudenken war der jährliche repräsentative Einsatz der U-Jagdboote als Regattabegleiteinheiten bei der Kieler Woche sowie andere außergewöhnliche Einsätze.

Im August 1979 besuchte Bundeskanzler Helmut Schmidt auf einem Traditionssegler Polen. Als dessen Begleitschiff war die

U-Jagdboote der »Thetis«-Klasse	
Bootsnamen	»Thetis«, »Hermes«, »Najade«, »Triton«, »Theseus«
Typbezeichnung	Klasse 420
Verdrängung	658 t
Länge x Breite x Tiefgang	69,78 x 8,22 x 2,35 m
Besatzungsstärke	68
Antrieb	2 x Dieselmotor
Antriebsleistung	2 x 3000 PS
Wellen / Ruder	2 / 2
Geschwindigkeit	24 kn
Fahrstrecke	2760 sm bei 15 kn
Rohrwaffen	1 x 40-mm-Zwillings-Geschütz
Torpedorohre	4 x 533 mm
U-Jagdwaffen	1 x U-Jagdraketenwerfer, Wasserbomben
Minen	Minenschienen
Radar	Seeraumüberwachungsradar, Navigationsradar
Sonar	Rumpfsonar
Elektronik	Waffenleitanlagen, Navigations- und Fernmeldeanlagen

»Najade« das erste westdeutsche Kriegsschiff, das den Hafen eines Landes aus dem Warschauer Pakt angelaufen hatte.
Immer wieder wird im Zusammenhang mit den neun Korvetten der »Braunschweig«-Klasse von einem neuen Seekriegsmittel für die Deutsche Marine gesprochen. Auch wenn deren Aufgaben heute gänzlich andere sind und die Schiffsgröße wesentlich größer ist, so wird dabei leider regelmäßig vergessen zu erwähnen, dass es den Typ Korvette bereits schon mal gab. Die U-Jagdboote der »Thetis«-Klasse erfüllten genau das NATO-Kriterium »vessel in size range 55 to 75 metres designed and fitted primarily for anti-submarine warfare role and coastal duty«. Rund dreißig Jahre standen diese U-Jagdkorvetten im Dienst der Bundesmarine. Unter Friedensbedingungen als Ausbildungseinheiten und für den Ernstfall als Kampfboote gerüstet für U-Jagd- und Konvoiaufgaben.
Alle fünf Boote wurden im Rahmen der NATO-Verteidigungshilfe an Griechenland abgegeben. Auf eigenem Kiel verlegten 1991 / 1992 vier Einheiten ins Mittelmeer, wurden dort für die Deutsche Marine außer Dienst und gleichzeitig für die griechische Marine in Dienst gestellt. »Theseus« verlegte im Oktober 1993 auf einem Dockschiff. Die Boote fanden nach Modernisierungsmaßnahmen weitere Verwendung als Patrouillenboote.

U-Jagdboot »Thetis«			
Bord-Nr.	P 6111 / A 1430 / P 6052		
Bauwerft	Rolandwerft, Bremen		
Baudaten	Kiellegung	Stapellauf	in Dienst
	19.06.59	22.03.60	01.07.61
Verbleib	am 06.09.91 außer Dienst gestellt, 1991 an Griechenland, »Niki«, 2009 außer Dienst gestellt		

U-Jagdboot »Thetis«. (Foto: Deutsche Marine)

U-Jagdboot »Hermes«. (Foto: Deutscher Marinebund)

U-Jagdboot »Hermes«			
Bord-Nr.	P 6112, A 1431, P 6053		
Bauwerft	Rolandwerft, Bremen		
Baudaten	Kiellegung	Stapellauf	in Dienst
	08.10.59	09.08.60	16.12.61
Verbleib	am 07.09.92 außer Dienst gestellt, 1992 an Griechenland, »Karteria«, 2004 außer Dienst gestellt		

U-Jagdboot »Najade«			
Bord-Nr.	P 6113, A 1432, P 6054		
Bauwerft	Rolandwerft, Bremen		
Baudaten	Kiellegung	Stapellauf	in Dienst
	22.03.60	06.12.60	12.05.62
Verbleib	am 06.09.91 außer Dienst gestellt, 1991 an Griechenland, »Doxa«, 2010 außer Dienst gestellt		

Das U-Jagdboot »Najade« hatte zur Unterbringung des Schiffslazaretts nach vorne verlängerte Aufbauten. (Foto: Deutscher Marinebund)

U-Jagdboot »Triton«. (Foto: Deutscher Marinebund)

U-Jagdboot »Triton«			
Bord-Nr.	P 6114, A 1433, P 6055		
Bauwerft	Rolandwerft, Bremen		
Baudaten	Kiellegung	Stapellauf	in Dienst
	15.08.60	05.08.61	10.11.62
Verbleib	am 07.09.92 außer Dienst gestellt, 1992 an Griechenland, »Eleftheria«, 2010 außer Dienst gestellt		

U-Jagdboot »Theseus«			
Bord-Nr.	P 6115, A 1434, P 6056		
Bauwerft	Rolandwerft, Bremen		
Baudaten	Kiellegung	Stapellauf	in Dienst
	01.07.61	20.03.62	15.08.63
Verbleib	am 30.04.92 außer Dienst gestellt, 1993 an Griechenland, »Agon«, 2004 außer Dienst gestellt, 2008 als Zielschiff versenkt		

U-Jagdboot »Theseus«. (Foto: Deutsche Marine)

6.2 »HANS BÜRKNER«

Neben den fünf Torpedofangbooten der »Thetis«-Klasse wurde unter der Bezeichnung Torpedofangboot, groß, Typ B, Klasse 421 gleichzeitig ein ähnliches Fahrzeug bei den Atlaswerken in Bremen beauftragt und gebaut. Es wurde nach dem Chefkonstrukteur der Kaiserlichen Marine, Hans Bürkner, benannt und blieb Einzelboot.

Im Aussehen ähnelte das neue Fahrzeug der »Thetis«-Klasse, war aber mit 1347 t Verdrängung doppelt so groß. Der Stahlbau hatte neun Abteilungen, Knickspanten im Vorschiff, einen Schrägbug und lange durchgehende Aufbauten aus Leichtmetall. Außerdem hatte die »Hans Bürkner« ABC-Schutzeinrichtungen.

Als Antrieb dienten vier MAN Dieselmotoren mit jeweils 2720 PS Leistung. Je zwei Motoren trieben über ein Sammelgetriebe eine Welle an. Die Höchstgeschwindigkeit betrug 25 kn.

Anfänglich war die »Hans Bürkner« bewaffnet. Ein U-Jagdraketenwerfer stand auf der Back und ein 40-mm-Zwillings-Geschütz achtern auf den Aufbauten. Zwei 533-mm-Torpedorohre waren unmittelbar hinten den Aufbauten an Oberdeck eingerüstet. Wasserbomben und Minenschienen vervollständigten die Bewaffnung. Zur Verwendung des Schiffes für U-Jagdaufgaben war ein Sonar eingebaut.

Nach anfänglicher militärischer Nutzung als Schulboot bei der Marineunterwasserwaffenschule wechselte die »Hans Bürkner« im Jahr 1964 mit reduzierter ziviler Besatzung zur Erprobungsstelle 71 in Eckernförde, die dem Bundesamt für Wehrtechnik und Beschaffung zugeordnet war. Sie wurde jetzt als Flottendienstboot (BWB) bezeichnet und fand weitere Verwendung als Erprobungsboot für Unterwasserortungssysteme. Die Rohrwaffen kamen von Bord. Je nach Erprobungsprogramm wechselte die Ausrüstung. Am 26. Oktober 1990 wurde die »Hans Bürkner« außer Dienst gestellt und anschließend abgewrackt.

Flottendienstboot (BWB) »Hans Bürkner«			
Bordnummer	Y 879, Y 1449, A 1449		
Typbezeichnung	Klasse 421		
Bauwerft	Atlaswerke, Bremen		
Baudaten	Kiellegung	Stapellauf	in Dienst
	12.10.60	16.06.61	18.05.63
Verdrängung	1347 t		
Länge x Breite x Tiefgang	80,60 x 9,42 x 2,87 m		
Besatzungsstärke	76 (militärisch)		
Antrieb	4 x Dieselmotor		
Antriebsleistung	4 x 2720 PS		
Wellen / Ruder	2 / 2		
Geschwindigkeit	25 kn		
Fahrstrecke	2180 sm bei 15 kn		
Rohrwaffen	1 x 40-mm-Zwillings-Geschütz		
Torpedorohre	2 x 533 mm		
U-Jagdwaffen	1 x U-Jagdraketenwerfer, Wasserbomben		
Minen	Minenschienen		
Radar	Seeraumüberwachungsradar, Navigationsradar		
Sonar	Rumpfsonar		
Elektronik	Navigations- und Fernmeldeanlagen		
Verbleib	am 26.10.90 außer Dienst gestellt, 1992 Abbruch		

Flottendienstboot (BWB) »Hans Bürkner«. Das 40-mm-Zwillings-Geschütz ist einkokoniert und wurde später entfernt.

(Foto: Deutscher Marinebund)

7. SCHNELLBOOTE

7.1 »SILBERMÖWE«-KLASSE

Im Februar 1952 bestellte das Bundesministerium des Inneren für den unterstellten Seegrenzschutz drei neue Sicherungs- und Patrouillenboote. Den Auftrag zum Bau der Boote erhielt die Lürssen Werft in Vegesack. Sie waren eine Weiterentwicklung der Schnellboote der ehemaligen Kriegsmarine und sollten eine Geschwindigkeit von 43 kn erreichen. Man wollte mit diesen Fahrzeugen in der Lage sein, schnell auf unerwartete Situationen reagieren zu können. Doch die hohe Geschwindigkeit widersprach dem Potsdamer Abkommen, wonach ein Schnellbootbau nicht gestattet war. Die Military Security Agency (MSA) in Koblenz, eine Dienststelle der Alliierten Hohen Kommission, stoppte deshalb den Bau.

Das war für die Royal Navy eine willkommene Gelegenheit die Boote aufzukaufen und weiterbauen zu lassen, um ihre beiden beim British Baltic Fishery Protection Service (BBFPS, Naval Intelligence Service, Schnellbootgruppe Klose) mit deutschen Besatzungen in Dienst stehenden ehemaligen Schnellboote der Kriegsmarine »S 130« und »S 208« gegen diese neuen Einheiten austauschen zu können.

Im Frühjahr 1953 erfolgte somit der Weiterbau für die Royal Navy. Am 2. Februar 1955 und 15. Dezember 1955 stellten zwei Einheiten als »Silver Gull« und »Storm Gull« unter englischer Flagge in Dienst und kamen noch für kurze Zeit für den BBFPS zum Einsatz. Ein drittes Boot sollte als »Wild Swan« folgen, was aber nicht mehr zur Ausführung kam. Mit Aufstellung der Bundesmarine gingen die drei Einheiten als »Silbermöwe«, »Sturmmöwe« und »Wildschwan« am 29. Mai 1956

Schnellboot »Eismöwe«			
Bord-Nr.	P 6055		
Bauwerft	Lürssen Werft, Vegesack		
Baudaten	Kiellegung	Stapellauf	in Dienst
?	15.09.55	15.12.55	01.07.56
Verbleib	am 15.03.67 außer Dienst gestellt, 1968 an Griechenland, »Polikos«, 1974 außer Dienst gestellt		

Schnellboot »Eismöwe«. (Foto: Deutscher Marinebund)

in deren Bestand über, wo sie als Schnellboot Klasse 149 geführt wurden.
Unter dem sich abzeichnenden Wiederaufbau von deutschen Streitkräften wurde nach erneuten Verhandlungen im Mai 1955 von der MSA der Bau von drei weiteren Booten dieses Typs genehmigt. Als »S 1« und »S 2« stellten die beiden ersten Einheiten noch kurzzeitig beim Seegrenzschutz in Dienst. Nach dessen Auflösung und Überführung in die neu aufgestellte Bundesmarine bildeten sie dann, zusammen mit den bereits erwähnten drei Booten, als »Eismöwe« (ex »S 1«), »Raubmöwe« (ex »S 2«) und »Seeschwalbe« in Kiel das 1. Schnellbootgeschwader der neu aufgestellten Bundesmarine. Die Einheiten waren im Rundspant-Holzbau mit Leichtmetallspanten gefertigt, hatten neun Abteilungen und verdrängten 155 t. Eine erhöhte Walrückenback und Spiegelheck sind weitere markante Merkmale. Der Antrieb erfolgte über drei Mercedes-Benz Dieselmotoren. Sie wirkten jeweils auf eine Welle und mit ihrer Gesamtleistung von 7500 PS ermöglichten sie den Booten eine Geschwindigkeit von 42 kn.

Schnellboote der »Silbermöwe«-Klasse	
Bootsnamen	»Silbermöwe«, »Sturmmöwe«, »Wildschwan« »Eismöwe«, »Raubmöwe«, »Seeschwalbe«
Typbezeichnung	Klasse 149
Verdrängung	155 t
Länge x Breite x Tiefgang	35,58 x 5,16 x 1,80 m
Besatzungsstärke	19
Antrieb	3 x Dieselmotor
Antriebsleistung	3 x 2500 PS
Wellen / Ruder	3 / 2
Geschwindigkeit	42 kn
Fahrstrecke	1000 sm bei 34 kn
Rohrwaffen	2 x 20-mm-Zwillings-Geschütz, 1 x 40-mm-Geschütz (später als Ersatz)
Torpedorohre	2 x 533 mm
Elektronik	Navigations- und Fernmeldeanlagen

Schnellboote der »Silbermöwe«-Klasse beim Manövrieren im Hafenbecken.
(Foto: Frila / CC-BY-SA 3.0)

Anfangs waren die Boote noch unbewaffnet und erhielten dann zwei 20-mm-Zwillings-Geschütze eingerüstet, die später durch ein 40-mm-Geschüz ersetzt wurden. Weiterhin kam beidseitig der Aufbauten je ein um 15° ausschwenkbares 533-mm-Torpedorohr zur Aufstellung.
Als vierter deutscher Marineverband wurde das 1. Schnellbootgeschwader im Januar 1958 der NATO assigniert. Seine Hauptaufgabe war die Ausbildung der ersten Schnellbootbesatzungen für die schon im Zulauf befindlichen 30 neuen Boote der »Jaguar«-Klasse. Die nun in großer Zahl benötigten Wachoffiziere und Kommandanten erlernten hier die seemännische Handhabung und den taktischen Einsatz von Schnellbooten. Aber auch die Teilnahme an nationalen und NATO-Manövern

stand auf dem Fahr- und Ausbildungsprogramm des Geschwaders. Häfen in den Niederlanden und in Großbritannien wurden dabei besucht.
Eine gewisse Sonderstellung in diesem Schnellboot-Sextett nahm die »Seeschwalbe« ein. Als Erprobungsträger mit einer veränderten Antriebsanlage aus Maybach Dieselmotoren und Verstellpropellern ausgestattet, fuhr das Boot nicht im Geschwaderverband.
Ab 1960 zur Unterwasserwaffenschule abgestellt und in »UW 9« umbenannt, fand es als Schul-, Versuchs- und Erprobungsboot hier weitere Verwendung. Nach mehreren Umbauten erhielt »UW 9« im August 1966 den Namen »Wilhelm Laudahn« und kam jetzt bei der Erprobungsstelle 71 in Eckernförde unter ziviler Besatzung weiter als Erprobungsfahrzeug zum Einsatz.
Die fünf übrigen Schnellboote Boote der »Silbermöwe«-Klasse blieben bis Anfang 1967 im Dienst der Bundesmarine und gingen dann an den NATO-Partner Griechenland.

Schnellboot »Silbermöwe«			
Bord-Nr.	P 6052		
Bauwerft	Lürssen Werft, Vegesack		
Baudaten	Kiellegung	Stapellauf	in Dienst
	?	21.01.55	02.02.55 29.05.55
Verbleib	am 15.03.67 außer Dienst gestellt, 1968 an Griechenland, »Drakon«, 1974 außer Dienst gestellt		

Schnellboot »Sturmmöwe«			
Bord-Nr.	P 6053		
Bauwerft	Lürssen Werft, Vegesack		
Baudaten	Kiellegung	Stapellauf	in Dienst
	?	07.12.54	15.12.54 29.05.56
Verbleib	am 15.03.67 außer Dienst gestellt, 1968 an Griechenland, »Delphin«, 1974 außer Dienst gestellt		

Schnellboot »Silbermöwe«. (Foto: Deutscher Marinebund)

Schnellboot »Wildschwan«			
Bord-Nr.	P 6054		
Bauwerft	Lürssen Werft, Vegesack		
Baudaten	Kiellegung	Stapellauf	in Dienst
	?	23.03.55	29.05.56
Verbleib	am 15.03.67 außer Dienst gestellt, 1968 an Griechenland, »Phoinix«, 1974 außer Dienst gestellt, 1976 als Zielschiff versenkt		

Schnellboot »Raubmöwe«			
Bord-Nr.	P 6056		
Bauwerft	Lürssen Werft, Vegesack		
Baudaten	Kiellegung	Stapellauf	in Dienst
	?	15.09.55	15.12.55 01.07.56
Verbleib	am 15.03.67 außer Dienst gestellt, 1968 an Griechenland, »Polideykes«, 1974 außer Dienst gestellt		

Schnellboot »Eismöwe«			
Bord-Nr.	P 6055		
Bauwerft	Lürssen Werft, Vegesack		
Baudaten	Kiellegung	Stapellauf	in Dienst
	?	15.09.55	15.12.55 01.07.56
Verbleib	am 15.03.67 außer Dienst gestellt, 1968 an Griechenland, »Polikos«, 1974 außer Dienst gestellt		

Schnellboot »Seeschwalbe«			
Bord-Nr.	P 6057, Y 839		
Bauwerft	Lürssen Werft, Vegesack		
Baudaten	Kiellegung	Stapellauf	in Dienst
	?	13.09.56	16.04.57
Verbleib	am 08.03.73 als »Wilhelm Laudahn« außer Dienst gestellt, 1974 in die Niederlande verkauft, »Grey Devil«, 1980 durch Brand zerstört		

Die Schnellboote der »Silbermöwe«-Klasse im Päckchen an der Pier. (Foto: Frila)

7.2 »JAGUAR«-KLASSE

Zu den ersten nach dem Zweiten Weltkrieg neu entwickelten und gebauten Kriegsschiffen der Bundesmarine gehörten die 30 Schnellboote der »Jaguar«-Klasse. Sie waren eine logische und konsequente Weiterentwicklung der deutschen Kriegsboote. Der Bau dieser Bootsklasse begann bereits im Dezember 1956 mit der Kiellegung des Schnellbootes »Jaguar« und schloss im März 1961 mit der Indienststellung des Schnellbootes »Pinguin« ab. Konstruktionswerft war die Lürssen Werft in Vegesack, wo auch 22 Boote gebaut wurden. Acht Boote entstanden auf der Kröger Werft in Rendsburg. Die neuen Schnellboote erhielten Namen von Raubtieren und Vögeln.
Konstruktiv wurde die bewährte Holz-Leichtmetall-Kompositbauweise angewandt. Leichtmetallspanten trugen eine 57 mm starke Außenhaut aus drei Lagen von verleimten Kambala- und Mahagoniholz. Diese Bauweise garantierte ausreichende Elastizität und Festigkeit. Die Boote hatten ein fast durchgehendes Hauptdeck mit erhöhter Back und ein Spiegelheck sowie einen abgestuften, kastenartigen Leichtmetall-Brückenaufbau mit einem Pfahlmast als Sensorträger. Der Rumpf war zur besseren Standfestigkeit in elf Abteilungen unterteilt. Die Verdrängung betrug 190 t.
Von den baugleichen Booten hatten 20 Einheiten (P 6058 bis P 6067 und P 6082 bis P 6091) Mercedes-Benz Dieselmotoren und wurden amtsintern als Schnellboot Klasse 140 bezeichnet. Als Klasse 141 fuhren die zehn übrigen Boote (P 6068 bis P 6077) mit Maybach Dieselmotoren. Diese waren allerdings nicht umsteuerbar und bedurften deshalb eines Wendegetriebes. Beide Motorentypen hatten eine Leistung von jeweils 3000 PS. Über vier Wellen erreichten die Schnellboote eine Geschwindigkeit von 43 kn.
Zwei 40-mm-Geschütze und vier 533-mm-Torpedorohre mit Nachlademöglichkeit bildeten die Bewaffnung. Nach Abbau der hinteren Torpedorohre waren die »Jaguar«-Boote auch in Nebenaufgabe als schnelle Minenleger verwendbar. An Führungsmittel umfasste die Ausstattung ein Radargerät, ein Tast- und Sprechfunkgerät und einen Plottraum.
Das 3. und 5. Schnellbootgeschwader (Flensburg und Neustadt / Holstein später Olpenitz) bestand aus den Booten der Klasse 140. Die Boote der Klasse 141 wurden im 2. Schnellbootgeschwader (Wilhelmshaven später Olpenitz) zusammengefasst.
Neben den Minensuchbooten waren die Schnellboote die ersten vollständig aufgestellten einsatzfähigen Verbände der Bundesmarine und wurden sofort der NATO unterstellt. Als Einsatzgebiet war die westliche und mittlere Ostsee vorgesehen. Zu ihren Aufgaben gehörte die Verteidigung der deutschen Ostseeküste und der Ostseezugänge einschließlich der dänischen Inseln sowie generell die Unterbindung eines Durchbruchs sowjetischer Seestreitkräfte in die Nordsee. Über Jahre wurden diese Aufgaben zusammen mit den NATO-Bündnispartner in Manövern geübt. Der robuste Bootstyp, der auch bei schwerem Wetter noch gute Seeeigenschaften aufwies, war zwar eine schiffbaulich gelungene Konstruktion, aber hinsichtlich seiner Bewaffnung doch schon gewaltig in das Hintertreffen geraten. Gegenüber dem aufkommenden Seezielflugkörper waren ihre noch aus dem Krieg stammenden Geradeausläufer-Torpedos nicht gerade die passende Antwort oder gar wirkungsvolles Gegenstück.
Taktisch war man zu besonderen Verfahren im Masseneinsatz gezwungen. Formations-, Spreiz-, Zangen- und Sektorenangriffe dicht am Gegner und aus vorlicher Lage im koordinierten gleichzeitigen Ansatz von mehreren Booten waren die Regel. Das war aber kein wirklicher Fortschritt gegenüber den Einsätzen im Zweiten Weltkrieg.
Eine Um- und Nachrüstung auf Flugkörper, was zeitweilig für zehn Boote angedacht wurde, lohnte sich aus verschiedenen Gründen nicht. Die Boote waren einerseits dafür schon wieder zu alt und schiffbaulich war ihre Abnutzung zu erkennen. Andererseits standen Kosten und Nutzen einer solchen Maßnahme in einem Missverhältnis. Daher lief dann auch schon bald die Planung einer mit Flugkörpern bewaffneten Nachfolgegeneration an. Mit deren Zulauf stellten dann von 1972 bis 1976 die Schnellboote der »Jaguar«-Klasse sukzessive außer Dienst. Doch das bedeutet noch lange nicht das endgültige Aus der Boote. Von der Klasse 140 erhielt die Türkei acht Boote, die bis in die 1990er Jahre dort im Dienst verblieben. Ein Boot ging als Zielschiff an die französische Marine und die restlichen Einheiten wurden an Privat verkauft und in der Regel zu Yachten umgebaut oder abgebrochen. Die Klasse 141 kam komplett an die griechische Marine. Einige Boote erlebten dort noch die Jahrtausendwende als aktive Kriegsschiffe.

Schnellboote der »Jaguar«-Klasse – Schiffsdaten	
Anzahl	20 / 10
Typbezeichnung	Klasse 140 / Klasse 141
Verdrängung	190 t
Länge x Breite x Tiefgang	42,62 x 7,10 x 2,21 m
Besatzungsstärke	39
Antrieb	4 x Dieselmotor
Antriebsleistung	4 x 3000 PS
Wellen / Ruder	4 / 2
Geschwindigkeit	43 kn
Fahrstrecke	1000 sm bei 32 kn
Rohrwaffen	2 x 40-mm-Geschütz
Torpedorohre	4 x 533 mm
Minen	als Torpedoersatz
Elektronik	Radar, Navigations- und Fernmeldeanlagen

Schnellboot »Greif«. (Foto: Deutscher Marinebund)

Schnellboot »Falke«. (Foto: Deutsche Marine)

Schnellboote der »Jaguar«-Klasse – Baudaten und Verbleib							
Name	Bord-Nr.	Bauwerft	Kiellegung	Stapellauf	in Dienst	außer Dienst	Verbleib
»Iltis«	P 6058	LW	11.01.57	15.08.57	17.12.57	31.01.75	Türkei
»Jaguar«	P 6059	LW	07.12.56	12.06.57	16.11.57	27.07.73	Verkauf
»Leopard«	P 6060	LW	22.08.57	04.01.58	23.05.58	28.05.73	Verkauf
»Luchs«	P 6061	LW	12.06.57	02.11.57	27.03.58	01.12.72	Verkauf
»Wolf«	P 6062	LW	04.02.57	21.09.57	12.02.58	28.03.75	Türkei
»Tiger«	P 6063	KW	04.12.57	21.04.58	15.10.58	20.12.74	Türkei
»Panther«	P 6064	KW	17.04.58	18.10.58	15.12.58	01.03.73	Verkauf
»Löwe«	P 6065	LW	04.07.58	08.11.58	05.02.59	30.05.75	Türkei
»Fuchs«	P 6066	LW	01.09.58	20.12.58	17.03.59	13.07.73	Verkauf
»Marder«	P 6067	LW	10.11.58	21.03.59	07.07.59	22.06.72	Verkauf
»Seeadler«	P 6058	LW	23.09.57	01.02.58	29.08.58	30.07.76	Griechenland
»Albatros«	P 6069	LW	29.10.57	20.03.58	27.01.59	19.12.75	Griechenland
»Kondor«	P 6070	LW	02.01.58	17.05.58	24.02.59	25.06.76	Griechenland
»Greif«	P 6071	LW	05.02.58	28.06.58	03.03.59	30.04.76	Griechenland
»Falke«	P 6072	LW	18.03.58	30.08.58	14.04.59	26.09.75	Griechenland
»Geier«	P 6073	LW	27.05.58	01.10.58	03.06.59	27.06.75	Griechenland
»Bussard«	P 6074	KW	25.06.58	29.11.58	21.03.59	28.11.75	Griechenland
»Habicht«	P 6075	KW	27.09.58	21.02.59	21.05.59	24.09.76	Griechenland
»Sperber«	P 6076	KW	29.11.58	04.04.59	01.07.59	17.12.70	Griechenland
»Kormoran«	P 6077	KW	02.02.59	16.07.59	09.11.59	26.11.76	Griechenland
»Weihe«	P 6082	LW	22.01.59	20.06.59	28.10.59	05.07.72	Frankreich
»Kranich«	P 6083	LW	23.03.59	15.08.59	19.12.59	02.11.73	Museumsschiff
»Alk«	P 6084	KW	25.03.59	19.09.59	14.01.60	06.09.74	Türkei
»Storch«	P 6085	LW	29.06.59	16.11.59	12.03.60	29.03.74	Türkei
»Pelikan«	P 6086	KW	17.07.59	12.12.59	30.03.60	31.03.74	Türkei
»Häher«	P 6087	LW	17.08.59	09.01.60	05.04.60	15.02.74	Türkei
»Elster«	P 6088	LW	23.11.59	26.03.60	08.07.60	19.07.74	Verkauf
»Reiher«	P 6089	LW	12.01.60	07.05.60	15.09.60	21.09.73	Türkei
»Pinguin«	P 6090	LW	10.02.60	04.07.60	28.03.61	07.12.73	Türkei
»Dommel«	P 6091	LW	31.03.60	20.08.60	04.02.61	22.03.74	Verkauf
Bauwerften: KW = Kröger Werft, Rendsburg, LW = Lürssen Werft, Vegesack							

Foto rechts unten: Zwei Schnellboote der »Jaguar«-Klasse in enger Formationsfahrt. Bei diesen Fahrmanövern passierten häufig – zum Teil auch schwere – Kollisionen. (Foto: Deutsche Marine)

Schnellboot »Storch«. (Foto: Deutscher Marinebund)

7.3 »HUGIN« UND »MUNIN« – »PFEIL« UND »STRAHL«

Die vier Schnellboote »Hugin«, »Munin«, »Pfeil« und »Strahl« stellen ein besonderes Kapitel in der deutschen Schnellbootgeschichte dar. Aus taktischen wie auch aus finanziellen Überlegungen heraus machte man sich Anfang der 1960er Jahre Gedanken, ob nicht auch kleinere und damit in der Unterhaltung auch billigere Schnellboote für die Aufgabenerfüllung der Bundesmarine möglich wären. Zunächst wurde ein Entwicklungsauftrag für einen 70-t-Protototyp an die beiden deutschen Werften Lürssen und Kröger vergeben, der aber dann wieder zurückgezogen wurde, weil ausländische Werften solche Schnellboote bereits in ihren Bauprogrammen vorzeigen konnten. Zum Sammeln von Erfahrung mit anderen Bauweisen, Antriebsanlagen und Waffensystemen sowie mit dem Seeverhalten wurden dann die oben genannten kleineren Schnellboote zu Test- und Erprobungszwecken im Ausland beschafft.

SCHNELLBOOTE »HUGIN« UND »MUNIN«

Unter den Namen »Hugin« und »Munin« stellten am 5. November 1960 beim Kieler 1. Schnellbootgeschwader zwei in Norwegen gekaufte Boote der »Nasty«-Klasse in Dienst. Die an Gestalten der nordischen Göttersage angelehnte Namensgebung fand bereits in früheren deutschen Marinen Verwendung. Amtsintern erhielten sie die Typbezeichnung Schnellboot Klasse 152.
Die Schnellboote hatten ein durchgehendes Oberdeck und kleine Aufbauten mit einem Mast als Sensorträger. Sie verdrängten rund 75 t. Zwei 3140 PS starke Napier-Deltic Dieselmotoren wirkten jeweils auf eine Welle und verliehen den Booten eine Geschwindigkeit von 45 kn. An Bewaffnung waren vier 533-mm-Torpedorohre an Oberdeck aufgestellt. Vorne und achtern befand sich ein 40-mm-Geschütz.
Nach eingehender Erprobung zeigte sich aber, dass die schnellen und wendigen Boote für das Einsatzgebiet der Bundesmarine nur als bedingt brauchbar angesehen werden konnten. Unter anderem wiesen sie ein deutlich schlechteres Seegangsverhalten auf. Im Januar 1964 gingen sie schon wieder außer Dienst und wurden im Rahmen der NATO-Waffenhilfe an die Türkei abgegeben. Unter den gänzlich anderen Einsatzbedingungen in den wettergeschützten norwegischen Fjorden blieb dieser Bootstyp dort in seiner Weiterentwicklung mit 20 Einheiten als »Tjeld«-Klasse bis in die 1980er Jahre im Einsatz. Die letzten norwegischen Boote stellten erst 1992 außer Dienst.

SCHNELLBOOTE »PFEIL« UND »STRAHL«

Die Schnellboote »Pfeil« und »Strahl« waren zwei 1962 in Großbritannien beschaffte Boote der »Brave«-Klasse. Sie stellten ebenfalls beim 1. Schnellbootgeschwader in Dienst. Auch diese Namen fanden bereits in früheren deutschen Marinen Verwendung.
Die beiden Boote waren zwar nicht baugleich, führten aber die gleiche Typbezeichnung als Schnellboot Klasse 153. Sie hatten ein durchgehendes Oberdeck und relativ große Aufbauten. Die Boote verdrängten 85 t und 102 t.
Der etwas kürzere »Pfeil« hatte als Antrieb zwei Bristol-Siddeley-Proteus Gasturbinen, die mit ihren jeweils 4160 PS dem Boot über zwei Wellen eine Geschwindigkeit von 50 kn verliehen. Auf »Strahl« waren drei dieser Gasturbinen vorhanden und das Boot lief mit drei Wellen 54 kn. Die Abgase wurden jeweils über Austritte am Heckspiegel abgeleitet. Die Erzeugung der elektrischen Energie erfolgte auf beiden Booten durch zwei Rover Gasturbinengeneratoren. Die Verwendung von Gasturbinen hatte bei den beiden Schnellbooten einen sehr hohen Kraftstoffverbrauch als Folge.
Torpedorohre waren auf den Booten nicht eingerüstet. An Stelle dessen waren beidseitig der Aufbauten jeweils zwei Abwurfeinrichtungen für 533-mm-Torpedos vorhanden. Diese wurden allerdings später wieder abgebaut. An ihren Platz kamen bei Bedarf an Oberdeck verlaschbare Reservetanks.
An Rohrbewaffnung waren zwei-40-mm-Geschütze an Bord vorhanden. Auch »Pfeil« und »Strahl« entsprachen nicht den Bedürfnissen der Bundesmarine, stellten am 30. September 1965 wieder außer Dienst und wurden an Griechenland abgegeben.

Schnellboote »Hugin« und »Munin«, »Pfeil« und »Strahl«			
Bootsnamen	»Hugin«, »Munin	»Pfeil«	»Strahl«
Typbezeichnung	Klasse 152	Klasse153	Klasse153
Verdrängung	75 t	85 t	102 t
Länge x Breite x Tiefgang	24,50 x 7,50 x 2,10 m	28,96 x 7,29 x 2,16 m	30,26 x 7,29 x 2,13 m
Besatzungsstärke	22	22	23
Antrieb	2 x Dieselmotor	2 x Gasturbine	3 x Gasturbine
Antriebsleistung	2 x 3140 PS	2 x 4160 PS	3 x 4160 PS
Wellen / Ruder	2 / 2	2 / 2	3 / 3
Geschwindigkeit	45 kn	50 kn	54 kn
Fahrstrecke	450 sm bei 40 kn	400 sm bei 40 kn	460 sm bei 50 kn
Rohrwaffen	2 x 40-mm-Geschütz	2 x 40-mm-Geschütz	2 x 40-mm-Geschütz
Torpedorohre	4 x 533 mm	---	---
Torpedoabwurfeinrichtung	---	4	4
Elektronik	Navigations- und Fernmeldeanlagen	Navigations- und Fernmeldeanlagen	Navigations- und Fernmeldeanlagen

Schnellboot »Hugin«. (Foto: Bibliothek für Zeitgeschichte)

Schnellboot »Hugin«			
Bord-Nr.	P 6191		
Bauwerft	Batservice Verft, Mandal, Norwegen		
Baudaten	Kiellegung	Stapellauf	in Dienst
	10.01.59	26.03.60	05.11.60
Verbleib	am 04.01.64 außer Dienst gestellt, 1964 an die Türkei, »Dogan«, 1973 außer Dienst gestellt, 1982 Umbau zum Restaurantschiff (?)		

Schnellboot »Munin«			
Bord-Nr.	P 6192		
Bauwerft	Batservice Verft, Mandal, Norwegen		
Baudaten	Kiellegung	Stapellauf	in Dienst
	Jan. 1960	26.06.60	05.11.60
Verbleib	am 04.01.64 außer Dienst gestellt, 1964 an die Türkei, »Marti«, 1973 außer Dienst gestellt, 1973 Umbau zur Motoryacht		

Schnellboot »Pfeil«			
Bord-Nr.	P 6193		
Bauwerft	Vosper-Thornycroft, Portsmouth, Großbritannien		
Baudaten	Kiellegung	Stapellauf	in Dienst
	01.10.60	26.10.61	27.06.62
Verbleib	am 30.09.65 außer Dienst gestellt, 1967 an Griechenland, »Aiolos«, 1976 außer Dienst gestellt		

Schnellboot »Strahl«			
Bord-Nr.	P 6194		
Bauwerft	Vosper-Thornycroft, Portsmouth, Großbritannien		
Baudaten	Kiellegung	Stapellauf	in Dienst
	01.01.61	10.01.62	02.11.62
Verbleib	am 30.09.65 außer Dienst gestellt, 1967 an Griechenland, »Astrapi«, 1978 außer Dienst gestellt, nach anderer Quelle 1979		

Schnellboot »Munin«. (Foto: Bibliothek für Zeitgeschichte)

Schnellboot »Pfeil«. (Foto: Bibliothek für Zeitgeschichte)

Schnellboot »Pfeil«. (Foto: Bibliothek für Zeitgeschichte)

7.4 »ZOBEL«-KLASSE

Noch im laufenden Bauprogramm der »Jaguar«-Klasse wurden zehn weitere Schnellboote in Auftrag gegeben. Diese neue Klasse 142, später nach dem Typboot als »Zobel«-Klasse bezeichnet, erhielt die Namen von Pelztieren. Gebaut wurden die Schnellboote bei der Lürssen Werft in Vegesack und bei der Kröger Werft in Rendsburg. Die Bauserie begann mit der Kiellegung des Schnellbootes »Zobel« im Juni 1960 und endete mit der Indienststellung des Schnellbootes »Ozelot« im Oktober 1963. Der ursprünglich geplante Bau von zehn weiteren Booten der Klasse 142 wurde nicht verwirklicht.

Bei der Entwicklung und dem Bau der »Zobel«-Klasse waren die ersten Erfahrungen aus dem Betrieb mit den größtenteils schon im Dienst stehenden Booten der »Jaguar«-Klasse eingeflossen. Die neuen Einheiten entsprachen mit Bootskörper und Hauptabmessungen im Wesentlichen der Klassen 140 / 141. Äußerlich waren sie allerdings an den in der Formgebung veränderten Aufbauten von diesen leicht zu unterscheiden. Dank eingebauter Filter- und Belüftungsanlagen konnten die Boote unter ABC-Schutz fahren. Die »Zobel«-Klasse war die letzte deutsche Entwicklung von klassischen Torpedoschnellbooten.

Der Antrieb der Klasse 142 erfolgte wie bei der Klasse 140 durch vier 3000 PS starke Mercedes-Benz Dieselmotoren, die über vier Wellen eine Geschwindigkeit von 43 kn ermöglichten. Die Bewaffnung war identisch zu den Klassen 140 / 141. Ansonsten besaßen die Boote eine modernere Ausrüstung.

Die zehn Boote der »Zobel«-Klasse wurden in dem neu aufgestellten 7. Schnellbootgeschwader in Kiel zusammengefasst. Zusammen mit den 30 Schnellbooten der »Jaguar«-Klasse bilden sie die neue deutsche Schnellbootwaffe und waren eingebunden in die Verteidigungsstrategie der NATO. Im Rahmen von Manövern kamen sie – wie ihre Halbschwestern – vorwiegend in der Ostsee und den Ostseezugängen zum Einsatz, besuchten aber auch nahezu alle nord- und westeuropäischen Länder.

Langsam aber sicher zeichnete sich in den 1960er Jahren der Flugkörper als die neue zeitgemäße Bewaffnung von Schnellbooten ab. Bereits zwischen 1963 und 1969 wurden daher auf dem Schnellboot »Nerz« Erprobungen hinsichtlich der Einrüstung von Flugkörpern durchgeführt. Doch durch die in dieser Zeit ebenfalls beginnende konkrete Planung für ein eigens zu entwickelndes Flugkörper-Schnellboot und in Folge der nicht allzu vielversprechenden Versuchsergebnisse auf der »Nerz« kam dieses Umrüstungsvorhaben für die »Zobel«-Klasse dann doch nicht zur Verwirklichung.

In den Jahren 1969 bis 1972 erfolgte bei der »Zobel«-Klasse dann ein umfangreicher Umbau und eine Modernisierungsphase, allerdings in eine andere Richtung. Die vier Torpedorohre für die Geradeausläufer kamen von Bord und wurden durch zwei nach achtern gerichtete und für Drahtlenktorpedos ausgelegte Rohre ersetzt. Dadurch verloren die Boote zwar ihre Minenlegefähigkeit, steigerten jedoch durch die beiden moderneren Torpedos dennoch ihre Kampfkraft. Mit dem drahtgelenkten und weit reichenden Torpedo des Typs DM 2A1 bestand nun durchaus die Chance, auch mit einem gezielten Einzelschuss einen Versenkungserfolg zu erzielen. Das bei der »Jaguar«-Klasse übliche und taktisch notwendige Verfahren des Masseneinsatzes von Torpedos war jetzt hinfällig.

Verbunden mit dieser Umrüstung war zwangsläufig der Einbau einer Waffenleitanlage. Zum Einbau kam der Typ M 20/2 von Hollandse Signaalapparaten (heute Thales Nederland). In dem kugelförmigen Radom auf dem umgestalteten Mast befand sich die dazugehörige Radarantenne. Über die M 20/2-Anlage konnten jetzt auch die beiden 40-mm-Geschütze radargesteuert eingesetzt werden. Damit war ein weiterer Nachteil der »Jaguar«-Klasse, bei denen das Schießen nur mit optischer Sicht möglich war, ebenfalls beseitigt worden.

Mit diesen Umbaumaßnahmen erhöhte sich die Verdrängung um 30 t und die Geschwindigkeit sank auf 38 kn. Dafür waren aber die Boote der »Zobel«-Klasse zunächst mal für die nächsten Jahre bis zum Zulauf der Flugkörper-Schnellboote der Klasse 148 und später der Klasse 143 die modernsten und auch schlagkräftigsten Schnellboote der Bundesmarine.

Die zehn umgerüsteten Einheiten der »Zobel«-Klasse blieben bis in die Mitte der 1980er Jahre im Dienst. Als letztes Boot

Schnellboote der »Zobel«-Klasse – Schiffsdaten	
Anzahl	10
Typbezeichnung	Klasse 142
Verdrängung	190 t, 220 t (*)
Länge x Breite x Tiefgang	42,62 x 7,00 x 2,20 m
Besatzungsstärke	39
Antrieb	4 x Dieselmotor
Antriebsleistung	4 x 3000 PS
Wellen / Ruder	4 / 2
Geschwindigkeit	43 kn, 38 kn (*)
Fahrstrecke	1000 sm bei 32 kn
Rohrwaffen	2 x 40-mm-Geschütz
Torpedorohre	4 x 533 mm, 2 x 533 mm (*)
Minen	bis zum Umbau als Torpedoersatz
Elektronik	Waffenleitanlage (*), Radar, Navigations- und Fernmeldeanlagen
Anmerkung	(*) nach Umbau

holte das Schnellboot »Hyäne« am 5. Juni 1984 Flagge und Wimpel nieder. Sechs Boote wurden an die türkische Marine abgegeben, die übrigen vier hatten unterschiedliche Schicksale im Rahmen des Verkaufs, wobei »Hermelin« zuvor noch kurzzeitig als Erprobungsboot genutzt wurde und dann am 25. September 1987 endgültig außer Dienst stellte.

Schnellboote der »Zobel«-Klasse – Baudaten und Verbleib

Name	Bord-Nr.	Bauwerft	Kiellegung	Stapellauf	in Dienst	außer Dienst	Verbleib
»Zobel«	P 6092	LW	27.06.60	28.01.61	12.12.61	07.12.82	Verkauf
»Wiesel«	P 6093	LW	22.08.60	14.03.61	25.06.62	06.03.84	Türkei
»Dachs«	P 6094	LW	22.11.60	10.06.61	25.09.62	06.12.83	Türkei
»Hermelin«	P 6095	KW	12.01.61	05.08.61	28.11.62	12.01.83	Verkauf
»Nerz«	P 6096	LW	16.03.61	05.09.61	11.01.63	08.07.82	Verkauf
»Puma«	P 6097	KW	16.02.61	26.10.61	21.12.62	17.12.81	Verkauf
»Gepard«	P 6098	LW	20.04.61	14.04.63	18.04.63	09.11.82	Türkei
»Hyäne«	P 6099	KW	13.07.61	31.03.62	10.05.63	05.06.84	Türkei
»Frettchen«	P 6100	LW	30.03.62	20.11.62	26.06.63	09.08.83	Türkei
»Ozelot«	P 6101	LW	14.04.62	04.02.63	25.10.63	10.01.84	Türkei

Bauwerften: KW = Kröger Werft, Rendsburg, LW = Lürssen Werft, Vegesack

Das Schnellboot »Ozelot« im Aussehen vor der Umrüstung. (Foto: Deutscher Marinebund)

Das Schnellboot »Hermelin« im Aussehen nach dem Umbau. (Foto: Deutscher Marinebund)

Das Schnellboot »Hyäne« im Aussehen nach dem Umbau. (Foto: Bibliothek für Zeitgeschichte)

Das Schnellboot »Nerz« vor der Tower Bridge in London. (Foto: Autor)

Das Achterschiff der »Zobel«-Klasse mit den beiden Torpedorohren für Drahtlenktorpedos und dem 40-mm-Geschütz. (Foto: Autor)

7.5 »TIGER«-KLASSE

Gegen Ende der 1960er Jahre wurde eindeutig klar, dass die Bewaffnung und die Ausrüstung der reinen Torpedoschnellboote der »Jaguar«-Klasse im beginnenden Zeitalter der Flugkörper sich nicht mehr auf dem neuestes Stand der Technik befanden. Ebenso war ihre schiffbauliche Abnutzung zu erkennen. In der Entwicklung befanden sich Flugkörper-Schnellboote, die aber absehbar noch nicht so schnell zulaufen konnten und auf Grund der hohen Baukosten auch nur mit zehn Einheiten beschafft werden sollten. Unter Einschluss der gerade in der Nachrüstung befindlichen Schnellboote der »Zobel«-Klasse tat sich eine Lücke von 20 Booten auf, wenn man weiterhin 40 Schnellboote im Bestand haben wollte.

Um diese Lücke kurzfristig ohne eine lange und kostenintensive Eigenentwicklung schließen zu können, griff man auf den internationalen Markt zurück und fand mit der französischen »Combattante II«-Klasse einen bereits bewährten Bootstyp, der den deutschen Vorstellungen in Form, Antrieb und Bewaffnung weitestgehend entsprach. Zwanzig auf diesem Entwurf basierende Boote wurden bestellt und unter Einbindung der deutschen Werftindustrie als Flugkörper-Schnellboot Klasse 148 gebaut. Die Bauwerften waren Constructions Mècaniques de Normandie (CMN) in Cherbourg / Frankreich und die Lürssen Werft in Vegesack / Deutschland.

Das erste Boot setzte als »S 41« am 30. Oktober 1972 Flagge und Wimpel. Mit »S 60« war Mitte 1975 das Bauprogramm beendet. Ende 1981 erhielten die Boote zusätzlich als Bootsnamen die Namen der Vorgängerboote aus der »Jaguar«-Klasse. Aus »S 41« wurde »S 41 Tiger« usw. bis »S 60 Kranich«. Ursprünglich auch als »S 41«-Klasse bezeichnet, setzte sich jetzt nach und nach der Klassenname »Tiger«-Klasse durch.

Die »Tiger«-Klasse hatte, und das war neu im deutschen Schnellbootbau, einen Stahlrumpf und Leichtmetallaufbauten. Die Einheiten besaßen zwölf wasserdichte Abteilungen. Das Heck war als Spiegelheck ausgebildet. Der Glattdecksrumpf ging vorne in einen Schrägbug über. Das Deckshaus überspannte die gesamte Bootsbreite der 264 t großen Einheiten.

Der Antrieb erfolgte durch vier MTU Dieselmotoren. Mit ihrer Leistung von insgesamt 14.400 PS ermöglichten sie den Schnellbooten über vier Wellen eine Geschwindigkeit von 38 kn.

Die Hauptbewaffnung der »Tiger«-Klasse bestand aus zwei fest eingebauten Doppelstartern für den Schiff-Schiff-Flugkörper EXOCET MM 38. Als Rohrwaffen waren auf der Back ein 76-mm-Turm und auf der Schanz ein 40-mm-Geschütz eingerüstet. Modernste Radaranlagen, Passiv-Aktiv Link-System (PALIS) und OCTOPUS-Anlage für die elektronische Kampfführung (EloKa) befanden sich an Bord. Die »Tiger«-Klasse vereinigte kompakte Kampfkraft auf engstem Raum. Während ihrer Indiensthaltung wurde die »Tiger«-Klasse zudem mehrfach in ihrer Sensorik nachgerüstet und modernisiert.

Die zwanzig Schnellboote der Klasse 148 waren die ersten Flugkörperschnellboote der Bundesmarine respektive der Deutschen Marine. Sie bildeten das 3. und 5. Schnellbootgeschwader in Flensburg und Olpenitz.

Rund dreißig Jahre waren sie im ständigen Einsatz bei zahlreichen nationalen und NATO-Manövern und prägten mit das Bild der deutschen Seestreitkräfte im In- und Ausland. Flexibel und vielseitig einsetzbar waren sie optimale Einsatzmittel für die Randmeerkriegführung. So kamen sie überwiegend in den heimatnahen Gewässern der Ost- und Nordsee zum Einsatz. Im Mai und Juni 1996 führte ihr Weg aber auch erstmals in das Mittelmeer. Dabei eingeschlossen ein Hafenbesuch in Casablanca, was wiederum der erste Aufenthalt deutscher Schnellboote in Afrika seit dem Zweiten Weltkrieg war. Mit insgesamt neun Wochen war diese Fahrt des 3. Schnellbootgeschwaders auch die längste Auslandsreise von deutschen Schnellbooten.

In Bau, Bewaffnung und Einsatztaktik auf die Ostsee optimiert, war die »Tiger«-Klasse im Kalten Krieg die Antwort auf die Flugkörper-Schnellboote des Warschauer Paktes, der in der damaligen Zeit bei diesem Bootstyp eine Vorreiterrolle inne hatte. Neue und verbesserte Möglichkeiten bei den Sensoren und Effektoren der »Tiger«-Klasse führten zur Weiterentwicklung der Schnellbootstaktiken. Ihnen folgten bald die größeren und noch leistungsfähigeren Schnellboote der »Albatros«-Klasse,

Flugkörper-Schnellboote der »Tiger«-Klasse – Schiffsdaten	
Anzahl	20
Typbezeichnung	Klasse 148
Verdrängung	264 t
Länge x Breite x Tiefgang	47,00 x 7,02 x 2,66 m
Besatzungsstärke	30
Antrieb	4 x Dieselmotor
Antriebsleistung	4 x 3600 PS
Wellen / Ruder	4 / 2
Geschwindigkeit	38 kn
Fahrstrecke	545 sm bei 35 kn
Flugkörper	4 x Schiff-Schiff-Flugkörper EXOCET MM 38
Rohrwaffen	1 x 76-mm-Turm, 1 x 40-mm-Geschütz
Minen	Minenschienen
Radar	Seeraumüberwachungsradar, Feuerleitradar, Navigationsradar
Elektronik	Passiv-Aktiv Link-System, EloKa-Anlage, Navigations- und Fernmeldeanlagen

mit denen sie über lange Jahre parallel und sich gegenseitig ergänzend im Einsatz standen.
Am 15. Oktober 1992 begann mit »S 42 Iltis« die Ausmusterung der Boote, die sich über zehn Jahre bis zum 16. Dezember 2002 hinzog. In dieser Zeit gingen je sechs Boote an Chile und an Griechenland sowie fünf Boote an Ägypten. Die übrigen drei Boote wurden der Verwertung zugeführt bzw. für noch im Dienst befindliche Einheiten als Ersatzteillager genutzt.

Schnellboote der »Tiger«-Klasse – Baudaten und Verbleib							
Name	Bord-Nr.	Bauwerft	Kiellegung	Stapellauf	in Dienst	außer Dienst	Verbleib
»S 41 Tiger«	P 6141	CMN	11.10.71	27.09.72	30.10.72	24.09.98	Chile
»S 42 Iltis«	P 6142	CMN	02.02.72	12.12.72	08.01.73	15.10.92	Griechenland
»S 43 Luchs«	P 6143	CMN	23.03.72	07.03.73	09.04.73	27.08.98	Chile
»S 44 Marder«	P 6144	CMN	15.04.72	05.05.73	14.07.73	25.05.94	Griechenland
»S 45 Leopard«	P 6145	CMN	13.09.72	03.07.73	21.08.73	28.09.00	Griechenland
»S 46 Luchs«	P 6146	CMN / LW	10.03.72	21.05.73	17.10.73	16.12.02	Ägypten
»S 47 Jaguar«	P 6147	CMN	29.11.72	20.09.73	13.11.73	28.09.00	Griechenland
»S 48 Löwe«	P 6148	CMN / LW	10.07.72	10.09.73	09.01.74	16.12.02	Ägypten
»S 49 Wolf«	P 6149	CMN	23.01.73	11.01.74	26.02.74	27.08.97	Chile
»S 50 Panther«	P 6150	CMN / LW	30.09.72	10.12.73	27.03.74	22.09.02	Abbruch
»S 51 Häher«	P 6151	CMN	05.04.73	26.04.74	12.06.74	23.06.94	Griechenland
»S 52 Storch«	P 6152	CMN / LW	12.03.73	25.03.74	17.07.74	16.11.92	Griechenland
»S 53 Pelikan«	P 6153	CMN	11.09.73	04.07.74	24.09.74	23.06.94	Chile
»S 54 Elster«	P 6154	CMN / LW	29.06.73	08.07.74	14.11.74	27.08.97	Chile
»S 55 Alk«	P 6155	CMN	09.04.74	15.11.74	07.01.75	13.05.02	Ägypten
»S 56 Dommel«	P 6156	CMN / LW	13.12.73	30.10.74	12.02.75	16.12.02	Ägypten
»S 57 Weihe«	P 6157	CMN	02.07.74	13.02.75	03.04.75	16.12.02	Ägypten
»S 58 Pinguin«	P 6158	CMN / LW	11.03.74	26.02.75	22.05.75	28.06.02	Abbruch
»S 59 Reiher«	P 6159	CMN	08.11.74	15.05.75	24.06.75	27.01.02	Abbruch
»S 60 Kranich«	P 6160	CMN / LW	09.05.74	26.05.75	06.08.75	22.09.68	Chile
Bauwerften: CMN = Constructions Mècaniques de Normandie, Cherbourg, Frankreich, LW = Lürssen Werft, Vegesack							

Schnellboot »S 52 Storch«. (Foto: Deutscher Marinebund)

Schnellboot »S 53 Pelikan«. (Foto: Autor)

Schnellboot »S 55 Alk«. (Foto: Autor)

Die Achterschiffe der Schnellboote »S 51 Häher« (li) und »S 52 Storch« (re) mit der Flugkörperbewaffnung und dem 40-mm-Geschütz, wobei »S 51 Häher« nicht die volle Flugkörperbeladung an Bord hat. (Foto: Autor)

Schnellboot »Falke«. (Foto: Deutsche Marine)

7.6 »ALBATROS«-KLASSE

Mitte der 1960er Jahre begannen bei der Lürssen Werft in Vegesack die Entwicklungsarbeiten für die Schnellboote der Klasse 143. Diese Klasse, deren Planungsanfang bis nach 1962 zurückreicht, sollte jedoch einen recht langen Entstehungsgang haben, was in der jahrelangen Problembewältigung hinsichtlich der militärischen Forderungen, der Technik, der Bewaffnung und auch der Kosten begründet war. Erst im Juli 1972 konnte der Bauvertrag über zehn Einheiten abgeschlossen werden. Die ursprünglich einmal vorgesehene Stückzahl von 30 Booten war finanziell nicht zu verwirklichen.

Bis 1977 dauerte der Bau und der Zulauf der zehn Boote, die bei der Lürsen Werft und bei der Rendsburger Kröger Werft entstanden. Generalunternehmer war die damalige AEG-Telefunken und nicht eine der Bauwerften, was bei einer Kostenverteilung von 60 zu 40 bei Elektronik zu Schiffbau durchaus sinnvoll und naheliegend war.

Zusammen mit den Booten der »Tiger«-Klasse sollten die Einheiten mit der amtsinternen Bezeichnung »Flugkörper-Schnellboot Klasse 143« die »Jaguar«-Klasse ablösen. Der Zulauf des ersten Bootes erfolgte im April 1976. Im Dezember 1977 stellte das letzte Boot in Dienst. Analog zu der »Tiger«-Klasse hatten auch die Schnellboote der Klasse 143 zunächst nur die Bootsnummern »S 61« bis »S 70« als Namen zugeteilt und erhielten dann später die Namen ihrer Vorgängerboote als Zusatz. Die Boote werden deshalb auch als »Albatros«-Klasse bezeichnet.

Die »Albatros«-Klasse war mit 394 t Verdrängung wesentlich größer als ihre Vorgänger. Die Bootskörper waren wieder in der für den deutschen Schnellbootbau traditionellen und bewährten Kompositbauweise gefertigt. Auf Leichtmetallspanten bildeten widerstandsfähige Hölzer den Rumpf der Boote, der in elf wasserdichte Abteilungen unterteilt war.

Vier MTU Dieselmotoren von jeweils 4000 PS Leistung ermöglichten den Schnellbooten der »Albatros«-Klasse über vier Wellen eine Höchstgeschwindigkeit von 38 kn. Für geringe Fahrtstufen, wie sie zum Beispiel bei der Passage des Nord-Ost-Kanals erforderlich waren, konnten einzelne Zylinderreihen abgeschaltet werden.

Die Bewaffnung bestand aus zwei Doppelstartern für den Schiff-Schiff-Flugkörper EXOCET MM 38. An Rohrbewaffnung waren für die See- und Luftzielbekämpfung zwei 76-mm-Türme an Bord. Die Türme wurden, ebenso wie die Flugkörper, über die Waffenleitanlage eingesetzt, konnten aber auch über eine optische Richtsäule gesteuert werden. Mit den zwei nach achtern gerichteten 533-mm-Torpedorohren für den Einsatz von Drahtlenktorpedos des Typs DM 2A1 war auch die typische deutsche Schnellbootwaffe wieder an Bord eingerüstet.

Für die »Albatros«-Klasse wurde eigens die rechnergestützte AGIS-Anlage (Automatisches Gefechts- und Informationssystem für Schnellboote) entwickelt. Sie ermöglichte den Booten einen Lagebildaustausch untereinander und mit anderen entsprechend ausgestatteten Einheiten.

Als Waffenleitanlage war die WM 27 vorhanden, deren dazugehörige Radarantenne in dem kugelförmigen Radom auf dem Gittermast markantes äußeres Zeichen der Boote war. Mit dem später nachgerüsteten Düppelsystem WOLKE und dem Infrarotsystem HOT DOG hatten die Boote einen Schutz gegen anfliegende Flugkörper.

Die Boote der »Albatros«-Klasse, mit denen der Durchbruch zu einem waffentechnisch neuen Seekriegsmittel gelang, waren im 2. Schnellbootgeschwader in Olpenitz (später in Warnemünde) zusammengefasst. Von ihren Vorgängern übernahmen sie nicht nur die Bootsnamen, sondern auch die traditionellen Schnellbootaufgaben aus der Zeit des Kalten Krieges. Sie waren für die Küstenverteidigung und die Sperrung der Ostseezugänge optimiert und in Technik und Taktik ihrer Zeit voraus. In zahlreichen nationalen wie auch NATO-Manövern stellten sie ihre Fähigkeiten unter Beweis.

Nach der Jahrtausendwende kamen die Schnellboote auch in dem neuen strategischen Umfeld zum Einsatz. Fünf Boote gehörten zeitweise zu einem deutschen Einsatzverband in der Straße von Bab el-Mandeb am Südausgang des Roten Meeres. Wegen der großen Entfernung von etwa 3000 sm zu diesem Operationsgebiet wurden sie in zwei zivilen Dockschiffen ins Einsatzgebiet mit Hauptabstützpunkt in Djibouti überführt. Die Besatzungen folgten ihren Booten im Flugzeug.

Flugkörper-Schnellboote der »Albatros«-Klasse – Schiffsdaten	
Anzahl	10
Typbezeichnung	Klasse 143
Verdrängung	394 t
Länge x Breite x Tiefgang	57,49 x 8,08 x 2,57 m
Besatzungsstärke	40
Antrieb	4 x Dieselmotor
Antriebsleistung	4 x 4000 PS
Wellen / Ruder	4 / 2
Geschwindigkeit	38 kn
Fahrstrecke	658 sm bei 33 kn
Flugkörper	4 x Schiff-Schiff-Flugkörper EXOCET MM 38
Rohrwaffen	2 x 76-mm-Turm
Torpedorohre	2 x 533 mm
Radar	Seeraumüberwachungsradar, Feuerleitradar, Navigationsradar
Elektronik	AGIS-Anlage, Navigations- und Fernmeldeanlagen

Im Dezember 2004 begann jedoch mit »S 62 Falke« die Außerdienststellungsphase, die mit »S 69 Habicht« und »S 70 Kormoran« im Dezember 2005 endete. Lebensalter und die neuen operativen Erfordernisse der Deutschen Marine hatten die Boote eingeholt. Sechs Boote gingen an die tunesische Marine, zwei Boote erhielt die Marine von Ghana und zwei Boote wurden verwertet.

Schnellboote der »Albatros«-Klasse – Baudaten und Verbleib

Name	Bord-Nr.	Bauwerft	Kiellegung	Stapellauf	in Dienst	außer Dienst	Verbleib
»S 61 Albatros«	P 6111	LW	04.05.72	22.10.73	01.11.76	24.03.05	Ghana
»S 62 Falke«	P 6112	LW	25.10.72	21.03.74	13.04.76	16.12.04	Abbruch
»S 63 Geier«	P 6113	LW	14.02.73	18.09.74	02.06.76	29.09.05	Tunesien
»S 64 Bussard«	P 6114	LW	04.07.73	14.04.75	14.08.76	24.03.05	Ghana
»S 65 Sperber«	P 6115	KW	18.01.73	15.01.74	27.09.76	30.06.05	Tunesien
»S 666 Greif«	P 6116	LW	12.12.73	04.09.75	25.11.76	30.06.05	Tunesien
»S 67 Kondor«	P 6117	KW	19.06.73	06.03.75	17.12.76	16.12.04	Abbruch
»S 68 Seeadler«	P 6118	LW	12.06.74	17.11.75	28.03.77	29.09.05	Tunesien
»S 69 Habicht«	P 6119	KW	25.01.74	05.06.75	23.12.77	13.12.05	Tunesien
»S 70 Kormoran«	P 6120	LW	26.11.74	14.04.76	29.07.77	13.12.05	Tunesien
Bauwerften: LW = Lürssen Werft, Vegesack, KW = Kröger Werft; Rendsburg							

Das Schnellboot »S 61 Albatros« mit einem Schwesterboot bei hoher Fahrtstufe in Formationsfahrt. (Foto: Deutsche Marine)

Schnellboot »S 62 Falke«. (Foto: Deutsche Marine)

Das Schnellboot »S 69 Habicht« mit zwei Schwesterbooten auf der Kieler Förde. (Foto: US Navy)

Schnellboote der »Albatros«-Klasse an ihrem Liegeplatz im Marinestützpunkt Olpenitz. Rechts ist der Tender »Donau« zu sehen.
(Foto: Autor)

Schnellboote der »Albatros«-Klasse im Hafen von La Pallice / Frankreich. Links ist der Versorger »Meersburg« und rechts der Tender »Donau« zu sehen. Im Hintergrund der ehemalige U-Bootbunker der Kriegsmarine.
(Foto: Autor)

Das ehemalige Schnellboot »S 70 Kormoran« unter tunesischer Flagge als »Giscon«.
(Foto: Javier Bueno Iturbe / CC-BY-SA 3.0)

7.7 »GEPARD«-KLASSE

Mit dem Zulauf der Schnellboote der »Tiger«- und »Albatros«-Klasse war in der ersten Hälfte der 1970er Jahre die deutsche Schnellbootwaffe grundlegend modernisiert worden. Von den alten Booten der Anfangszeit blieben nur die zehn kampfwertgesteigerten Einheiten der »Zobel«-Klasse im Dienst. Doch auch die Notwendigkeit für ihren Ersatz zeichnete sich schon bald ab.

Zunächst plante die Bundesmarine in Zusammenarbeit mit den USA und Italien die Beschaffung von Tragflügelbooten. Als sich jedoch eine immense Kostensteigerung abzeichnete, musste das Vorhaben als nicht finanzierbar aufgegeben und zu den Akten gelegt werden. Statt dessen entschied man sich für einen modifizierten Nachbau der Klasse 143.

Da mit den in Dienst befindlichen Schnellbooten die Fähigkeit einer schnellen Minenverlegung nicht mehr vorhanden war, sollte die neu zu bauende Schnellbootklasse – sie erhielt die amtliche Bezeichnung Flugkörper-Schnellboot Klasse 143A – eine solche wieder aufweisen. Dafür musste man auf die Torpedobewaffnung, wie auf der Klasse 143 vorhanden, verzichten. Das damals neu in der Entwicklung befindliche Luftverteidigungssystem RAM (Rolling Airframe Missile) sollte an Stelle des achteren Turms eingebaut werden und damit erstmals Schnellbooten eine wirksame Abwehr von Flugzeugen und Flugkörpern ermöglichen. Weitere Verbesserungen gegenüber der Klasse 143 waren für die Elektronische Kampfführung die wesentlich stärkere EloKa-Anlage FL 1800 geplant. Durch veränderte Unterkünfte sollten die Lebensbedingungen an Bord verbessert werden.

Wie bei den Klassen 143 und 148 hatten auch die Schnellboote der Klasse 143A Bootsnamen, die sich aus der Bootsnummer und dem jeweiligen Namen des Vorgängerbootes zusammensetzten. Die Boote werden deshalb auch als »Gepard«-Klasse bezeichnet. Wie man heute weiß, aber was damals noch nicht absehbar war, bilden die Schnellboote der Klasse 143A den Abschluss des klassischen deutschen Schnellbootbaus.

Generalunternehmer für die zehn neuen Schnellboote wurde wieder die damalige AEG-Telefunken. Als Bauwerften wurden die Lürssen Werft in Vegesack und die Kröger Werft in Rendsburg vorgesehen. Mit der Kiellegung des ersten Bootes »S 71 Gepard« begann am 11. Juli 1979 der Bau der neuen Schnellboote. Mit der Indienststellung von »S 80 Hyäne« fand die Bauserie im November 1984 ihren Abschluss.

Die »Gepard«-Klasse war mit 397 t Verdrängung wesentlich größer als ihre Vorgänger, die Schnellboote der »Zobel«-Klasse. Der Bootskörper und die Antriebsanlage entsprachen im Wesentlichen der »Albatros«-Klasse.

Die Bewaffnung bestand aus zwei Doppelstartern für den Schiff-Schiff-Flugkörper EXOCET MM 38. An Rohrbewaffnung war auf der Back ein 76-mm-Turm eingerüstet. Er wurde, ebenso wie die Flugkörper, über die Waffenleitanlage eingesetzt. Ein RAM-Starter mit 21 Flugkörpern zur Abwehr von Flugobjekten im Nah- und Nächstbereich stand auf der Schanz. Ab Achterkante der Aufbauten lagen beidseitig auf dem Oberdeck Minenschienen.

Das besondere an den Booten war wieder das rechnergestützte Automatische Gefechts- und Informationssystem für Schnellboote (AGIS). Es ermöglichte den Booten einen Lagebildaustausch untereinander und mit anderen entsprechend ausgestatteten Einheiten.

Als Waffenleitanlage war die WM 27 vorhanden, deren dazugehörige Radarantenne in dem kugelförmigen Radom auf dem Gittermast markantes äußeres Zeichen der Boote war. Zur Elektronischen Kampfführung war die FL 1800-Anlage an Bord, die in einem breiten Frequenzbereich elektromagnetische Ausstrahlungen erfasst, analysiert und an den Zentralrechner weiterleitet. Neben dieser passiven Erfassung war die Anlage auch für aktive Gegenmaßnahmen geeignet. Mit dem Düppelsystem WOLKE und dem Infrarotsystem HOT DOG hatten die Boote einen Schutz gegen anfliegende Flugkörper.

Die Boote der »Gepard«-Klasse waren im 7. Schnellbootgeschwader in Kiel (später in Warnemünde) zusammengefasst. Sie waren für die Küstenverteidigung und die Sperrung der Ostseezugänge optimiert und wurden anfangs hauptsächlich in Küstennähe eingesetzt. Sie zeichneten sich besonders durch hohe Kampfkraft, Standfestigkeit und Schnelligkeit aus.

Flugkörper-Schnellboote der »Gepard«-Klasse – Schiffsdaten	
Anzahl	10
Typbezeichnung	Klasse 143A
Verdrängung	397 t
Länge x Breite x Tiefgang	57,52 x 7,76 x 2,19 m
Besatzungsstärke	34
Antrieb	4 x Dieselmotor
Antriebsleistung	4 x 4000 PS
Wellen / Ruder	4 / 2
Geschwindigkeit	38 kn
Fahrstrecke	591 sm bei 38 kn
Flugkörper	4 x Schiff-Schiff-Flugkörper EXOCET MM 38, 1 x Schiff-Luft-Flugkörpersystem RAM
Rohrwaffen	1 x 76-mm-Turm
Minen	Minenschienen
Radar	Seeraumüberwachungsradar, Feuerleitradar, Navigationsradar
Elektronik	AGIS-Anlage, EloKa-Anlage, Navigations- und Fernmeldeanlagen

In zahlreichen nationalen wie auch NATO-Manövern stellten sie ihre Fähigkeiten unter Beweis. Nach der Jahrtausendwende kamen die Schnellboote auch in dem neuen strategischen Umfeld zum Einsatz. Mit der Erweiterung des Einsatzgebietes zog es sie von der Ostsee in Richtung Mittelmeer und an das Horn von Afrika.

Im Marinestützpunkt Warnemünde ging am 16. November 2016 mit der Außerdienststellung der Schnellboote »S 75 Zobel«, »S 76 Frettchen« und »S 80 Hyäne« eine Ära endgültig zu Ende. Zugleich wurde auch das 7. und letzte noch existierende Schnellbootgeschwader der Deutschen Marine aufgelöst. Damit hatten sich nach 60 Jahren die Schnellboote aus dem Dienst der Deutschen Marine verabschiedet.

Von der Klasse 143A verblieb das Typboot »S 71 Gepard« als Museumsschiff im Deutschen Marinemuseum in Wilhelmshaven. Zwei Boote wurden verkauft und die übrigen Einheiten der »Gepard«-Klasse liegen noch in den Häfen des Marinearsenals als Auflieger – weiterer Verbleib nicht bekannt.

Schnellboote der »Gepard«-Klasse – Baudaten und Verbleib

Name	Bord-Nr.	Bauwerft	Kiellegung	Stapellauf	in Dienst	außer Dienst	Verbleib
»S 71 Gepard«	P 6121	LW	11.07.79	25.09.81	15.12.82	14.12.15	Museumsschiff
»S 72 Puma«	P 6122	LW	17.12.79	08.02.82	15.02.83	14.12.15	Auflieger
»S 73 Hermelin«	P 6123	KW	01.02.80	08.12.81	28.04.83	16.11.16	Auflieger
»S 74 Nerz«	P 6124	LW	24.07.80	18.08.82	14.07.83	31.03.12	Verkauf
»S 75 Zobel«	P 6125	KW	03.07.80	30.06.82	29.09.83	16.11.16	Auflieger
»S 76 Frettchen«	P 6126	LW	22.12.80	26.01.83	16.12.83	16.11.16	Auflieger
»S 77 Dachs«	P 6127	KW	09.03.81	14.12.82	22.03.84	31.03.12	Verkauf
»S 78 Ozelot«	P 6128	LW	25.06.81	07.06.83	25.05.84	18.12.14	Auflieger
»S 79 Wiesel«	P 6129	LW	05.10.81	08.08.83	12.07.84	14.12.15	Auflieger
»S 80 Hyäne«	P 6130	LW	07.12.81	05.10.83	13.11.84	16.11.16	Auflieger
Bauwerften: KW = Kröger Werft, Rendsburg, LW = Lürssen Werft, Vegesack							

Schnellboot »S 73 Hermelin« während eines UN-Einsatzes. (Foto: Deutsche Marine)

Schnellboot »S 75 Zobel«. (Foto: Autor)

Das Schnellboot »S 79 Wiesel« läuft hohe Fahrt. (Foto: Deutsche Marine)

Abb. links: Schnellboot »S 80 Hyäne«. (Foto: Autor)

8. WACHBOOTE

8.1 »KW 1«-KLASSE

Mit 1072 zugeteilten Baunummern, von denen allerdings nur 612 Einheiten tatsächlich fertig wurden, ist der Kriegsfischkutter (KFK) die weltweit größte Schiffbauserie. Das außerordentlich robuste, seetüchtige und für die Nord- und Ostsee optimierte Fischereifahrzeug kam nach Kriegsausbruch dann aber bei der Kriegsmarine zum Einsatz. Auf fast allen Seekriegsschauplätzen fanden KFK als Hafenschutz- und Vorpostenboote, Minensuchboote, Geleitfahrzeuge und U-Jäger Verwendung. Fast 450 Boote erhielten die Siegermächte 1945 als Kriegsbeute zugesprochen. Ein Großteil dieser Einheiten kam dann in ihrem ursprünglich zugedachten Verwendungszweck als Fischkutter zum Einsatz. Während die Sowjetunion sie für den Eigenbedarf nutzte, vercharterten Amerikaner und Briten ihre KFK an deutsche Fischer. Weiterhin räumten KFK bei der German Minesweeping Administration (GMSA) Minen und gingen nach deren Auflösung dann ebenfalls in die Fischerei oder an anderweitige Interessenten. Noch in den 1960er Jahren fuhren nachweislich ehemalige KFK in der Berufsfischerei zur See. Auch heute sind noch etliche KFK zu den unterschiedlichsten Verwendungen in Gebrauch. Sie dienen als Yachten, Angelkutter oder sind in gewerblicher Nutzung.

In der zweiten Jahreshälfte 1951 kaufte der damals gegründete und im Aufbau befindliche Seegrenzschutz aus Privathand acht ehemalige KFK, teilweise noch als unfertige Rümpfe. Im Juli 1952 folgte ein zweiter Ankauf von 15 Booten aus britischem Besitz. Nach umfangreichen Umbauten wurden zwischen Januar 1952 und Mai 1953 zehn Einheiten als sogenannte Kleine Wachboote unter den Namen »W 1« bis »W 3« und »W 13« bis »W 19« in Dienst gestellt. Während »W 19« als Schulboot genutzt wurde, waren die übrigen neun Boote zur Ersten Wachbootflottille im Seegrenzschutzverband I in Neustadt / Holstein zusammengefasst. Ein weiteres Boot, die »Nordwind«, kam als Segelketsch getakelt für Schul- und Ausbildungszwecke zum Einsatz. Am 22. November 1951 in Dienst gestellt, war sie zugleich das erste Seefahrzeug des Seegrenzschutzes. Die übrigen zwölf Boote wurden zunächst im ehemaligen Marinehafen Kiel-Wik aufgelegt, später jedoch an Privatpersonen und in die Fischerei verkauft.

Der Umbau der Kleinen Wachboote erfolgte nach einem einheitlichen Plan. Decksaufbau und Brücke wurden entscheidend verändert und das vordere Geschützpodest wurde durch einen runden Aufbau ersetzt, der Waschraum, WCs und Lasten enthielt. Als Antrieb besaßen die KFK einen Dieselmotor von 137 PS, der eine Geschwindigkeit von 9 kn ermöglichte. Die Boote waren zunächst aus politischen, besatzungsrechtlichen und beschaffungstechnischen Gründen unbewaffnet. Erst im Sommer 1955 kamen die ersten 20-mm-Geschütze an Bord.

Die zehn beim Seegrenzschutz im Dienst befindlichen Kleinen Wachboote wurden im Juli 1956 in die neugegründete Bundesmarine übernommen und als Küstenwachboot Klasse 368 weiter verwendet. Sie erhielten die Bootsnamen »KW 1« bis »KW 10« und die Bord-Nummern W 1 bis W 10. Als Wachboote im Hafenschutzgeschwader und Küstenwachgeschwader sowie als Schul- und Ausbildungsboote kamen die Einheiten zum Einsatz. Die ebenfalls übernommene »Nordwind« fand wieder als Schulboot Verwendung.

In den ersten konzeptionellen Vorstellungen der Bundesmarine waren einmal insgesamt 35 KFK vorgesehen. Doch dazu kam es nicht. Im Gegenteil: Im August 1963 gingen die Küstenwachboote außer Dienst. »KW 3« war danach nochmals als Schulboot und dann ab November 1965 als Radarmessboot im Marinearsenal Wilhelmshaven im Einsatz. Dort stellte das Boot am 22. Mai 1990 endgültig außer Dienst und wurde verkauft. Zwei weitere KFK gingen bereits 1968 und 1976 durch Verkauf in Privathand über. Die griechische Marine erhielt 1967 zunächst eins und 1975 nochmals zwei weitere Boote. Vier Einheiten verschlug das Schicksal 1964 nach Tansania. Die »Nordwind« blieb bei der Bundesmarine weiterhin als Schulboot in Verwendung.

Küstenwachboote der »KW 1«-Klasse	
Anzahl	10
Typbezeichnung	Klasse 368
Verdrängung	112 t
Länge x Breite x Tiefgang	22,30 x 6,40 x 2,75 m
Besatzungsstärke	16
Antrieb	1 x Dieselmotor
Antriebsleistung	1 x 137 PS
Wellen / Ruder	1 / 1
Geschwindigkeit	9 kn
Fahrstrecke	1200 sm bei 7 kn
Rohrwaffen	1 x 20-mm-Geschütz
Elektronik	Radar, Navigations- und Fernmeldeanlagen

Küstenwachboot »KW 2« noch ohne Bewaffnung. (Foto: Deutsche Marine)

Küstenwachboot »KW 4« und ein nicht identifiziertes Schwesterboot im Hintergrund. (Foto: Deutsche Marine)

Küstenwachboot »KW 8«. (Foto: Deutscher Marinebund)

9. MINENSUCHBOOTE, MINENJAGDBOOTE, MINENLEGER UND MINENTRANSPORTER

9.1 »SEELÖWE«-KLASSE

Aufbauend auf dem bewährten M-Boot Typ 16 der Kaiserlichen Marine entstand mit dem Amtsentwurf 1935 eine neue Klasse, das Minensuchboot 1935 (M 35). Insgesamt waren 260 Boote vorgesehen. Zur tatsächlichen Ablieferung kamen aber lediglich 69 Boote, die, auf zehn Werften gebaut, vom September 1938 bis Juni 1943 in Dienst gestellt wurden.

Grund für die reduzierte Ausführung des Bauprogramms war der aufwendige und teure Bau, die damit zusammenhängende lange Bauzeit von 430.000 Arbeitsstunden pro Boot, die hohen Leistungsanforderungen an das Maschinenpersonal mit den damit verbundenen langen Ausbildungszeiten, die einsetzenden kriegsbedingten Material-, Personal- und Versorgungsschwierigkeiten sowie die angespannte Lage in der Beschaffung von Öl.

Abhilfe wurde mit der Entwicklung des weniger komplizierten Typs M 40 erreicht, dessen Antriebsanlage wieder mit heimischer Kohle befeuert wurde und der auch von kleineren Werften recht schnell gebaut werden konnte.

In Dienst gestellt wurden 131 Boote, die von 1942 bis 1944 zuliefen. Insgesamt 240 Einheiten waren geplant. Während ihres Baus erfolgte die Entwicklung des veränderten und etwas größeren Typs M 43. Von dieser Bauserie stellten in den Jahren 1944 / 1945 nur noch 17 Boote in Dienst. Von den 148 gebauten Einheiten der Typen M 40 und M 43 gingen kriegsbedingt 66 in Verlust.

Nach Kriegsende fielen die überlebenden Minensuchboote als Kriegsbeute an die alliierten Siegermächte. Einige dieser Einheiten fanden in der German Minesweeping Administration (GMSA) und anschließend bei der Labor Service Unit (B) (LSU (B)) weitere Verwendung.

Mit Aufstellung der Bundesmarine setzten insgesamt sechs aus der LSU (B) übernommene Minensuchboote des Typs M 40 und des modifizierten Typs M 43 wieder die deutsche Flagge. Sie erhielten Namen von Meerestieren und die amtsinterne Bezeichnung Minensuchboot Klasse 319.

Die als Stahlschiffe mit Leichtmetallaufbauten ausgelegten hochseefähigen Minensucher verdrängten 775 t bzw. 821 t und hatten zwölf Abteilungen.

Zwei schiebergesteuerte Dreizylinder-Dampfkolbenexpansionsmaschinen (900 PS) mit angehängter Abdampfturbine (450 PS) verliehen ihnen eine Geschwindigkeit von 17 kn. Eine Hilfskesselanlage diente zur Beheizung des Bootes. Die elektrische Energie wurde über Dieselgeneratoren erzeugt. Die später in der Bundesmarine angestellten Überlegungen zur Umstellung auf Ölfeuerung wurden jedoch ebenso wenig realisiert wie die angedachte Umrüstung des Antriebs auf Dieselmotoren.

Bei der Übernahme waren die Minensuchboote zunächst noch unbewaffnet. Sie wurden dann nach und nach mit Rohrwaffen ausgerüstet, deren Feuerleitung durch optische Messgeräte erfolgte. Die Boote hatten eine MES-Anlage (Magneteigenschutz) und Minenräumgeräte.

Die elektronische Ausrüstung war zeitgemäß noch recht spärlich. Vorhanden waren Radar, Funkpeiler und Fernmeldeanlagen. An Großgerät waren eine Motorpinasse und ein Kutter an Bord.

Als »Seelöwe«-Klasse bildeten die sechs im Juli und August 1956 in Dienst gestellten Minensucher in Bremerhaven das 2. Hochseeminensuchgeschwader, das Ende November dann in 2. Minensuchgeschwader umbenannt und nach Wilhelmshaven verlegt wurde. Die Boote »Seehund« (ex »M 388«), »Seeigel« (ex »M 460«), »Seelöwe« (ex »M 441«), »Seepferd« (ex »M 294), und »Seestern« (ex »M 278«) waren Boote des Typs M 40. Die »Seeschlange« (ex »M 611«) gehörte zur Bauserie M 43.

Die Bundesmarine nutzte die »Seelöwe«-Klasse zum Freiräumen der noch aus dem Krieg verminten Seewege sowie zur Ausbildung von den zukünftigen Besatzungen der neu entwickelten, in großer Anzahl geplanten und schon recht bald im Zulauf befindlichen Minensuchboote.

Bereits im April 1957 konnte das 2. Minensuchgeschwader einsatzfähig der NATO unterstellt werden. Des Weiteren waren die Boote der »Seelöwe«-Klasse Teilnehmer an zahlreichen nationalen wie auch NATO-Manövern. Anfang 1959 machten die Boote als Kadettenschulschiffe eine Ausbildungsfahrt in das Mittelmeer.

Nach den Außerdienststellungen im Januar und Februar 1960 erfolgte der Umbau zu Wohnbooten und für einige Jahre noch eine entsprechende Weiterverwendung. Die »Seeschlange« diente dann ab 1967 den Marinefliegern nochmals als stationäres Zielschiff. Schrottreif geschossen, wurde sie anschließend zum Abbruch verkauft. Der »Seeigel« wurde 1965 zur »Torpedoklarmachstelle II« umfunktioniert. Ohne Antriebsanlage, mit abgebauter Brücke und entferntem Schornstein konnte das Boot nur noch im Schlepp zum Einsatzort gebracht werden. Im Sommer 1967 kam dann auch hier das Aus. Nach endgültiger Aussonderung wurde die »Seelöwe«-Klasse, die letzten mit Kohle befeuerten Schiffe der Marine, ab Ende der 1960er Jahre nach und nach zur Verschrottung verkauft.

Minensuchboote der »Seelöwe«-Klasse

	Typ M 40	Typ M 43
Bootsnamen	»Seehund«, »Seeigel«, »Seelöwe«, »Seepferd«, »Seestern«	»Seeschlange«
Typbezeichnung	Klasse 319	Klasse 319
Verdrängung	775 t	821 t
Länge x Breite x Tiefgang	62,30 x 8,50 x 2,63 m	68,27 x 9,00 x 2,68 m
Besatzungsstärke	70	80
Antrieb	2 x Dampfmaschine	2 x Dampfmaschine
Antriebsleistung	2 x 900 PS, 2 x 450 PS	2 x 900 PS, 2 x 450 PS
Wellen / Ruder	2 / 1	2 / 1
Geschwindigkeit	17 kn	17 kn
Fahrstrecke	4000 sm bei 10 kn	3600 sm bei 11 kn
Rohrwaffen	1 x 76-mm-Geschütz, 2 x 40-mm-Zwillings-Geschütz, 4 x 20-mm-Geschütz	1 x 76-mm-Geschütz, 2 x 40-mm-Zwillings-Geschütz, 4 x 20-mm-Geschütz
Elektronik	Radar, Navigations- und Fernmeldeanlagen	Radar, Navigations- und Fernmeldeanlagen

Minensuchboot »Seehund«. (Foto: Deutsche Marine)

Das Minensuchboot »Seeigel« mit seiner alten Kennzeichnung SE. (Foto: Deutscher Marinebund)

Minensuchboot »Seehund«			
Bord-Nr.	SH, M 187		
Bauwerft	Elsflether Werft, Elsfleth		
Baudaten	Kiellegung	Stapellauf	in Dienst
	?	22.04.44	22.07.44 17.07.56
Verbleib	am 04.01.60 außer Dienst gestellt, Verwendung als Wohnboot »WBM V«, ab 1968 Zielschiff, 1975 Abbruch		

Minensuchboot »Seelöwe«			
Bord-Nr.	SL, M 189		
Bauwerft	F. Smitt, Rotterdam, Niederlande		
Baudaten	Kiellegung	Stapellauf	in Dienst
	?	19.06.42	26.11.42 17.07.56
Verbleib	am 04.01.60 außer Dienst gestellt, Verwendung als Wohnboot »WBM III«, 1970 Abbruch		

Minensuchboot »Seeigel«			
Bord-Nr.	SE, M 188		
Bauwerft	Nederlandsche Dok. Mij., Amsterdam, Niederlande		
Baudaten	Kiellegung	Stapellauf	in Dienst
	?	27.07.42	06.02.43 30.08.56
Verbleib	am 28.01.60 außer Dienst gestellt, Verwendung als Wohnboot »WBM II«, 1965 Umbau zur »Torpedoklarmachstelle II«, 1984 Abbruch		

Minensuchboot »Seepferd«			
Bord-Nr.	SP, M 190		
Bauwerft	Lindenau Werft, Memel		
Baudaten	Kiellegung	Stapellauf	in Dienst
	?	04.03.44	28.08.44 30.08.56
Verbleib	am 10.02.60 außer Dienst gestellt, Verwendung als Wohnboot »WBM VI«, 1966 Abbruch		

Minensuchboot »Seestern«			
Bord-Nr.	ST, M 192		
Bauwerft	Rickmers Werft, Wesermünde		
Baudaten	Kiellegung	Stapellauf	in Dienst
	?	25.01.44	20.04.44 15.08.56
Verbleib	am 14.01.60 außer Dienst gestellt, Verwendung als Wohnboot »WBM I«, Ende 1960er Jahre Abbruch		

Minensuchboot »Seestern«. (Foto: Deutscher Marinebund)

Minensuchboot »Seeschlange«			
Bord-Nr.	SG, M 191		
Bauwerft	AG Neptun, Rostock		
Baudaten	Kiellegung	Stapellauf	in Dienst
	?	12.03.45	(*) 15.08.56
Verbleib	am 13.02.60 außer Dienst gestellt, Verwendung als Wohnboot »WBM IV«, 1967 stationäres Zielschiff, danach Abbruch		
Anmerkung	(*) 1945 unfertig nach Westen geschleppt, für die GMSA fertig gebaut und in Dienst gestellt		

Das Minensuchboot »Seeschlange«, hier noch mit alter Kennzeichnung SG, war in dem Sextett das einzige Boot des Typs M 43. (Foto: Deutscher Marinebund)

9.2 »CAPELLA«- UND »ALDEBARAN«-KLASSE

Die ersten Minensuchboote der Bundesmarine waren 26 ehemalige Räumboote der Kriegsmarine. Nach dem Krieg gelangten die auf der Werft Abeking & Rasmussen in Lemwerder gebauten Einheiten zu der unter englischem Kommando stehenden German Minesweeping Administration (GMSA) und später zur amerikanischen Labor Service Unit (B) (LSU (B)), aus der sie, zum Teil mit den Besatzungen, sozusagen im fliegenden Wechsel, übernommen wurden und amtsintern die Bezeichnung Schnelles Minensuchboot Klasse 359 erhielten. Die Namensgebung der Boote erfolgte nach Planeten, Sternen und Sternbildern. Von Anfang an als Zwischenlösung gedacht, blieben sie bis in die frühen 1960er Jahre im Dienst.
Die übernommenen Räumboote waren Holzbauten mit Leichtmetallspanten. Sie unterschieden sich geringfügig in ihren Abmessungen und verdrängten 155 t bzw. 130 t. Der Rumpf war in acht bei einigen Booten in neun Abteilungen unterteilt. Sie hatten ein durchlaufendes Oberdeck und kleine Aufbauten.
Der Antrieb erfolgte durch zwei MAN Dieselmotoren von jeweils 900 PS. Als Vortrieb waren zwei Voith-Schneider-Propeller vorhanden. Damit erreichten die Boote eine Geschwindigkeit von 20 kn und waren äußerst manövrierfähig und wendig. Auf der Back war ein 20-mm-Geschütz eingerüstet. Einige Boote hatten hinter den Aufbauten ein zweites Geschütz. Auf dem Achterschiff befand sich das Minensuchgerät.
Die Räumboote respektive die Schnellen Minensuchboote stellten mit jeweils zehn Einheiten als »Capella«-Klasse im 1. Minensuchgeschwader (Flensburg) und als »Aldebaran«-Klasse im 3. Minensuchgeschwader (Cuxhaven, dann Wilhelmshaven, später Kiel) in der Zeit von Juni bis November 1956 in Dienst.
Die sechs übrigen übernommenen Boote wurden zunächst zu Ausbildungszwecken als Schulboote bei Marineschulen verwendet. Dabei handelt es sich um die Boote »UW 4« (ex »R 101«), »UW 5« (ex »R 150«), »UW 6« (ex »R 408«), »OT 1« (ex »R 406«), »AT 1« (ex »R 266«) und »AT 2« (ex »R 407«). »UW 4« bis »UW 6« waren im Einsatz bei der damaligen Unterwasserwaffenschule, »OT 1« bei der Marineortungsschule und die beiden übrigen dienten bei der Marineartillerieschule. Alle stellten bis Mitte der 1960er Jahre in diesen Funktionen nach und nach außer Dienst und hatten bis zu ihrem Abbruch teilweise noch weitere höchst unterschiedliche Verwendungen wie zum Beispiel als Ausbildungshulk bei der Schiffssicherungslehrgruppe, als Zielobjekt für die Marineflieger oder als Vereinsheim bei Marinekameradschaften.
Doch zurück zu den Schnellen Minensuchbooten. Beide Minensuchgeschwader konnten bereits vollständig einsatzbereit im April bzw. im Juli 1957 der NATO unterstellt werden. Die Boote waren in der Folgezeit in der westlichen Ostsee im ständigen Minenräumeinsatz, um die Hinterlassenschaften des Zweiten Weltkriegs zu beseitigen und die Seewege wieder sicher zu machen. Weiterhin waren sie Teilnehmer von zahlreichen nationalen wie auch NATO-Manövern. Zudem wurden auf ihnen die Besatzungen ausgebildet, welche die zahlreich im Zulauf befindlichen Neubauten von Minensuchbooten besetzen sollten.
Ab Februar 1959 begannen aber auch schon sukzessive die Außerdienststellungen, die sich bis Mitte 1963 hinzogen. Ihre Nachfolger wurden mit gleichen Bootsnamen die Schnellen Minensuchboote der »Schütze«-Klasse. Das weitere Schicksal der Boote ist von recht unterschiedlicher Natur. Einige fanden anschließend als Schulboote, Versuchs- und Erprobungsfahrzeuge der unterschiedlichsten Art sowie als Wohnboote eine vorübergehende Weiterverwendung und retteten sich so bis in die Mitte der 1970er Jahre hinüber. Ein Teil wurde von Marinekameradschaften als Heimschiffe erworben und wieder andere gingen gleich den Weg der Verwertung.
So weit sich dies verfolgen lässt, sind die ehemaligen Räumboote wohl bis Mitte der 1980er Jahre alle abgebrochen worden. Bevor es so weit war, machte das als Auflieger noch vorhandene ehemalige Schulboot »UW 5« noch mal schnell Karriere im Film. Es diente in den Jahren 1983 / 1984 als Komparse bei der Verfilmung von Siegfried Lenz´s Erzählung »Ein Kriegsende«. Vermutlich war dieses Boot, wenn man von den Heimschiffen der Marinekameradschaften absieht, das letzte noch übrig gebliebene Exemplar der rund 300 einst von der Kriegsmarine beauftragten Räumboote.

Schnelle Minensuchboote der »Capella«- und »Aldebaran«-Klasse – Schiffsdaten		
Klasse	»Capella«	»Aldebaran«
Anzahl	10	10
Typbezeichnung	Klasse 359	Klasse 359
Verdrängung	155 t	130 t
Länge x Breite x Tiefgang	41,05 x 5,72 x 1,60 m	38,68 x 5,62 x 1,50 m
Besatzungsstärke	28	28
Antrieb	2 x Dieselmotor	2 x Dieselmotor
Antriebsleistung	2 x 900 PS	2 x 900 PS
Wellen / Ruder	2 x Voith-Schneider-Propeller	2 x Voith-Schneider-Propeller
Geschwindigkeit	20 kn	20 kn
Fahrstrecke	900 sm bei 15 kn	900 sm bei 15 kn
Rohrwaffen	2 x 20-mm-Geschütz	2 x 20-mm-Geschütz
Elektronik	Radar, Navigations- und Fernmeldeanlagen	Radar, Navigations- und Fernmeldeanlagen
Ausrüstung	Minenräumgerät	Minenräumgerät

Schnelles Minensuchboot »Castor«. (Foto: Deutscher Marinebund)

Das Schnelle Minensuchboot »Pegasus« in seiner späteren Verwendung als Wohnboot »WBR VI«. (Foto: Deutsche Marine)

Schnelles Minensuchboot »Rigel«. (Foto: Deutscher Marinebund)

Schnelle Minensuchboote der »Capella«-Klasse – Baudaten					
Name	Bord-Nr.	ehemaliges Räumboot	in Dienst	in Dienst	außer Dienst
»Capella«	M 1050	»R 133«	14.01.44	19.06.56	20.02.59
»Castor«	M 1051	»R 138«	06.04.44	19.06.56	23.02.62
»Mars«	M 1052	»R 136«	23.02.44	19.06.56	20.02.59
»Orion«	M 1053	»R 132«	10.01.44	05.06.56	19.01.62
»Pollux«	M 1054	»R 140«	25.05.44	19.06.56	20.02.62
»Regulus«	M 1055	»R 142«	16.06.44	31.07.56	16.01.64
»Rigel«	M 1056	»R 135«	08.02.44	05.06.56	08.12.61
»Saturn«	M 1057	»R 146«	10.08.44	31.07.56	28.09.62
»Sirius«	M 1058	»R 144«	30.06.44	05.06.56	20.02.59
»Spica«	M 1059	»R 147«	09.09.44	31.07.56	20.02.59
Anmerkung: Kiellegung- und Stapellaufdatum nicht bekannt Verbleib: siehe Angaben im Text					

Schnelle Minensuchboote der »Aldebaran«-Klasse – Baudaten					
Name	Bord-Nr.	ehemaliges Räumboot	in Dienst	in Dienst	außer Dienst
»Aldebaran«	M 1060	»R 91«	31.12.41	15.11.56	31.03.70
»Algol«	M 1061	»R 99«	09.04.42	30.10.56	28.04.61
»Arkturus«	M 1062	»R 128«	10.07.43	15.11.56	31.05.63
»Atair«	M 1063	»R 76«	26.06.41	30.10.56	13.04.60
»Deneb«	M 1064	»R 127«	02.07.43	30.11.56	28.07.61
»Jupiter«	M 1065	»R 137«	27.03.44	31.07.56	20.02.59
»Merkur«	M 1066	»R 134«	25.01.44	05.06.56	31.10.68
»Pegasus«	M 1067	»R 68«	19.03.41	15.11.56	28.04.61
»Skorpion«	M 1068	»R 120«	16.02.43	15.11.56	03.08.62
»Wega«	M 1069	»R 67«	06.03.41	30.10.56	02.03.62
Anmerkung: Kiellegung- und Stapellaufdatum nicht bekannt Verbleib: siehe Angaben im Text					

Schnelles Minensuchboot »Wega«. (Foto: Deutsche Marine)

Die Schnellen Minensuchboote »Algol« und »Atair« sowie ein drittes unbekanntes Boot im Päckchen liegend (v.l.n.r). Im Hintergrund passiert das Küstenminensuchboot »Göttingen«. (Foto: Deutscher Marinebund)

9.3 »LINDAU«-KLASSE

Die 18 Küstenminensuchboote der »Lindau«-Klasse waren eine Neuentwicklung und sollten im erweiterten Küstenvorfeld in der Nordsee zum Einsatz kommen. Der Entwurf und der Bau der Einheiten als deutscher modifizierter Typ der amerikanischen »Bluebird«-Klasse, damals der Standardtyp in der NATO für Minensuchboote, erfolgte auf der Burmester Werft in Bremen-Burg. Die Boote gingen zwischen 1958 und 1960 in Dienst und erhielten die Namen deutscher Städte sowie die amtsinterne Bezeichnung Küstenminensuchboot Klasse 320.

Um ein möglichst geringes Eigenmagnetfeld zu erzeugen, waren die Bootskörper der »Lindau«-Klasse gänzlich aus Holz gebaut und ausschließlich verleimt. Der Rumpf bestand aus zwei Lagen von Mahagoni und einer Zwischenlage von Teak. Unter der Wasserlinie gab es zum Schutz des Bootskörpers eine vierte Außenlage aus Eiche. Charakteristisch für die Boote war ihr hoher Rumpf mit Schrägbug und die erhöhte, sich bis in die Schiffsmitte hinziehende Back. Ein kurzer Vierbeinmast mit hoher Stenge diente als Antennenträger für Radar und die Fernmeldeanlagen.

Bei den Seeerprobungen der ersten Boote zeigten sich jedoch Stabilitätsprobleme, die man durch den Abbau des obersten Brückendecks beheben konnte. Die nachfolgenden Einheiten erhielten von Anfang an entsprechend modifizierte Brückenaufbauten. Außerdem mussten alle Boote um etwa 2 m verlängert werden, da sich nach den ersten praktischen Erfahrungen achtern das Arbeitsdeck als zu klein erwies.

Die Boote waren war ursprünglich in neun und dann nach der Verlängerung in zehn wasserdichte Abteilungen unterteilt. Sie hatten 402 t an Verdrängung, die sich nach den späteren Umbauten zu Minenjagdbooten und Hohlstablenkbooten auf 488 t bzw. 474 t erhöhte.

Zwei Maybach Dieselmotoren mit jeweils 2000 PS Leistung verliehen den Booten eine Geschwindigkeit von 17 kn. Der Vortrieb erfolgte über zwei Wellen.

Die Bewaffnung war auf reine Selbstverteidigung ausgelegt. Auf der Back stand ein 40-mm-Geschütz. Als Führungsmittel waren Radar sowie Navigations- und Fernmeldeanlagen an Bord.

Die Stationierung der Küstenminensuchboote erfolgte in Cuxhaven im 8. Minensuchgeschwader sowie im 4. und 6. Minensuchgeschwader in Wilhelmshaven. Ab Juli 1963 waren alle Boote in den beiden Wilhelmshavener Geschwader zusammengefasst. Durch administrative Umgliederungen änderte sich mehrmals die Geschwaderzugehörigkeit der einzelnen Boote.

In den Jahren 1968 bis 1972 erfolgte zunächst nur für »Fulda« und »Flensburg« der Umbau zum Minenjagdboot Klasse 331A. Zwischen 1975 und 1979 wurden dann nochmals zehn weitere Boote der »Lindau«-Klasse zu Minenjagdbooten Klasse 331B umgerüstet. Dabei erhielten »Fulda« und »Flensburg« einen klappbaren zusätzlichen Schottelantrieb. Die übrigen Minenjagdboote hatten an Stelle dessen für die im Minenjagdbetrieb notwendige Schleichfahrt technische Einrichtungen an den Wellen erhalten.

Weiterhin wurden die Minenjagdboote zum Aufspüren, Identifizieren und Vernichten von Minen mit einem Minenjagdsonar und zwei drahtgelenkten Minenjagddrohnen des Typs PAP 104 ausgerüstet. Eine hochpräzise Navigationsanlage ermöglichte die exakte Positionsbestimmung. Außerdem kamen speziell ausgebildete Minentaucher an Bord.

Bei den übrigen Booten der »Lindau«-Klasse erfolgte von 1979 bis 1982 eine Umrüstung zum Hohlstablenkboot Klasse 351. Jedem Boot wurden drei sogenannte Hohlstabfernräumgeräte vom Typ »Seehund« zugeordnet, weshalb auch oft die Bezeichnung Minenabwehrsystem TROIKA benutzt wurde. Die im Räumeinsatz ferngelenkten und nur in den Transitphasen mit zwei Personen bemannten »Seehunde« hatten eine bootsähnliche Ausführung, waren äußerst schockfest gebaut und konnten als Simulationsräumgeräte Magnet- und akustische Minen räumen. Ein Teil des bisherigen mechanischen Minenräumgerätes blieb, im Gegensatz zu den Minenjagdbooten, nach dieser Umbaumaßnahme weiterhin an Bord.

Bei beiden neuen Verfahren hat sich die Gefährdung von Boot und Besatzung reduziert, da die Minen bereits im Vorausbereich geortet werden konnten und das Boot nicht über das Minenfeld fahren musste.

Mit dem Zulauf der neu entwickelten stählernen Minenabwehrfahrzeugen der »Frankenthal«- und »Hameln«-Klasse be-

Küstenminensuchboote der »Lindau«-Klasse	
Anzahl	18
Typbezeichnung	Klasse 320, Klasse 331A/B, Klasse 351
Verdrängung	402 t, 488 t (*), 474 t (*)
Länge x Breite x Tiefgang	47,10 x 8,30 x 2,70 m
Besatzungsstärke	45
Antrieb	2 x Dieselmotor
Antriebsleistung	2 x 2000 PS
Wellen / Ruder	2 / 2
Geschwindigkeit	17 kn
Fahrstrecke	1950 sm bei 12 kn
Rohrwaffen	1 x 40-mm-Geschütz
Elektronik	siehe Angaben im Text
Ausrüstung	siehe Angaben im Text
Anmerkung	(*) nach den Umbauten

gannen ab 1991 die Außerdienststellungen bei der »Lindau«-Klasse, die sich bis in das Jahr 2000 hinzogen.
Im Rahmen von Militärhilfe gingen Boote an Südafrika und in die drei baltischen Staaten. Georgien ließ ein Boot für die Küstenwache umbauen. Das ehemalige Minenjagdboot »Flensburg« wurde unter dem Namen »Mienchen« schwimmender Jugendtreff in Duisburg-Ruhrort, was aber mittlerweile nicht mehr der Fall ist. Der weitere Verbleib ist nicht bekannt. Als Museumsschiff im Deutschen Marinemuseum in Wilhelmshaven ist seit Juli 1997 das Minenjagdboot »Weilheim« in seinem letzten Ausrüstungszustand für die Öffentlichkeit zugänglich. Die restlichen Einheiten wurden verkauft – Verbleib unbekannt.

Abb. rechts: Am Beispiel der »Göttingen« ist hier die ursprüngliche und später wieder rückgebaute Brückenform der ersten Küstenminensuchboote der »Lindau«-Klasse zu sehen. (Foto: Deutscher Marinebund)

Küstenminensuchboot »Göttingen«. (Foto: Deutscher Marinebund)

Küstenminensuchboot »Minden«. (Foto: Deutscher Marinebund)

Küstenminensuchboote der »Lindau«-Klasse – Baudaten und Verbleib						
Name	Bord-Nr.	U	Stapellauf	in Dienst	außer Dienst	Verbleib
»Göttingen«	M 1070	331	01.04.57	31.05.58	11.09.97	Lettland
»Koblenz«	M 1071	331	06.05.57	08.07.58	22.06.99	Litauen
»Lindau«	M 1072	331	16.02.57	24.04.58	19.10.00	Estland
»Schleswig«	M 1073	351	02.10.57	30.10.58	29.06.00	Südafrika
»Tübingen«	M 1074	331	12.08.57	25.09.58	26.06.97	Verkauf
»Wetzlar«	M 1075	331	24.06.57	20.08.58	30.06.95	Verkauf
»Paderborn«	M 1076	351	05.12.57	16.12.58	30.06.00	Südafrika
»Weilheim«	M 1077	331	04.02.58	28.01.59	30.06.95	Museumsschiff
»Cuxhaven«	M 1078	331	11.03.58	11.03.59	08.02.00	Estland
»Düren«	M 1079	351	12.06.58	22.04.59	29.06.00	Südafrika
»Marburg«	M 1080	331	04.08.58	11.06.59	25.05.00	Litauen
»Konstanz«	M 1081	351	30.09.58	23.07.59	29.06.00	Südafrika
»Wolfsburg«	M 1082	351	10.12.58	08.10.59	29.06.00	Südafrika
»Ulm«	M 1083	351	10.02.59	07.11.59	21.09.99	Südafrika
»Flensburg«	M 1084	331	07.04.59	03.12.59	26.01.91	Jugendtreff (?)
»Minden«	M 1085	331	09.06.59	22.01.60	04.12.97	Georgien
»Fulda«	M 1086	331	19.08.59	05.03.60	26.03.92	Verkauf
»Völklingen«	M 1087	331	20.10.59	21.05.60	24.03.99	Lettland

Umbau: 331 = Minenjagdboot Klasse 331A/B, 351 = Hohlstablenkboot Klasse 351
Anmerkung: Kiellegungsdatum nicht bekannt

Küstenminensuchboot »Weilheim«. (Foto: Autor)

Hohlstablenkboot »Ulm«. (Foto: Deutsche Marine)

Abb. links: Minenjagdboot »Lindau«. (Foto: Deutsche Marine)

9.4 »VEGESACK«-KLASSE

Die sechs Küstenminensuchboote der 1959 / 1960 in Dienst gestellten »Vegesack«-Klasse bestellte die Bundesmarine in Frankreich. Es waren Boote der französischen »Mercure«-Klasse, die wiederum auf der amerikanischen »Bluebird«-Klasse basierte. Die »Bluebird«-Klasse war seiner Zeit in verschiedenen Varianten mit über 250 Einheiten der Standardtyp bei den Minensuchbooten der NATO-Marinen.
Die Boote der »Vegesack«-Klasse wurden bei Constructions Mechaniques de Normandie (CMN) in Cherbourg / Frankreich gebaut. Sie hatten genau wie die zeitgleich in Dienst kommende »Lindau«-Klasse Namen von deutschen Städten. Sie wurden amtsintern als Küstenminensuchboot Klasse 321 geführt.
Äußere Kennzeichen waren der Schrägbug und die überhöhte Back sowie der hohe Rumpf mit dem weit nach achtern reichenden Schanzkleid. Hinter der kastenförmigen Brücke befand sich als Sensorträger ein Dreibeingittermast mit Stenge. Das geräumige Achterdeck mit Spiegelheck war optimal für das Arbeiten mit Minensuchgerät geeignet.
Die Boote hatten neun Abteilungen. Sie waren Holzbauten mit doppelter Beplankung mit Segeltuchzwischenlage auf Sperrholz-Querspanten sowie stählernen Längsspanten. Beim Bau wurden zum Schutz gegen Magnetminen weitestgehend amagnetische Materialien verwendet. Die Aufbauten bestanden aus Leichtmetall. Die Verdrängung betrug 383 t.
Als Antrieb dienten zwei Mercedes-Benz Dieselmotoren mit jeweils 660 PS Leistung. Der Vortrieb erfolgte über zwei Wellen. Zum Eigenschutz war die »Vegesack«-Klasse nur mit leichten Rohrwaffen in Form eines 20-mm-Zwillings-Geschützes bewaffnet. Das vor den Brückenaufbauten auf der Back platzierte Geschütz wurde mit optischen Richtmitteln eingesetzt. An Führungsmittel waren Navigationsradar und Funkpeiler sowie Fernmeldeanlagen vorhanden.
Nach Zulauf kamen die Küstenminensuchboote der »Vegesack«-Klasse als Ersatz der »Seelöwe«-Klasse zum 2. Minensuchgeschwader in Wilhelmshaven, blieben aber nicht lange im Dienst.
Bereits im Juli 1963 wurden die Boote in den Reservestatus überführt und nur noch zu Mob.-Übungen zeitweise reaktiviert. Jeweils zwei Boote kamen 1965 / 1966 nochmals beim 1., 3. und 5. Minensuchgeschwader (Flensburg, Kiel, Neustadt / Holstein) in das aktive Dienstverhältnis, um dann 1966 / 1967 schon wieder Flagge und Wimpel nieder zu holen. Als Mob.-Reserve lagen sie dann in Wilhelmshaven und ab 1969 gehörten sie einkokoniert zur dortigen Reserveflottille.
Im Dezember 1973 erfolgte die endgültige Streichung aus der Liste der Kriegsschiffe der Bundesmarine. Zunächst gingen fünf Boote im Rahmen der Verteidigungshilfe an die Türkei. Sie verlegten im August und November 1975 nach dort und setzten erneut Flagge und Wimpel. Die »Passau« sollte für die Marinewaffenschule zum ozeanischen Messboot »OM 1« umgebaut werden, was aber dann doch nicht zustande kam. Im September 1978 folgte sie ihren Schwesterbooten in die Türkei.
Drei weitere Jahrzehnte blieben die Boote im Dienste der türkischen Marine. In Weyers Flottentaschenbuch 2008 / 2010 finden sie erstmalig keine Erwähnung mehr. Damit war die »Vegesack«-Klasse in der türkischen Marine zehnmal länger im aktiven Dienst als bei der Bundesmarine.

Küstenminensuchboote der »Vegesack«-Klasse	
Bootsnamen	»Vegesack«, »Hameln«, »Detmold, »Worms«, »Siegen«, »Passau«
Typbezeichnung	Klasse 321
Verdrängung	383 t
Länge x Breite x Tiefgang	44,62 x 8,41 x 2,55 m
Besatzungsstärke	40
Antrieb	2 x Dieselmotor
Antriebsleistung	2 x 660 PS
Wellen / Ruder	2 / 2
Geschwindigkeit	14 kn
Fahrstrecke	5000 sm bei 12 kn
Rohrwaffen	1 x 20-mm-Zwillings-Geschütz
Elektronik	Radar, Navigations- und Fernmeldeanlagen

Küstenminensuchboot »Vegesack«			
Bord-Nr.	M 1250		
Bauwerft	CMN, Cherbourg, Frankreich		
Baudaten	Kiellegung	Stapellauf	in Dienst
	20.12.57	21.05.59	19.09.59
Verbleib	am 31.12.73 außer Dienst gestellt, 1975 an die Türkei, »Kusadasi«		

Küstenminensuchboot »Vegesack«. (Foto: Deutsche Marine)

Küstenminensuchboot »Hameln«			
Bord-Nr.	M 1251		
Bauwerft	CMN, Cherbourg, Frankreich		
Baudaten	Kiellegung	Stapellauf	in Dienst
	20.01.58	20.08.59	04.12.59
Verbleib	am 31.12.73 außer Dienst gestellt, 1975 an die Türkei, »»Kozlu«		

Küstenminensuchboot »Hameln«. (Foto: Deutscher Marinebund)

Küstenminensuchboot »Detmold«			
Bord-Nr.	M 1252		
Bauwerft	CMN, Cherbourg, Frankreich		
Baudaten	Kiellegung	Stapellauf	in Dienst
	19.02.58	17.11.59	20.02.60
Verbleib	am 31.12.73 außer Dienst gestellt, 1975 an die Türkei, »Kerempe«		

Küstenminensuchboot »Worms«			
Bord-Nr.	M 1253		
Bauwerft	CMN, Cherbourg, Frankreich		
Baudaten	Kiellegung	Stapellauf	in Dienst
	19.03.58	30.01.60	30.04.60
Verbleib	am 31.12.73 außer Dienst gestellt, 1975 an die Türkei, »Karamürsel«		

Küstenminensuchboot »Passau«			
Bord-Nr.	M 1255		
Bauwerft	CMN, Cherbourg, Frankreich		
Baudaten	Kiellegung	Stapellauf	in Dienst
	19.05.58	25.06.60	15.10.60
Verbleib	am 31.12.73 außer Dienst gestellt, 1978 an die Türkei, »Kemer«		

Küstenminensuchboot »Passau«. (Foto: Deutscher Marinebund)

Küstenminensuchboot »Siegen«			
Bord-Nr.	M 1254		
Bauwerft	CMN, Cherbourg, Frankreich		
Baudaten	Kiellegung	Stapellauf	in Dienst
	18.04.58	29.03.60	09.07.60
Verbleib	am 31.12.73 außer Dienst gestellt, 1975 an die Türkei, »Kilimli«		

9.5 »SCHÜTZE«-KLASSE

Die Schnellen Minensuchboote der »Schütze«-Klasse waren eine Neuentwicklung und ein vollkommen neuer Typ von Minensuchbooten. Ihr Schiffsentwurf entstand in Anlehnung an die 41-m-Räumboote der Kriegsmarine bei der Werft Abeking & Rasmussen in Lemwerder. Von 1957 bis 1963 wurden sie auch dort – sowie auf den Werften Schürenstedt in Bardenfleth und Schlichting in Travemünde – gebaut.
Die Boote lösten die veralteten und noch aus den Kriegsjahren stammenden Räumboote der »Capella«- und »Aldebaran«-Klasse ab. Genau wie diese erhielten sie Schiffsnamen nach Planeten, Sternen und Sternbildern. Amtsintern wurden sie, je nach Motorentyp, als Schnelles Minensuchboot Klasse 340 oder Klasse 341 bezeichnet.
Im Gegensatz zu ihren Räumboot-Vorläufern waren sie gänzlich aus Holz gefertigt und verleimt. Bei der Ausrüstung fanden zur Reduzierung der Magnetsignatur weitestgehend amagnetische Materialien Verwendung. Die Boote hatten zehn Abteilungen und ein durchgehendes Oberdeck mit ansteigendem Vorschiff. Die lang gestreckten und gestuften Brückenaufbauten gaben den 267 t verdrängenden Booten ein elegantes Aussehen.
Die Boote hatten als Antrieb zwei Maybach Dieselmotoren. Bei den zehn Booten der Klasse 340 – »Krebs«, »Mira«, »Spica«, »Pollux«, »Mars«, »Sirius«, »Orion«, »Regulus«, »Rigel« und »Castor« – hatten diese jeweils 2000 PS und bei den übrigen Schnellen Minensuchbooten waren die Dieselmotoren 2100 PS stark.
Die ursprüngliche Konzeption sah als Vortrieb Voith-Schneider-Propeller vor. Die ersten sechs Boote waren auch dementsprechend konstruiert. Bei den Probefahrten mit »Schütze« und »Krebs« bewährte sich diese Antriebsart allerdings nicht. Neben verschiedenen Mängeln brachte die Antriebsanlage zudem nicht die geforderte Geschwindigkeit. Die Marine entschied sich daher für einen konventionellen Schraubenantrieb mit Escher-Wyss-Verstellpropellern mit dem die Boote dann eine Geschwindigkeit von 24 kn erreichten. Sie zählten somit zu den schnellsten Minenkampfbooten überhaupt.
Zur Selbstverteidigung war die »Schütze«-Klasse auf der Back mit einem 40-mm-Geschütz bewaffnet. Einige Boote hatten zeitweise hinter den Aufbauten ein zweites Geschütz an Bord, dafür dann allerdings keine Minensuchwinde.
Das Minenräumgeschirr auf dem Achterdeck bestand aus Leinenwinde, Kabelwinde, Scherdrachen-Gerät zum mechanischen Räumen, Magnetelektrodengerät für das Räumen mit einem nachgeschleppten Hohlstab sowie einem akustisch-elektrischen Räumgerät.
Die Boote waren in der Lage innerhalb weniger Stunden die Minenräumausrüstung von Bord zu geben und an deren Stelle Minenschienen zum Verlegen von Minen zu übernehmen. Sie waren dadurch sowohl als Minensucher wie auch als Minenleger verwendbar.
Als Führungsmittel waren Radar sowie Navigations- und Fernmeldeanlagen an Bord.
Die Schnellen Minensuchboote der »Schütze«-Klasse wurden bei Indienststellung dem 1., 3. und 5. Minensuchgeschwader in Flensburg, Kiel und Olpenitz unterstellt. Im Laufe der Indiensthaltung kam es bei einigen Booten auch zu wechselnder Geschwaderzugehörigkeit. Die ursprüngliche Lebensdauer war auf 15 Jahre ausgelegt. Die meisten Boote haben aber diese Zeitspanne weit überschritten. Allerdings mussten auch viele zur Erhaltung des Bootskörpers häufig in die Werft.
Im Juli 1971 stellte die »Algol« als erstes Boot außer Dienst. Sie fand bis 1993 als Ausbildungshulk für Brand- und Leckabwehr bei der Schiffssicherungslehrgruppe in Neustadt / Holstein weitere Verwendung. Nach einem Großbrand im Motorenraum wurde »Uranus« im gleichen Jahr aus dem aktiven Dienst genommen. In den Jahren 1973 und 1974 folgten noch weitere sechs Boote, darunter die »Pegasus«. An die Howaldtswerke Deutsche Werft AG verkauft, fand sie dort lange Jahre unter gleichem Namen Verwendung als Sicherungsboot für die U-Bootneubauten.
Die planmäßigen Außerdienststellungen begannen im Juli 1987 mit der »Pluto«. Den Abschluss machte das Typboot »Schütze« im November 1992. Die Mehrzahl der außer Dienst gestellten

Schnelle Minensuchboote der »Schütze«-Klasse – Schiffsdaten	
Anzahl	30
Typbezeichnung	Klasse 340, Klasse 341
Verdrängung	267 t
Länge x Breite x Tiefgang	47,40 x 6,96 x 2,15 m
Besatzungsstärke	31
Antrieb	2 x Dieselmotor
Antriebsleistung	2 x 2000 PS (Klasse 340), 2 x 2100 PS (Klasse 341)
Wellen / Ruder	2 / 2
Geschwindigkeit	24 kn
Fahrstrecke	1000 sm bei 18 kn
Rohrwaffen	1 x 40-mm-Geschütz, einige Boote zeitweise 2 x 40-cm-Geschütz
Minen	Minenschienen
Elektronik	Radar, Navigations- und Fernmeldeanlagen

Boote wurde verkauft. Davon wurden einige abgewrackt, andere wiederum von Privatpersonen zu Yachten oder Wohnbooten umgebaut. Viele fanden auch als Heimschiffe bei Marinekameradschaften eine weitere Nutzung. Offen bleibt, ob sie in diesen Verwendungen auch heute noch existieren.

Eine Sonderstellung bei den Schnellen Minensuchbooten der »Schütze«-Klasse nahm die »Stier« ein. Bereits 1966 wurde sie der Minentaucherkompanie in Eckernförde unterstellt und nach Umbau ab April 1972 als Minentaucherboot verwendet. An Stelle der Minenräumausrüstung wurde auf dem Achterschiff in einer Deckshütte eine Taucherdruckkammer eingebaut. Das Boot blieb in seiner Funktion bis zum März 1995 in Dienst. Damit ist die »Stier« mit fast 34 Dienstjahren das Boot mit der längsten Dienstzeit.

Auch die brasilianische Marine bekundete Interesse an dem Bootstyp des Schnellen Minensuchbootes. Vier Einheiten der »Aratu«-Klasse kamen 1971 bei Abeking & Rasmussen zur Ablieferung. Zwei weitere Boote folgten 1975.

Die »River«-Klasse der südafrikanischen Marine ist ebenfalls der »Schütze«-Klasse hinzuzurechnen. Zwei Einheiten wurden 1980 von Abeking & Rasmussen abgeliefert und zwei weitere Boote entstanden 1981 in Durban als Lizenzbauten.

Schnelles Minensuchboot »Schütze«. (Foto: Deutsche Marine)

Schnelle Minensuchboote der »Schütze«-Klasse – Baudaten und Verbleib

Name	Bord-Nr.	Bauwerft	Kiellegung	Stapellauf	in Dienst	außer Dienst	Verbleib
»Schütze«	M 1062	A&R	15.10.57	20.05.58	14.04.59	26.11.92	Verkauf
»Steinbock«	M 1091	A&R	30.10.57	25.08.58	20.10.60	08.03.74	Heimschiff
»Stier«	Y 849	A&R	21.05.58	30.10.58	28.06.61	31.03.95	Abbruch
»Krebs«	M 1052	A&R	26.08.58	26.01.59	21.07.59	19.10.73	Heimschiff
»Waage«	M 1063	A&R	30.11.58	09.04.59	19.03.62	30.05.92	Abbruch
»Fische«	M 1096	A&R	27.01.59	14.07.59	12.01.60	20.04.89	Wohnboot
»Gemma«	M 1097	A&R	10.04.59	06.10.59	10.05.60	18.12.87	Wohnboot
»Mira«	M 1050	A&R	15.07.59	16.12.59	22.11.60	14.12.73	Motoryacht
»Capella«	M 1098	A&R	07.10.59	29.02.60	30.06.60	08.02.74	Heimschiff
»Spica«	M 1059	A&R	19.12.59	25.05.60	10.05.61	28.09.90	Motoryacht
»Pollux«	M 1054	A&R	01.03.60	15.09.60	28.04.61	26.05.92	Abbruch
»Mars«	M 1058	A&R	31.05.60	01.12.60	18.07.61	27.02.92	Abbruch
»Sirius«	M 1055	A&R	29.09.60	15.03.61	05.10.61	11.11.90	Abbruch
»Orion«	M 1053	A&R	02.12.60	10.08.61	14.02.62	16.11.73	Abbruch
»Regulus«	M 1057	A&R	11.10.60	18.12.61	20.06.62	28.09.90	Motoryacht
»Rigel«	M 1056	A&R	11.08.61	02.04.62	19.09.62	29.03.90	Motoryacht
»Castor«	M 1051	A&R	19.12.61	12.07.62	11.12.62	15.08.90	Motoryacht
»Wega«	M 1069	A&R	03.04.62	10.10.62	08.04.63	15.08.88	Wohnboot
»Algol«	M 1068	A&R	13.07.62	23.01.63	27.06.63	15.07.71	Ausbildungshulk
»Skorpion«	M 1060	A&R	11.10.62	21.05.63	09.10.63	10.05.90	Wohnboot
»Widder«	M 1094	SH	20.06.58	12.03.59	26.09.60	14.07.89	Abbruch
»Pluto«	M 1092	SH	10.11.58	09.08.60	19.12.60	01.07.87	Heimschiff
»Uranus«	M 1099	SH	20.03.59	15.03.60	05.07.60	02.08.71	Heimschiff
»Jupiter«	M 1065	SH	01.09.59	15.02.61	30.05.61	26.10.89	Abbruch
»Deneb«	M 1064	SH	05.04.60	11.09.61	07.12.61	08.09.89	Abbruch
»Neptun«	M 1093	SL	20.06.58	09.06.60	29.09.60	28.02.90	Heimschiff
»Herkules«	M 1095	SL	24.09.58	25.08.60	09.12.60	21.08.87	Motoryacht
»Perseus«	M 1090	SL	24.06.59	22.09.60	16.03.61	30.09.88	Wohnboot
»Atair«	M 1067	SL	23.06.60	20.04.61	27.09.61	30.06.88	Verkauf
»Pegasus«	M 1066	SL	06.10.60	03.01.62	16.05.62	17.12.73	Heimschiff

Bord-Nr.: bei einigen Booten wechselnd
Bauwerft: A&R = Werft Abeking & Rasmussen, Lemwerder, SH = Schürenstedt Werft, Bardenfleth, SL = Schlichting Werft, Travemünde

Schnelles Minensuchboot »Deneb«. (Foto: Deutscher Marinebund)

Schnelles Minensuchboot »Neptun«. (Foto: Deutscher Marinebund)

Minentaucherboot »Stier«. (Foto: Deutscher Marinebund)

Das ehemalige Schnelle Minensuchboot »Steinbock« im Juni 2017 in einem heruntergekommenen Zustand als Auflieger in Wilhelmshaven. (Foto: Autor)

Abb. links: Das Schnelle Minensuchboot »Algol« und die Schulfregatte »Scharnhorst« wurden beide nach ihren Außerdienststellungen an der Lehrgruppe für Schiffssicherung in Neustadt / Holstein als Ausbildungshulks für die praxisnahe Ausbildung in Brand- und Leckabwehr genutzt. (Foto: Deutscher Marinebund)

9.6 »ARIADNE«- UND »FRAUENLOB«-KLASSE

Mit den acht Booten der »Ariadne«-Klasse wurde 1959 auf der Kröger-Werft in Rendsburg der Bau von Küstenwachbooten, der mit den beiden Vorserien-Einheiten »Niobe« und »Hansa« 1957 begonnen hatte, fortgesetzt.

Im Oktober 1959 fand die Kiellegung der »Ariadne« statt. Die Indienststellung der »Gazelle« beendet im Dezember 1963 das Bauprogramm. Die Boote erhielten zunächst die offizielle Bezeichnung Küstenwachboot Klasse 362A. Eine zweite als Küstenwachboot Klasse 362B ausgewiesene Bauserie von zehn Booten begann mit der Kiellegung der »Frauenlob« im Juni 1964 und endete mit der Indienststellung der »Acheron« im Februar 1969. Im Januar 1968 wurden beide Bootsklassen zu Binnenminensuchbooten umklassifiziert und erhielten jetzt die amtsinternen Bezeichnungen Binnenminensuchboot Klasse 393 und 394. Die Boote führten Namen aus der griechischen, römischen und germanischen Mythologie und hatten Namensvorgängerinnen in früheren deutschen Marinen.

Die 18 Boote der »Ariadne«- und »Frauenlob«-Klasse sind weitestgehend identisch. Der Unterschied der beiden Baulose liegt in der etwas kleineren Verdrängung und der technischen Ausstattung der »Frauenlob«-Klasse.

Die als Holzbauten ausgelegten Boote hatten acht Abteilungen und waren ausschließlich verleimt. Bei der Ausrüstung fanden vorwiegend amagnetische Materialien Verwendung. Auf dem durchgehenden Oberdeck war ein großer Decksaufbau mit Brücke und Dreibeinmast vorhanden. Im Aussehen ähnelten sie den beiden Vorserien-Boote.

Die Boote waren für ihre Größe – selbst bei schwerem Wetter – enorm seetüchtig. Sie besaßen eine sehr gute Manövrierfähigkeit und Wendigkeit.

Zwei Mercedes-Benz Dieselmotoren mit je 1000 PS Leistung verliehen den Booten über zwei Wellen eine Geschwindigkeit von 16 kn bzw. 14 kn.

An Bewaffnung war auf der Back ein 40-mm-Geschütz aufgestellt. Weiterhin konnten die Boote bei Bedarf Minen verlegen. Die elektronische Ausrüstung bestand aus einem Radar sowie Navigations- und Fernmeldeanlagen.

Die Einheiten der »Ariadne«-Klasse hatten wechselvolle Unter-

Vier Boote der »Ariadne«-Klasse und zwei Boote der »Vegesack«-Klasse in Wilhelmshaven als Auflieger der Reserveflotte.

(Foto: Deutscher Marinebund)

Binnenminensuchboote der »Ariadne«- und »Frauenlob«-Klasse – Schiffsdaten		
Klasse	»Ariadne«	»Frauenlob«
Anzahl	8	10
Typbezeichnung	Klasse 393	Klasse 394
Verdrängung	252 t	246 t
Länge x Breite x Tiefgang	38,01 x 8,03 x 2,16 m	38,01 x 8,03 x 2,16 m
Besatzungsstärke	24	24
Antrieb	2 x Dieselmotor	2 x Dieselmotor
Antriebsleistung	2 x 1000 PS	2 x 1000 PS
Wellen / Ruder	2 / 2	2 / 2
Geschwindigkeit	16 kn	14 kn
Fahrstrecke	830 sm bei 12 kn	990 sm bei 12 kn
Rohrwaffen	1 x 40-mm-Geschütz	1 x 40-mm-Geschütz
Minen	Minenschienen	Minenschienen
Elektronik	Radar, Navigations- und Fernmeldeanlagen,	Radar, Navigations- und Fernmeldeanlagen,

stellungen. Zunächst waren sie im 2. Küstenwachgeschwader in Cuxhaven, das dann in 10. Minensuchgeschwader umbenannt wurde, aktiv und danach zeitweise in der Reserveflottille in Wilhelmshaven einkokoniert. Von November 1973 bis April 1974 kamen die Boote nach und nach zum 3. Minensuchgeschwader in Kiel, wo sie dann auch bis zu ihrer Außerdienststellung verblieben. Eine besondere Einsatzfahrt machte das Geschwader im Mai / Juni 1989. Die Reise führte über den Rhein in das Binnenland. Für die kleinen Boote kein Problem und für die Marine eine große Werbeaktion. Von Dezember 1991 bis Juli 1992 stellte die »Ariadne«-Klasse außer Dienst und wurde anschließend zum Abbruch verkauft.

Die zehn Einheiten der »Frauenlob«-Klasse bildeten das Anfang 1967 neu aufgestellte 7. Minensuchgeschwader in Neustadt / Holstein. Auch dieses Geschwader fuhr in das Binnenland. Rheinreisen wurden 1977, 1986 und 1994 durchgeführt. Danach begannen aber auch schon die Außerdienststellungen, die sich in zwei Schüben 1994 / 1995 und 2001 / 2002 vollzogen.

Vier Boote – »Undine«, »Minerva« und »Diana« sowie als Ersatzteillager »Loreley« – gingen nach Estland, wo sie noch bis 2005 unter den Namen »Vaindlo«, »Kalev« und »Olev« als Minensuchboote weiterfuhren. Die »Kalev« ist heute in Tallinn als Museumsschiff an Land aufgestellt. Die »Atlantis« fand zunächst in Dresden ebenfalls als Museumsschiff einen Liegeplatz, ist aber 2019 dann doch den Weg der Verschrottung gegangen. Die »Nixe« ging als Ausbildungshulk an die Feuerwehr in Hamburg und die »Vineta« soll zu einer Motoryacht umgebaut worden sein. Die »Frauenlob« befindet sich als Ausbildungseinrichtung an der Marinetechnikschule der Deutschen Marine in Parow. Die restlichen Einheiten sind mittlerweile vermutlich alle abgewrackt.

Die Binnenminensuchboote der »Ariadne«- und »Frauenlob«-Klasse, im Marinejargon wegen ihrer geringen Größe auch oft als »Micky-Maus-Geschwader« bezeichnet, waren drei Jahrzehnte im Einsatz. Sie hatten sich als leistungsfähige Minensuchboote erwiesen Im Rahmen ihrer Aufgabenstellung nahmen sie an zahlreichen nationalen und NATO-Manövern teil.

Binnenminensuchboot »Nymphe«. (Foto: Deutscher Marinebund)

Binnenminensuchboote der »Ariadne« und »Frauenlob«-Klasse – Baudaten					
Name	Bord-Nr.	Kiellegung	Stapellauf	in Dienst	außer Dienst
»Ariadne«	M 2650	29.10.59	23.04.60	23.10.61	12.12.91
»Freya«	M 2651	26.01.60	25.06.60	06.01.62	07.05.92
»Vineta«	M 2652	26.04.60	17.09.60	09.04.62	19.12.91
»Hertha«	M 2653	06.07.60	18.02.61	07.06.62	07.05.92
»Nymphe«	M 2654	14.03.62	20.09.62	08.05.63	18.06.92
»Nixe«	M 2655	25.06.62	03.12.62	20.06.63	02.04.92
»Amazone«	M 2656	25.09.62	27.02.63	04.09.63	09.04.92
»Gazelle«	M 2657	01.12.62	14.08.63	09.12.63	02.07.92
»Frauenlob«	M 2658	20.06.64	26.02.65	27.09.66	27.03.02
»Nautilus«	M 2659	20.08.64	19.05.65	26.10.66	28.04.94
»Gefion«	M 2660	06.03.65	19.06.65	17.02.67	27.03.02
»Medusa«	M 2661	09.06.65	25.01.66	17.02.67	14.06.01
»Undine«	M 2662	01.10.65	16.05.66	20.03.67	28.06.01
»Minerva«	M 2663	31.01.66	25.08.66	16.06.67	16.02.95
»Diana«	M 2664	26.05.66	13.12.66	21.09.67	16.02.95
»Loreley«	M 2665	01.09.66	14.03.67	29.03.68	28.06.02
»Atlantis«	M 2666	02.01.67	20.06.67	29.03.68	20.03.95
»Acheron«	M 2667	21.03.67	11.10.67	10.02.69	20.03.95

Bord-Nr.: während der Indiensthaltung mehrmals wechselnd
Verbleib: siehe Angaben im Text

Binnenminensuchboot »Frauenlob«. (Foto: Deutsche Marine)

Binnenminensuchboot »Gefion«. (Foto: Deutscher Marinebund)

Binnenminensuchboot »Loreley«. (Foto: Deutscher Marinebund)

Das Binnenminensuchboot »Atlantis« lag bis 2019 in Dresden als Museumsschiff und soll nun abgewrackt werden. (Foto: Autor)

9.7 »NIOBE« – »HANSA« – »HOLNIS«

Die bei der Aufstellung der Bundesmarine vom Seegrenzschutz als Küstenwachboote übernommenen Kriegsfischkutter waren eine Erstmaßnahme und von Anfang an als Zwischenlösung anzusehen. Neubauten von Küstenwachbooten standen daher auf der Agenda der Schiffbauplanungen.

KÜSTENWACHBOOTE / BINNENMINENSUCHBOOTE »NIOBE« UND »HANSA«

Als Vorserie zu diesen geplanten Küstenwachbooten wurden die beiden Boote »Niobe« und »Hansa« in den Jahren 1957 / 1958 auf der Kröger Werft in Rendsburg gebaut. Sie stellten im April und Juli 1958 in Dienst und hatten auf Grund der unterschiedlichen Antriebsanlagen die amtsinternen Bezeichnungen Küstenwachboot 361 und 360.

Die Holzboote hatten einen Glattdeck-Rumpf mit sieben Abteilungen. Ein großer Decksaufbau mit schräger Vorder- und Rückseite prägte ihr äußeres Erscheinungsbild. Die Verdrängung war leicht unterschiedlich und betrug bei »Niobe« 171 t und bei der »Hansa« 175 t.

Zwei Mercedes-Benz Dieselmotoren mit jeweils 1000 PS waren als Antrieb auf der »Niobe« vorhanden. Auf je eine Welle wirkend, erreichte das Boot damit eine Geschwindigkeit von 16 kn. Die »Hansa« war mit einem ebenfalls 1000 PS starken Mercedes-Benz Dieselmotor ausgestattet und erreichte mit einer Welle 14 kn an Geschwindigkeit.

An Bewaffnung war ein 40-mm-Geschütz auf der Back aufgestellt.

Anfänglich waren die beiden Küstenwachboote im 3. Hafenschutzgeschwader in Neustadt / Holstein, das später in 3. Küstenwachgeschwader umbenannt wurde, zugeteilt. Im Januar 1962 wechselten sie zum 2. Küstenwachgeschwader in Cuxhaven, dem späteren 10. Minensuchgeschwader. Die Boote wurden jetzt als Binnenminensuchboote klassifiziert. Im Jahre 1968 schieden beide Boote aus dem Geschwaderverband aus.

»Niobe« wurde im September 1968 zum Lenkboot für die Erprobung des Minenabwehrsystems TROIKA umgebaut und dann mit ziviler Besatzung der Erprobungsstelle 71 in Eckernförde unterstellt. Das 40-mm-Geschütz kam dabei von Bord. Im September 1976 stellte die »Niobe« außer Dienst.

Bei der »Hansa« erfolgte 1968 / 1969 der Umbau zum Minentaucherboot und danach die Unterstellung zur Minentaucherkompanie in Eckernförde. Hier verblieb das Boot als Unterstützungseinheit bis zu seiner Außerdienststellung im Januar 1992.

KÜSTENWACHBOOT / BINNENMINENSUCHBOOT »HOLNIS«

Mit der »Holnis« entstand nach »Niobe« und »Hansa« sowie der »Ariadne«- und »Frauenlob«-Klasse die fünfte Variante eines Küstenwachbootes respektive eines Binnenminensuchbootes,

Küstenwachboote / Binnenminensuchboote »Niobe«, »Hansa« und »Holnis«			
Bootsnamen	»Niobe»	»Hansa«	»Holnis«
Typbezeichnung	Klasse 361	Klasse 360	Klasse 390
Verdrängung	171 t	175 t	181 t
Länge x Breite x Tiefgang	35,18 x 6,84 x 1,70 m	35,18 x 6,84 x 1,70 m	36,87 x 7,40 x 1,80 m
Besatzungsstärke	20	20	25
Antrieb	2 x Dieselmotor	1 x Dieselmotor	2 x Dieselmotor
Antriebsleistung	2 x 1000 PS	1 x 1000 PS	2 x 1000 PS
Wellen / Ruder	2 / 2	1 / 1	2 / 2
Geschwindigkeit	16 kn	14 kn	16 kn
Fahrstrecke	880 sm bei 12 kn	1500 sm bei 12 kn	?
Rohrwaffen	1 x 40-mm-Geschütz	1 x 40-mm Geschütz	1 x 20-mm-Geschütz
Elektronik	Radar, Navigations- und Fernmeldeanlagen	Radar, Navigations- und Fernmeldeanlagen	Radar, Navigations- und Fernmeldeanlagen

Küstenwachboot »Niobe«			
Bord-Nr.	W 21, M 2661, Y 1643		
Bauwerft	Kröger Werft, Rendsburg		
Baudaten	Kiellegung	Stapellauf	in Dienst
	08.03.57	08.08.57	29.04.58
Verbleib	am 01.09.76 außer Dienst gestellt, 1978 abgewrackt		

Küstenwachboot »Niobe«. (Foto: Bibliothek für Zeitgeschichte)

die von der Werft Abeking & Rasmussen entworfen worden war und auch dort in den Jahren 1964 bis 1966 gebaut wurde.
Das als Küstenwachboot Klasse 390 bezeichnete Fahrzeug sollte eigentlich das Typboot einer weiteren Klasse von insgesamt 30 Binnenminensuchbooten werden. Zu einem Serienbau ist es aber nicht gekommen. Die zwischenzeitlich im Dienst befindlichen Einheiten der »Ariadne«-Klasse erfüllten zum einen voll und ganz ihren Zweck und man war deshalb der Meinung, dass dieser Typ nichts Neues bringen würde. Zum anderen spielten finanzielle Gründe bei der Aufgabe des Vorhabens eine Rolle.
Schiffbaulich wie auch im Aussehen ähnelte die »Holnis« den beiden vorgenannten Booten. Das Boot war vollverleimt. Keine Schrauben, Nägel, Bolzen oder Klammern waren beim Bau verwendet worden.

Als Antrieb waren zwei Mercedes-Benz Dieselmotoren mit jeweils 1000 PS vorhanden, die dem 181 t großen Boot über zwei Wellen eine Geschwindigkeit von 16 kn verliehen. Anfangs war auf der Back ein 20-mm-Geschütz eingerüstet.
Die »Holnis wurde 1966 nach der Indienststellung zunächst dem 1. Minensuchgeschwader in Flensburg zugeteilt und wechselte noch im gleichen Jahr in das 10. Minensuchgeschwader in Cuxhaven. Nach zwei Jahren erfolgte eine erneute Änderung in der Unterstellung. Zum Fernmeldeversuchsboot umfunktioniert, wurde sie beim Kommando für Truppenversuche der Marine in Eckernförde verwendet und blieb dort als Erprobungsboot bis 1996 im Dienst. Das Boot ging 2001 als Materialreserve an die estnische Marine.

Küstenwachboot »Hansa«			
Bord-Nr.	W 22, M 2662, Y 806, M 1052		
Bauwerft	Kröger Werft, Rendsburg		
Baudaten	Kiellegung	Stapellauf	in Dienst
	07.08.57	18.11.57	23.07.58
Verbleib	am 17.01.92 außer Dienst gestellt, 1994 an Privat verkauft, Wohnboot		

Minentaucherboot »Hansa«. (Foto: Autor)

Binnenminensuchboot »Holnis«			
Bord-Nr.	M 2651, Y 836, A 836, A 1400		
Bauwerft	Abeking & Rasmussen, Lemwerder		
Baudaten	Kiellegung	Stapellauf	in Dienst
	15.08.64	20.05.65	31.03.66
Verbleib	am 12.12.96 außer Dienst gestellt, 2001 an Estland, Materialreserve		

Erprobungsboot »Holnis«. (Foto: Autor)

9.8 »WALTHER VON LEDEBUR« / »MÜHLHAUSEN«

Ursprünglich als Prototyp eines Hochseeminensuchbootes konzipiert, kam die »Walther von Ledebur« 1967 als Sperrwaffenerprobungsboot Klasse 742 bei der Erprobungsstelle 71 in Eckernförde in Verwendung. Weitere Einheiten dieses Typs wurden nicht mehr gebaut. Der Name geht zurück auf den Marinebaudirektor Walther von Ledebur, der in der Kriegsmarine als Referent maßgeblich an der Entwicklung von Seeminen beteiligt war.

Die »Walther von Ledebur« war ein voll verleimter Holzbau von 825 t und gleichzeitig das größte in Holz gebaute Marineschiff dieses Typs. Der Rumpf war in zehn Abteilungen unterteilt. Beim Bau fanden weitestgehend amagnetische Materialien Verwendung.

Der Antrieb erfolgte durch zwei Maybach Dieselmotoren von jeweils 2600 PS, die dem Schiff über zwei Wellen eine Geschwindigkeit von 19 kn verliehen.

Das Schiff war unbewaffnet und in Abhängigkeit von den Erprobungsprogrammen unterschiedlich ausgerüstet. Ein Labor, eine Motorpinasse und Minenräumeinrichtungen gehörten zur ständigen Ausstattung. Eine Sonaranlage, zwei Radargeräte sowie Navigations- und Fernmeldeanlagen waren an elektronischen Geräten an Bord.

Die »Walther von Ledebur« war mit ziviler Besatzung als Sperrwaffenerprobungsboot 27 Jahre im Einsatz. Nach zwischenzeitlicher Außerdienststellung wurde das Boot nochmals reaktiviert und zum Minentaucherboot Klasse 732 umgebaut. Jetzt militärisch besetzt und auf den Namen »Mühlhausen« getauft, diente das Schiff als Ersatz für die außer Dienst gestellte »Stier«, deren Geräte und Ausrüstung übernommen wurden. In dieser Verwendung blieb die »Mühlhausen« bis zum Juni 2007 im Dienst. Nach der Außerdienststellung verkauft, soll sich die ehemalige »Mühlhausen« nach mehreren Besitzerwechseln in privater Hand in Ägypten befinden, nach anderer Quelle als Motoryacht auf den Cook Inseln.

Sperrwaffenerprobungsboot »Walther von Ledebur«. (Foto: Bibliothek für Zeitgeschichte)

Minentaucherboot »Mühlhausen«. (Foto: Deutsche Marine)

Sperrwaffenerprobungsboot »Walther von Ledebur« Minentaucherboot »Mühlhausen«			
Bordnummer	Y 841, A 1410, M 1052		
Typbezeichnung	Klasse 742, Klasse 732		
Bauwerft	Burmester Werft, Bremen		
Baudaten	Kiellegung	Stapellauf	in Dienst
	?	30.06.66	21.12.67 06.04.95
Verdrängung	825 t		
Länge x Breite x Tiefgang	63,16 x 10,56 x 3,00 m		
Besatzungsstärke	35 (zivil), 35 + 25 (militärisch)		
Antrieb	2 x Dieselmotor		
Antriebsleistung	2 x 2600 PS		
Wellen / Ruder	2 / 2		
Geschwindigkeit	19 kn		
Fahrstrecke	?		
Bewaffnung	ohne		
Elektronik	Sonar, Radar Navigations- und Fernmeldeanlagen		
Verbleib	am 24.03.94 außer Dienst gestellt, Auflieger in Wilhelmshaven, Umbau zum Minentaucherboot, am 06.04.95 als »Mühlhausen« reaktiviert, am 20.06.07 außer Dienst gestellt, Verkauf, heute vermutlich Motoryacht		

9.9 »EIDER«

Anfang 1952 kaufte der Seegrenzschutz zwei ehemalige kanadische Korvetten der »Isles»«-Klasse. Hierbei handelte es sich um die Einheiten »Dochet« und »Flint«, die während des Zweiten Weltkrieges im Geleit- und Küstendienst im Einsatz waren und 1947 nach Belgien verkauft wurden. Hier sollten sie zu Fischereifahrzeugen umgebaut werden. Doch schon während der Umbauphase stellte sich heraus, dass sie für diesen Zweck doch nicht so recht geeignet waren. Der Eigner gab die Schiffe wieder ab und der Seegrenzschutz konnte sie für die vorgesehene Aufgabe als Transport- und Begleitschiffe erwerben. Nach den entsprechenden Umbauarbeiten kamen sie mit den Namen »Eider« (ex »Dochet«) und »Trave« (ex »Flint«) erneut für den Seegrenzschutz in Fahrt. Mit der Auflösung des Seegrenzschutzes gingen beide nach norddeutschen Flüssen benannten Einheiten als Begleit- und Schulschiff Klasse 139 in die neu aufgestellte Bundesmarine über.
»Eider« und »Trave« waren Stahlschiffe mit neun Abteilungen und hatten einen typischen Trawler-Schiffskörper. Der Schiffsentwurf der 1942 gebauten Korvetten basiert auf einem Walfängerbootstyp. Um den notwendige Platz für den Fang zu schaffen, waren die Schiffe bereits in Belgien um ca. 4 m verlängert worden und verdrängten nun 845 t. Auf »Flint« war zudem die Antriebsanlage ausgebaut, wurde aber beim Kauf mitgeliefert. »Dochet« besaß noch die vollständige Maschinenanlage, die Dampfmaschine und die Ölkessel.
»Die Antriebsanlage der »Eider«, Zylinderdampfkessel mit drei Flammrohren für Ölfeuerung sowie eine Dreizylinder-Kolbenmaschine von 750 PS, war zwar sehr zuverlässig und gab dem Schiff eine Höchstgeschwindigkeit von fast 13 kn, die jedoch nur für eine beschränkte Zeit durchgehalten werden konnte. Aus Kostengründen wurde darauf verzichtet, diese immerhin unmoderne Anlage durch eine Motorenanlage zu ersetzen. Die Haushaltsmittel reichten für den Umbau der Antriebsanlage nur eines Schiffes aus. Daher wurden auf »Eider« lediglich die Hilfsmaschinen und Anlagen erneuert und die Wohn- und Laderäume für den beabsichtigten Zweck umgebaut bzw. hergerichtet. Zur Verbesserung der Manövriereigenschaften wurde ein Pleugerruder eingebaut. Das Pleugerruder bestand aus einem in das Ruderblatt eingebauten Propeller mit elektrischem Antrieb. Diese Einrichtung bot auch den Vorteil, dass das Schiff ohne Einsatz der Hauptmaschinenanlage mit ca. 5 kn Fahrt äußerst wirtschaftlich, das heißt lange Zeit, in See stehen konnte.«

Minenwurf- und Lichtboot »Eider«			
Bordnummer	A 50, Y 1663		
Typbezeichnung	Klasse 139, Klasse 752		
Bauwerft	G.T. Davie, Lauzon, Kanada		
Baudaten	Kiellegung	Stapellauf	in Dienst
	?	26.06.42	13.11.42, 01.03.53, 01.07.56
Verdrängung	845 t, 903 t (nach Umbau)		
Länge x Breite x Tiefgang	53,90 x 8,38 x 3,97 m		
Besatzungsstärke	20 (Stammpersonal), 60 (Kadetten)		
Antrieb	1 x Dampfmaschine, 1 x Pleugerruder		
Antriebsleistung	1 x 750 PS, 1 x 134 kW		
Wellen / Ruder	1 / 1		
Geschwindigkeit	13 kn / 5 kn		
Fahrstrecke	3.700 sm bei 11,5 kn		
Rohrwaffen	2 x 20-mm-Geschütz		
Elektronik	Radar, Navigations- und Fernmeldeanlagen		
Ausrüstung	Minenwurfeinrichtung, 2 x 3-t-Drehkran		
Verbleib	am 06.04.78 außer Dienst gestellt, 1982 abgewrackt		

(zitiert nach Poske, Der Seegrenzschutz, Seite 59).
Die Schiffe wurden vom Seegrenzschutz unbewaffnet übernommen. Erst in der Bundesmarine kam auf den beiden jetzt als Schulschiffe eingesetzten Einheiten jeweils eine Bewaffnung von zwei 20-mm-Geschützen an Bord. Als Minenwurf- und Lichtboot hatte die »Eider« keine Rohrwaffen, jedoch eine Minenwurfeinrichtung.
Bereits 1956 erhielten die ersten Offizieranwärter der Bundesmarine auf den beiden Schulschiffen ihre erste seemännische Ausbildung. In diesem Zusammenhang waren sie auch die ersten deutschen Marineeinheiten, die nach dem Krieg wieder ausländische Häfen anliefen.
Im Sommer 1957 hatte Eider eine besondere und aus dem normalen Rahmen fallende Verwendung. Bei der ersten Flottenübung der Bundesmarine, die die Bezeichnung »Seewolf« trug, war sie Flottenflagschiff. Der damalige Befehlshaber der Seestreitkräfte, Flottillenadmiral Rolf Johannesson, hatte sich eingeschifft und führte von hier den Verband, der aus drei Minensuchgeschwadern, einem Schnellbootgeschwader, zwei Küstenwachgeschwadern, dem Schulgeschwader Ostsee und dem 1. Geleitgeschwader bestand.
In Hauptfunktion taten jedoch »Eider« und «Trave« als Schulschiffe Dienst. Sie unterstanden dem im Juni 1956 aufgestellten und im September 1958 wieder aufgelösten Schulgeschwader Ostsee. Nach Auflösung des Verbandes wechselten sie in das im Oktober 1959 aufgestellte und aus dem 1. Geleitgeschwader hervorgegangene Schulgeschwader und verstärkten dort als Ausbildungseinheiten die fünf Schulboote der »Wespe«-Klasse. Mit dessen Auflösung im Oktober 1963 trennten sich dann die Wege der beiden Schwesterschiffe. Auf ihren Ausbildungsauslandsreisen hatten sie zahlreiche Häfen in den europäischen Nachbarstaaten und im Mittelmeer angelaufen.
Die »Eider« blieb weiterhin im Schuldienst tätig. Bei der Marineunterwasserwaffenschule in Eckernförde kam sie als Schulboot zum Einsatz. Ab Januar 1968 fuhr sie dann in gleicher Funktion bei der Minentaucherkompanie. Schon ein Jahr später erfolgte ein größerer Umbau zum Minenwurf- und Lichtboot Klasse 752 mit jetzt 903 t Verdrängung. Das Werfen und Bergen von Übungsminen wurde nun ihre neue Hauptaufgabe. Sie fuhr jetzt unter ziviler Besatzung.
Auf der »Eider« wurden Lehrgangsteilnehmer im Umgang mit Seeminen ausgebildet. Gleichzeitig war sie auch Ausbildungsfahrzeug für Minentaucher und Kampfschwimmer sowie Einsatzfahrzeug für Unterwassersprenglehrgänge. Ihr Einsatzgebiet erstreckte sich über Ost- und Nordsee sowie Kattegat und Skagerrak. Der längste Einsatz war eine fünfwöchige Minenbergung in der Nordsee und die anschließende erfolgreiche Suche nach einem abgestürzten Starfighter. Im April 1978 ging die »Eider« nach 25 Jahren unter den Dienstflaggen von Seegrenzschutz und Bundesmarine außer Dienst.
Nach einer Aufliegerzeit im Marinearsenal Wilhelmshaven erfolgte im April 1982 der Verkauf des letzten Schiffes der Bundesmarine mit Kolbendampfmaschine. Während das Schiff selbst den Weg alten Eisens gehen musste und verschrottet wurde, blieb die Dampfmaschine der Nachwelt erhalten. Sie steht heute als Exponat in der Wehrtechnischen Studiensammlung des Bundesamtes für Ausrüstung, Informationstechnik und Nutzung der Bundeswehr, früher Bundesamt für Wehrtechnik und Beschaffung, in Koblenz.

Das Minenwurf- und Lichtboot »Eider« an seinem Liegeplatz im Eckernförder Marinestützpunkt. (Foto: Autor)

Minenwurf- und Lichtboot »Eider«. (Foto: Deutsche Marine)

Abb. rechts: Die Dreizylinder-Kolbendampfmaschine der »Eider« hatte eine Leistung von 750 PS, war im Betrieb sehr zuverlässig und gab dem Schiff eine Höchstgeschwindigkeit von 13 kn. (Foto: Autor)

Dampfmaschine des Minenwurf- und Lichtbootes „Eider“
(ehemals canadische Kanonenkorvette „Doches“)

9.10 »HAMELN«-KLASSE

Schon Ende der 1970er Jahren wurden die ersten Schritte unternommen, um den Ersatz der in die Jahre gekommenen Schnellen Minensuchboote der »Schütze«-Klasse in die Wege zu leiten. Die Boote waren sowohl schiffbaulich verschlissen und aufgebraucht als auch taktisch-operativ nicht mehr auf der Höhe der Zeit. Anfang 1981 ging an die Konzerne AEG und MBB (Messerschmitt-Bölkow-Blohm) der Auftrag bis 1984 eine Definitionsstudie für Ersatzbauten zu erstellen. Die neu zu bauenden Boote wurden zunächst als Minenkampfboot Klasse 343 definiert und 1988 in Schnelles Minensuchboot Klasse 343 umbenannt.

Angedacht war ein Bootstyp, der unter anderem bei einer erweiterten Selbstverteidigungsfähigkeit, einer größeren Schockfestigkeit und einer größeren Minenwurfkapazität auch die Einbindung in das Marineführungssystem möglich macht. Gleichzeitig sollten eine einheitliche Bootsplattform geschaffen werden für das anschließend im Bau geplante und ebenfalls als Ersatz für die älteren Minenjagdboote der »Lindau«-Klasse mittelfristig erforderliche Minenjagdboot Klasse 332.

Im Juli 1985 kam es dann für zehn Einheiten zur Unterzeichnung des Bauvertrages mit dem Generalunternehmer MBB, der die Ausschreibung gewonnen hatte. Unterauftragnehmer und Bauwerften wurden die Werft Abeking & Rasmussen in Lemwerder, die Kröger Werft in Rendsburg und die Lürssen Werft in Vegesack.

Der Bau der Klasse 343 erfolgte in drei Sektionen. Bei A&R entstanden die zehn Heckteile, bei Kröger die zehn Bugteile und Lürssen fertigte die zehn Mittelteile. Unter gegenseitiger Zulieferung erfolgte der Fertigbau dann auf der jeweiligen Zusammenbauwerft. Im Zeitraum vom Juni 1986 bis zum Mai 1991 wurden die zehn Boote gefertigt und in Dienst gestellt.

Die neuen Boote erhielten Namen von früheren Patenstädten ihrer Vorgänger. Die Bootsklasse wird mit Bezug auf das erste Stapellaufdatum als »Hameln«-Klasse bezeichnet.

Ein Novum für deutsche Minensucher war der Bau aus amagnetischem Stahl. Der hohe Rumpf mit Schrägbug und erhöhter Back ist in zehn Abteilungen unterteilt. Ein kastenförmiger und lang gestreckter Brückenaufbau mit nach achtern anschließendem Deckshaus bestimmen das äußere Bild der 590 t verdrängenden »Hameln«-Klasse. Die Boote waren dazu ausgelegt

Hohlstablenkboot »Auerbach / Oberpfalz«. (Foto: Deutsche Marine)

sowohl als Minenabwehrschiff wie auch als Minenleger verwendet werden zu können.
Der Antrieb der Boote besteht aus zwei MTU Dieselmotoren mit jeweils 3046 PS. Über zwei Wellen erreichen die Boote eine Geschwindigkeit von 18 kn.
Die Schnellen Minensuchboote der »Hameln«-Klasse hatten eine vergleichsweise starke Flugabwehrkapazität. Eingerüstet waren zwei 40-mm-Geschütze und zwei Fliegerfaustständе. Die 40-mm-Geschütze wurden nach der Jahrtausendwende durch ein Marineleichtgeschütz MLG 27 ersetzt. Weiterhin waren Einrichtungen zum Unschädlichmachen von Minen mit mechanischen, akustischen und magnetischen Zündersystemen vorhanden. Die eigene Minenlegefähigkeit der Boote belief sich auf 60 Minen.
An elektronischer Ausrüstung sind neben einem Radar hochmoderne und präzise arbeitende Navigationsanlagen an Bord. Ein Passiv-Aktiv Link-System (PALIS) ermöglicht den Datenaustausch mit anderen Einheiten. Außerdem haben die Boote der »Hameln«-Klasse die Waffenleitanlage M 20/2 der außer Dienst gestellten Schnellbooten der »Zobel«-Klasse erhalten. Der Radom der Anlage macht die Boote in ihrem äußeren Erscheinungsbild unverwechselbar.
Die zehn Schnellen Minensuchboote der »Hameln«-Klasse stellten vom Juni 1989 bis Mai 1991 beim 5. Minensuchgeschwader in Olpenitz in Dienst. Die Boote kamen in nationalen, internationalen und NATO-Manövern zum Einsatz, wo sie sich bewährten.
»Laboe« und »Überherrn« waren 1990 / 1991 in der ersten Phase der Operation Südflanke (siehe Kapitel »Seehund«-Klasse) im Mittelmeer im Einsatz, verlegten aber in der zweiten Phase nicht mit in den Persischen Golf.
Die Schnelle Minensuchboote der »Hameln«-Klasse fanden auch als Schulboote Verwendung. In den Jahren 1993, 1995 und 1998 führten jeweils mehrere zu einem Schulgeschwader zusammengefasste Boote im Rahmen der Offizierausbildung Auslandsreisen durch, die unter anderem bis in das Mittelmeer führten.
Im Verlauf der 1990er Jahre wurde festgelegt, dass je fünf Boote der »Hameln«-Klasse zum Minenjagdboot Klasse 333 »Kulmbach«-Klasse und Hohlstablenkboot Klasse 352 »Ensdorf«-Klasse umgebaut werden. Erstere waren dann nach ihrem Zulauf, der 1999 begann, den Minenjagdbooten der »Frankenthal«-Klasse angeglichen und letztere übernahmen die Aufgaben der Hohlstablenkboote der »Lindau«-Klasse. In diesen Funktionen blieben die ehemaligen Schnellen Minensuchboote noch über ein Jahrzehnt im aktiven Dienst der Deutschen Marine.
Ab 2012 begannen jedoch die Außerdienststellungen. Das Hohlstablenkboot »Ensdorf« fand als Ausbildungshulk weitere Verwendung an der Marinetechnikschule in Parow und sieben Boote sind noch als Auflieger vorhanden. Die beiden Boote »Pegnitz« und »Siegburg« werden von der Deutschen Marine weiterhin als schwimmende Plattformen für die Nachwuchswerbung genutzt.

Schnelle Minensuchboote der »Hameln«-Klasse – Schiffsdaten	
Anzahl	10
Typbezeichnung	Klasse 343, Klasse 333, Klasse 352
Verdrängung	590 t
Länge x Breite x Tiefgang	54,27 x 9,22 x 2,50 m
Besatzungsstärke	37
Antrieb	2 x Dieselmotor
Antriebsleistung	2 x 3046 PS
Wellen / Ruder	2 / 2
Geschwindigkeit	18 kn
Fahrstrecke	unbekannt
Rohrwaffen	2 x 40-mm-Geschütz, dann im Austausch 1 x 27-mm-Geschütz
Minen	Minenschienen
Elektronik	Waffenleitanlage, Radar, Passiv-Aktiv Link-System, Navigations- und Fernmeldeanlagen
Anmerkung	Umbau zu Minenjagdbooten und Hohlstablenkbooten

Schnelle Minensuchboote der »Hameln«-Klasse – Baudaten und Verbleib								
Name	Bord-Nr.	Bauwerft	U	Kiellegung	Stapellauf	in Dienst	außer Dienst	Verbleib
»Pegnitz«	M 1090	LW	352	06.07.87	13.03.89	09.03.90		noch aktiv
»Kulmbach«	M 1091	A&R	333	14.09.87	15.06.89	24.04.90	21.03.12	Auflieger
»Hameln«	M 1092	LW	352	18.06.86	15.03.88	29.06.89	11.12.14	Auflieger
»Auerbach / Oberpfalz«	M 1093	LW	352	03.01.89	18.06.90	07.05.91	17.12.15	Auflieger
»Ensdorf«	M 1094	LW	352	15.03.88	08.12.89	25.09.90	31.07.14	Ausbildungshulk
»Überherrn«	M 1095	A&R	333	15.12.86	30.08.88	19.09.89	30.06.16	Auflieger
»Passau«	M 1096	A&R	333	01.07.88	01.03.90	18.12.90	27.09.13	Auflieger
»Laboe«	M 1097	KW	333	02.03.87	13.09.88	07.12.89	28.03.12	Auflieger
»Siegburg«	M 1098	KW	352	13.10.87	14.04.89	17.07.90		noch aktiv
»Herten«	M 1099	KW	333	16.06.88	22.12.89	26.02.91	30.06.16	Auflieger

Bauwerften: A&R = Werft Abeking & Rasmussen, Lemwerder, KW = Kröger Werft, Rendsburg, LW = Lürssen Werft, Vegesack
Umbau: 333 = Minenjagdboot Klasse 333, 352 = Hohlstablenkboot Klasse 352

Abb. unten: Das Minenjagdboot »Kulmbach« bei einer Übung mit einem Hubschrauber des Typs SEA LYNX. (Foto: Deutsche Marine)

Hohlstablenkboot »Pegnitz«. (Foto: Autor)

Minenjagdboot »Passau«. (Foto: Autor)

9.11 »FRANKENTHAL«-KLASSE

Nahtlos an den Bau der Schnellen Minensuchboote der »Hameln«-Klasse schloss sich als zweites Großprojekt die Beschaffung von zehn weiteren Minenabwehrfahrzeugen an. Die parallel entwickelten und amtsintern als Minenjagdboot Klasse 332 geführten Einheiten stellten von März 1993 bis Januar 1996 in Dienst. Der Bau erfolgte bei den Werften Abeking & Rasmussen in Lemwerder, bei der Lürssen Werft in Vegesack und bei der Rendsburger Kröger Werft. Generalunternehmer war wieder MBB (Messerschmitt-Bölkow-Blohm). Die Boote erhielten die Namen ehemaliger Patenstädte. Nach dem Typboot werden sie auch als »Frankenthal«-Klasse bezeichnet.

Im Jahr 1995 fiel die Entscheidung für die Beschaffung von zwei weiteren Einheiten, die dann 1998 als »Fulda« und »Weilheim« in Dienst stellten und bei Abeking & Rasmussen sowie bei Lürssen gebaut wurden.

Für die »Frankenthal«-Klasse gelten schiffbaulich die gleichen Aussagen wie bei der »Hameln«-Klasse, denn beide Bootsklassen sind eine nahezu fast identische Entwicklung mit Schwerpunktverlagerung auf die Minenjagd bei der »Frankenthal«-Klasse.

Auch die Antriebsanlage ist im Prinzip bei beiden Bauserien übereinstimmend. Die Minenjagdboote haben jedoch eine zusätzliche Langsamfahranlage und zur besseren Manövrierbarkeit zwei Flossenruder.

An Bewaffnung war anfangs ein 40-mm-Geschütz auf der Back eingerüstet. Es ist zwischenzeitlich durch das Marineleichtgeschütz MLG 27 ersetzt worden. Weiterhin sind noch zwei Fliegerfaustständе vorhanden.

Die Minenjagdboote der »Frankenthal«-Klasse betreiben das moderne Integrated Mine Countermeasures Systems (IMCMS) als Führungs- und Waffeneinsatzsystem. Damit kommt die ferngelenkte Identifizierungs- und Minenbekämpfungsdrohne SEEFUCHS mit hochauflösendem Nahbereichssonar und Videokamera zum Einsatz. Der SEEFUCHS kann unter Wasser geortete Objekte identifizieren und vernichten.

Auffälliges Kennzeichen der »Frankenthal«-Klasse ist der große Teleskopkran auf dem Achterschiff, der insbesondere für das Ein- und Aussetzen der Drohnen benötigt wird.

Von den ursprünglich zwölf Einheiten der »Frankenthal«-Klasse sind heute noch zehn Boote im 3. Minensuchgeschwader in Kiel vorhanden.

Fünf Boote wurden zwischen 2009 und 2012 modernisiert und mit dem oben schon erwähnten IMCMS auf den modernsten Stand der Minenjagdtechnik gebracht. Bei den drei Minenjagdboote »Bad Bevensen«, »Grömitz« und »Datteln« wurde in den letzten Jahren diese Modernisierung nachgeholt. Darüber hinaus erhielten diese Einheiten zum Simulationsräumen auch die Lenkbefähigung für die Überwasserdrohne »Seehund«. In den letzten Jahren waren dazu nur noch die beiden jetzt zu schwimmenden Plattformen für die Nachwuchswerbung genutzten Boote »Pegnitz« und »Siegburg« der »Hameln«- bzw. »Ensdorf«-Klasse in der Lage. Die Boote »Rottweil« und »Bad Rappenau« werden als Tauchereinsatzboote genutzt und können im Flachwasserbereich Minen bekämpfen.

Die Deutsche Marine hat heute mit den zehn vorhandenen Minenabwehreinheiten eine Fähigkeit zur verbundenen Seeminenabwehr, das heißt: Minenjagd, Minenräumen und Minentauchen.

Im Jahre 2006 stellten bereits »Weiden« und »Frankenthal« außer Dienst und wurden an die Marine der Vereinigten Arabischen Emirate (VAE) übergeben. Dort sollen sie sich noch offiziell im Dienst befinden, doch es gibt auch unbestätigte gegenteilige Meldungen.

Nicht vergessen werden soll eine weitere Nutzermarine. Die Werften Abeking & Rasmussen und Lürssen erhielten im Juli 1999 von der türkischen Marine den Auftrag für sechs Minenjagdboote, von denen allerdings nur das Typschiff, die am 23. Februar 2005 abgelieferte »Alanya«, in Deutschland gebaut wurde. Die fünf übrigen entstanden unter Zulieferung von Materialpaketen in der Türkei. Der Schiffsentwurf basiert auf den deutschen Einheiten. Zahlreiche Änderungen und Verbesserungen sind jedoch in die neue Klasse eingeflossen. So verfügt die »Alanya«-Klasse zum Beispiel über einen Schornstein und einen Voith-Schneider-Antrieb sowie zum Teil über andere Subsysteme und Ausrüstungskomponenten.

Minenjagdboote der »Frankenthal«-Klasse – Schiffsdaten	
Anzahl	12
Typbezeichnung	Klasse 332
Verdrängung	650 t
Länge x Breite x Tiefgang	54,40 x 9,20 x 2,84 m
Besatzungsstärke	40
Antrieb	2 x Dieselmotor
Antriebsleistung	2 x 2775 PS
Wellen / Ruder	2 / 2
Geschwindigkeit	18 kn
Fahrstrecke	unbekannt
Rohrwaffen	1 x 40-mm-Geschütz, dann im Austausch 1 x 27-mm-Geschütz
Elektronik	Führungs- und Waffeneinsatzsystem, Radar, Navigations- und Fernmeldeanlagen
Ausrüstung	Taucherdruckkammer, Teleskopkran

Minenjagdboote der »Frankenthal«-Klasse – Baudaten und Verbleib							
Name	Bord-Nr.	Bauwerft	Kiellegung	Stapellauf	in Dienst	außer Dienst	Verbleib
»Weiden«	M 1060	A&R	01.03.90	14.05.92	30.03.93	30.06.06	VAE
»Rottweil«	M 1061	KW	17.04.90	12.03.92	07.07.93		
»Sulzbach-Rosenberg«	M 1062	LW	01.09.92	27.04.95	23.01.96		
»Bad Bevensen«	M 1063	LW	19.11.90	21.01.93	09.12.93		
»Grömitz«	M 1064	KW	02.04.91	29.04.93	23.08.94		
»Dillingen«	M 1065	A&R	15.01.92	26.05.94	25.04.95		
»Frankenthal«	M 1066	LW	05.12.89	06.02.92	16.12.92	30.06.06	VAE
»Bad Rappenau«	M 1067	A&R	20.02.91	03.06.93	19.04.94		
»Datteln«	M 1068	LW	11.11.91	27.01.94	08.12.94		
»Homburg«	M 1069	KW	17.02.92	21.04.94	26.09.95		
»Fulda«	M 1058	A&R	?	29.09.97	16.06.98		
»Weilheim«	M 1059	LW	?	26.02.98	03.12.98		
Bauwerften: A&R = Werft Abeking & Rasmussen, Lemwerder, KW = Kröger Werft, Rendsburg, LW = Lürssen Werft, Vegesack							

Tauchereinsatzboot »Rottweil«. (Foto: Autor)

Minenjagdboot »Bad Bevensen«. (Foto: Autor)

Minenjagdboot »Dillingen«. (Foto: Autor)

Abb. links: Minenjagdboot »Bad Rappenau«.
(Foto: Deutsche Marine)

Abb. rechts: Das Minenjagdboot »Datteln« im September 2015 im Arsenalhafen in Kiel mit den links davor liegenden und schon seit längerer Zeit außer Dienst gestellten U-Booten »U 18« (li) und »U 16« (re).
(Foto: Autor)

Abb. links: Das Minenjagdboot »Fulda« und zwei Schwesterboote im Marinestützpunkt in Kiel. (Foto: Autor)

9.12 »SEEHUND«-KLASSE

In den Jahren 1979 bis 1982 erfolgte bei den deutschen Minensuchbooten der »Lindau«-Klasse bei sechs Booten eine Umrüstung zu Hohlstablenkbooten Klasse 351. Jedem Boot wurden anfänglich drei sogenannte Hohlstabfernräumgeräte vom Typ »Seehund« fest zugeordnet. Zusammenfassend wurden Boot und Geräte als Minenabwehrsystem Hohlstablenkboot Klasse 351 (TROIKA) bezeichnet. Später wurden die »Seehunde« in einem Pool zusammengefasst und je nach Einsatzerfordernissen den jeweiligen Lenkbooten zugeteilt.
Gebaut wurden die 18 »Seehunde«, die nicht als Boote, sondern als Schwimmendes Gerät klassifiziert sind, bei der Hamburger Werft Blohm+Voss. Hier waren schon Mitte der 1960er Jahre drei als »Seekuh« bezeichnete Vorläufer entstanden, die in den Folgejahren als Prototypen ausgiebig erprobt wurden.
Die »Seehunde« haben eine bootsähnliche Ausführung und sind äußerst schockfest gebaut. Ein zylindrischer Eisenhohlkörper – ähnlich dem Druckkörper eines U-Bootes – ist in sechs wasserdichte Abteilungen unterteilt und enthält alle für den fahr- und Räumbetrieb notwendigen Elemente. Über eine Aussetzvorrichtung am Heck können Tonbojen zum akustischen Räumen ausgebracht werden. Des Weiteren ist ein Deckshaus mit Fahrpult, Mast und Antennen vorhanden. Bis zur Windstärke 8 Bft und Seegang 4 sind die »Seehunde « einsetzbar. Mit einem 320 PS starken Dieselmotor erreichen sie 9 kn an Geschwindigkeit.

Hohlstabfernräumgeräte der »Seehund«-Klasse	
Anzahl	18
Typbezeichnung	Klasse 351
Verdrängung	98 t
Länge x Breite x Tiefgang	25,11 x 4,62 x 2,10 m
Besatzungsstärke	0 bzw. 2
Antrieb	1 x Dieselmotor
Antriebsleistung	1 x 320 PS
Geschwindigkeit	9 kn
Fahrstrecke	520 sm bei 9 kn
Ausrüstung	Fernsteuereinrichtung, Kreiselkompassanlage, Räumgenerator, Kabel- und Schleppwinde, Ankereinrichtung

Die »Seehunde« sind im Räumeinsatz ferngelenkt und können als Simulationsräumgeräte Magnet- und akustische Minen räumen. Sie werden nur in den Transitphasen mit zwei Personen besetzt. Das Minenabwehrsystem TROIKA hat daher den großen Vorteil, dass das Hohlstablenkboot selbst nicht mehr über ein Minenfeld fahren muss und somit für Personal wie Material keine Gefahr ausgeht.

Hohlstabfernräumgeräte vom Typ »Seekuh« dienten als Vorläufer der Erprobung des Minenabwehrsystems TROIKA. (Foto Blohm+Voss)

Einen scharfen Einsatz hatten »Seehunde« 1990 / 1991 in der Operation Südflanke. Dies war eine militärische Operation der Deutschen Marine im nördlichen Persischen Golf, die dazu diente die deutsche Bündnissolidarität während des Zweiten Golfkrieges zu demonstrieren und die dortige Minengefahr zu beseitigen. Annähernd 20 anderweitig nicht zu räumende Grundminen wurden dabei ohne Verluste unschädlich gemacht.

Die Hohlstabfernräumgeräte des Typs »Seehund« sind, von einigen wenigen Aussonderungen abgesehen, nach nahezu 40 Jahren noch immer im Dienst der Deutschen Marine. Sie wurden modernisiert und neuerer Technik angepasst und werden heute von den Hohlstablenkbooten der »Hameln«- respektive der »Ensdorf«-Klasse eingesetzt. Die drei als Prototypen gebauten »Seekühe« wurden nach Abschluss der Erprobungen verschrottet.

Hohlstabfernräumgerät »Seehund 9« auf dem Verlegungsmarsch. (Foto: Autor)

9.13 »BOTTROP«-KLASSE

Unter Nutzung der Geografie lässt sich mit Minen zum einen der Gegner abriegeln und zum anderen können die eigenen Küsten, Häfen und Seeverbindungen geschützt werden. Die zum Einsatzgebiet der Bundesmarine gehörende westliche Ostsee und die Ostseezugänge waren für diese Art der Seekriegführung geradezu prädestiniert. Von Anfang an spielte daher die Minenkriegführung bei der Bundesmarine eine wichtige Rolle. Das zeigt sich nicht nur an der großen Zahl der in Dienst gestellten Minensuchbooten, sondern auch in der Tatsache, dass nahezu alle Einheiten der Flotte mit an Oberdeck verlegten bzw. schnell einzubauenden Minenschienen auch Kapazitäten zum Minenlegen hatten.

Zum weiteren Ausbau der Minenverlegefähigkeit wurden im August 1960 drei amerikanische Landungsschiffe des Typs LST (Landing Ship Tank) angekauft (siehe Kapitel »Eidechse«-Klasse), um sie nach Umbau als Minenleger zu verwenden. Sie wurden amtsintern als Minenleger Klasse 370 geführt.

Die Minenleger hatten einen hohen kastenförmigen Rumpf mit Spiegelheck und Schrägbug, der in 14 Abteilungen unterteilt war. Die Aufbauten und Inneneinrichtungen der 4140 t verdrängenden Schiffe wurden entsprechend des neuen Verwendungszwecks zum Transport und zum Verlegen von Minen umgebaut und hergerichtet. Ihr typisches Aussehen als Landungsschiffe hatten die Einheiten durch den Umbau jedoch nicht verloren. Das ursprüngliche Bugflügeltor wurde allerdings, da jetzt für Anlandungen nicht mehr benötigt, dicht geschweißt. Die Hauptaufbauten mit turmförmig herausragender Brücke befanden sich im hinteren Schiffsdrittel.

Zwei General Motors Dieselmotoren mit jeweils 1125 PS sorgten für dem Antrieb. Damit erreichten die Schiffe über zwei Wellen eine Geschwindigkeit von 11 kn.

Die Bewaffnung der beiden Minenleger der »Bottrop«-Klasse bestand aus sechs 40-mm-Geschützen in zwei Einzel- und zwei Doppellafetten. Sie standen auf Flak-Ständen am Bug und am Heck der Schiffe.

An Oberdeck und in den Zwischendecks waren insgesamt 790 m Gleislänge für die Lagerung von bis zu 400 Minen verlegt. Sie führten in den Zwischendecks nach achtern zu verschließbaren Heckpforten. Zwei weitere Wurfstellen waren an Oberdeck vorhanden. Zwischen den Minendecks bestand eine Aufzugverbindung. Für die Minenübernahme bzw. Abgabe waren vier Kräne an Bord.

Die im August 1960 angekauften amerikanischen Landungsschiffe »LST 1101«, »LST 1089« und »LST 799«, die im Zweiten Weltkrieg im Pazifik und dann im Koreakrieg zum Einsatz kamen, verlegten mit den Bordnummern A 1405, A 1404 und A 1403 nach Deutschland. Am 27. Juni 1961 liefen sie in Wilhelmshaven ein. Anschließend begann der Umbau zum vorgesehenen Verwendungszweck.

Als »Bottrop« (ex »LST 1101«) und »Bochum« (ex »LST 1089«) stellten zwei Einheiten Anfang 1964 bei dem in Flensburg stationierten 1. Minenschiffgeschwader, das im Januar 1965 in Minenlegergeschwader umbenannt wurde, in Dienst.

Das dritte für den Umbau zum Minenleger vorgesehene Schiff (ex »LST 799«) wurde jedoch nie fertiggestellt. Nachdem 60 Prozent der Arbeiten durchgeführt waren, kam es zum Umbaustopp und nach mehreren Jahren als Auflieger im Juli 1970 zum Verkauf und zur Verschrottung. Das Schiff sollte als »Bamberg« in Dienst gehen.

Die Minenleger »Bottrop« und »Bochum« blieben bis 1971 im aktiven Flottendienst. Nach einer Grundüberholung wurden sie im Dezember 1972 an die Türkei abgegeben.

Minenleger der »Bottrop«-Klasse	
Schiffsnamen	»Bottrop«, »Bochum«, »Bamberg«
Typbezeichnung	Klasse 370
Verdrängung	4140 t
Länge x Breite x Tiefgang	101,37 x 15,28 x 3,98 m
Besatzungsstärke	60
Antrieb	2 x Dieselmotor
Antriebsleistung	2 x 1125 PS
Wellen / Ruder	2 / 2
Geschwindigkeit	11 kn
Fahrstrecke	15.000 sm bei 9 kn
Rohrwaffen	2 x 40-mm-Geschütz, 2 x 40-mm-Zwillings-Geschütz
Minen	400 Minen, Minenschienen
Elektronik	Radar, Navigations- und Fernmeldeanlagen

Minenleger »Bottrop«			
Bord-Nr.	A 1405, N 121		
Bauwerft	Missouri Valley, Evansville / Indiana, USA		
Baudaten	Kiellegung	Stapellauf	in Dienst
	22.11.44	03.01.45	26.01.45 06.02.64
Verbleib	am 28.09.71 außer Dienst gestellt, 1972 an die Türkei, »Bayraktar«		

Minenleger »Bottrop«. (Foto: Deutscher Marinebund)

Minenleger »Bottrop«. (Foto: Deutsche Marine)

Minenleger »Bamberg«			
Bord-Nr.	A 1403, N 122		
Bauwerft	Jefferson Boat and Machine Co., Jeffersonville / Indiana, USA		
Baudaten	Kiellegung	Stapellauf	in Dienst
	25.08.44	03.10.44	21.10.44 nicht in Dienst
Verbleib	Mitte der 1960er Jahre Umbaustopp, Auflieger in Wilhelmshaven, 1970 abgewrackt		

Minenleger »Bochum«			
Bord-Nr.	A 1404, N 120		
Bauwerft	American Bridge, Ambridge / Pennsylvania, USA		
Baudaten	Kiellegung	Stapellauf	in Dienst
	20.12.44	17.02.45	28.03.45 09.04.64
Verbleib	am 14.09.71 außer Dienst gestellt, 1972 an die Türkei, »Sancaktar«		

Minenleger »Bochum«. (Foto: Deutscher Marinebund)

9.14 »SACHSENWALD« UND »STEIGERWALD«

Die Minenleger der »Bottrop«-Klasse konnten von Anfang an wegen ihres Alters nur eine Zwischenlösung darstellen. Mitte der 1960er Jahre begann daher die Entwicklung von Ersatzbauten. Diese als Minentransporter Klasse 762 bezeichneten Schiffe sollten neben Transportaufgaben auch die Rolle als Minenleger erfüllen.
Entworfen wurde die Klasse 762 von der Werft H.C. Stülcken Sohn in Hamburg. Dort erfolgte auch noch der Baubeginn. Nach der Übernahme der Werft durch Blohm+Voss fand dann hier der Weiterbau und die Fertigstellung statt. Die beiden Minentransporter erhielten die Namen der Höhenzüge Sachsenwald und Westerwald. Im August 1969 stellten die auf diese Namen getauften Schiffe in Dienst.
Das Aussehen der beiden Minentransporter war geprägt von einem hohen stählernem Rumpf mit leichtem Deckssprung, Schrägbug und Spiegelheck. Die aus Aluminium gefertigten Aufbauten erstreckten sich fast über die gesamte Schiffslänge und waren für den ABC-Schutz mit einer Zitadelle ausgestattet. Die Schiffe hatten 13 Abteilungen und 3380 t an Verdrängung. Zwei Maybach Dieselmotoren mit jeweils 2800 PS Leistung ga-

Minentransporter »Sachsenwald und »Steigerwald«	
Typbezeichnung	Klasse 762
Verdrängung	3380 t
Länge x Breite x Tiefgang	110,71 x 13,92 x 4,20 m
Besatzungsstärke	65
Antrieb	2 x Dieselmotor
Antriebsleistung	2 x 2800 PS
Wellen / Ruder	2 / 2
Geschwindigkeit	17 kn
Fahrstrecke	3000 sm bei 17 kn
Rohrwaffen	2 x 40-mm-Zwillings-Geschütz
Minen	670 bis 1050 Minen, Minenschienen
Elektronik	Radar,Navigations- und Fernmeldeanlagen

Die beiden Minentransporter »Sachsenwald« und »Steigerwald« vermutlich während der Bauzeit am Ausrüstungspier.
(Foto: Deutscher Marinebund)

ben den beiden Minentransportern über zwei Wellen eine Geschwindigkeit von 17 kn.
Zur Bewaffnung gehörten zwei 40-mm-Zwillings-Geschütze, die zur Selbstverteidigung auf erhöhten Plattformen am Bug und am Heck aufgestellt waren.
Je nach Modell konnten in den vier Minenladeräumen 670 bis 1050 Minen untergebracht werden. Im Zwischendeck waren parallel verlaufende Gleise mit Querverbindungen verlegt. Achtern endeten diese an den durch Klappen verschlossenen vier Wurframpen. Weitere Gleise mit zwei Wurfstellen waren an Oberdeck vorhanden. Vier Minenaufzüge dienten dem schiffinternen Umverteilen der Minen. Für den Minenumschlag auf längsseits liegenden Übernahmeeinheiten waren vier 3-t-Bordkräne verfügbar.
Am 20. August 1969 gingen die beiden Minentransporter »Sachsenwald« und »Steigerwald« gleichzeitig in Dienst. Zunächst gehörten sie zum Kommando der Trossschiffe, dann zum Minenlegergeschwader und wechselten im Januar 1972 ihre Unterstellung zum 1. Minensuchgeschwader in Flensburg, wo sie bis zu ihrer Außerdienststellung im Jahr 1991 bzw. 1993 verblieben. Beide Minentransporter wurden 1995 abgewrackt.
Zuvor waren die Minentransporter »Sachsenwald« und »Steigerwald« Anfang 1991 noch mal bei einem humanitären Hilfseinsatz eingesetzt. An Stelle der sonst üblichen Minen bestand die Ladung dieses Mal aus 1200 t Lebensmitteln aus den Reservebeständen der Bundeswehr. Zielhafen war Leningrad / St. Petersburg. Durch den Zerfall der Sowjetunion war in Russland eine äußerst angespannte Versorgungslage eingetreten und die Bundesrepublik Deutschland leistete auf diese Art und Weise Hilfe.

Minentransporter »Sachsenwald«			
Bord-Nr.	A 1437		
Bauwerft	H.C. Stülcken Sohn, Hamburg, Blohm+Voss, Hamburg		
Baudaten	Kiellegung	Stapellauf	in Dienst
	01.08.66	10.12.66	20.08.69
Verbleib	am 26.09.91 außer Dienst gestellt, 1995 abgewrackt		

Minentransporter »Steigerwald«			
Bord-Nr.	A 1438		
Bauwerft	H.C. Stülcken Sohn, Hamburg, Blohm+Voss, Hamburg		
Baudaten	Kiellegung	Stapellauf	in Dienst
	09.05.66	10.03.67	20.08.69
Verbleib	am 04.11.93 außer Dienst gestellt, 1995 abgewrackt		

Auf dieser Aufnahme der Achterschiffe von den beiden Minentransportern »Sachsenwald« und »Steigerwald« sind die vier Klappen der Wurfstellen am Heck gut zu erkennen.
(Foto: Bibliothek für Zeitgeschichte)

Minentransporter »Steigerwald«. (Foto: Deutsche Marine)

10. AMPHIBISCHE EINHEITEN

10.1 »EIDECHSE«-KLASSE

Mit Aufstellungsbefehl Nr. 86 vom 10. Oktober 1958 wurde am 1. November 1958 das Kommando der Amphibischen Streitkräfte in Wilhelmshaven aufgestellt. Von der US-amerikanischen Marine kamen als Erstausstattung mehrere außer Dienst gestellte Landungsschiffe, die bereits im Zweiten Weltkrieg und im Koreakrieg im Einsatz waren.

LANDUNGSSCHIFFE VON DER AMERIKANISCHEN MARINE

Sieben Landungsschiffe des Typs LST (Landing Ship Tank) kamen im Juni 1961 nach Deutschland. Während des Zweiten Weltkriegs baute die US Navy für ihre amphibischen Operationen über 1000 Einheiten von diesem Schiffstyp. Bei der Bundesmarine sollten sie aber nicht mehr als Landungsschiffe eingesetzt werden.

Landungsschiff »Eidechse«. (Foto: Deutscher Marinebund)

Für drei dieser LST war der Einsatz als Minenschiffe vorgesehen. Bei »Bochum« (ex »LST 1089«) und »Bottrop« (ex »LST 1101«) kam es noch zur Umsetzung des Vorhabens. Der Umbau des dritten LST wurde jedoch eingestellt. Als »Bamberg« (ex »LST 799«) hätte es in Dienst gehen sollen (siehe Kapitel »Bottrop«-Klasse). Die »LST 967« und »LST 1119« wurden zu den Werkstattschiffen »Odin« und »Wotan« umgebaut (siehe Kapitel »Wieland«, »Odin« und »Wotan«).
Für die beiden übrigen angekauften Landungsschiffe, »LST 987« und »LST 1041«, ergab sich in der Bundesmarine keine Verwendung mehr. Zunächst war ebenfalls der Umbau in Werkstattschiffe vorgesehen. Dann sollten sie als Schwimmende Arsenale Verwendung finden. Aber auch dieses Vorhaben kam nicht zur Umsetzung. Im Jahre 1970 erfolgte ihr Verkauf.
Mit der »City of Havanna« verhielt es sich ähnlich. Als Landing Ship Dock LSD 11 »Cutlas« für die amerikanische Marine gebaut und im Februar 1944 in Dienst gestellt, kam das Schiff über mehrere Zwischenbesitzer und nach mehreren Namensänderungen sowie zum Fährschiff umgebaut 1961 nach Deutschland. Als Dock-, Werkstatt- und Basisschiff »WS 1« sollte es Verwendung finden. Doch dazu ist es nie gekommen. Auch die angedachte alternative Verwendung als Wohnschiff kam nicht zustande. Im März 1965 erfolgte der Verkauf an eine griechische Reederei.
Zwei weitere der angekauften Einheiten stellten als Landungsunterstützungsboote »Otter« (ex »LSM (R) 532«) und »Natter« (ex »LSM (R) 534«) in Dienst (siehe Kapitel »Otter« und »Natter«).

Landungsschiffe der »Eidechse«-Klasse	
Schiffsnamen	»Krokodil«, »Eidechse«, »Salamander«, »Viper«
Typbezeichnung	Klasse 550
Verdrängung	1080 t
Länge x Breite x Tiefgang	62,06 x 10,52 x 2,59 m
Besatzungsstärke	50
Antrieb	2 x Dieselmotor
Antriebsleistung	2 x 1830 PS
Wellen / Ruder	2 / 2
Geschwindigkeit	13 kn
Fahrstrecke	2500 sm bei 12 kn
Rohrwaffen	1 x 40-mm-Zwillings-Geschütz
Elektronik	Radar, Navigations- und Fernmeldeanlagen
Ausrüstung	auf »Krokodil« Operationsraum, Lazarett und Hubschrauberlandedeck vorhanden

Landungsschiff »Eidechse«			
Bord-Nr.	L 751		
Bauwerft	Brown Shipbuilding, Houston / Texas, USA		
Baudaten	Kiellegung	Stapellauf	in Dienst
	?	?	1944 05.09.58
Verbleib	am 21.03.73 außer Dienst gestellt, Pipeline Carrier in Großbritannien		

LANDUNGSSCHIFFE DER »EIDECHSE«-KLASSE

Außer den oben aufgeführten ehemaligen Landungsschiffen der US Navy kaufte die Bundesmarine noch vier Einheiten des Typs LSM (Landing Ship Medium), die bereits im August 1958 übernommen wurden. Schon in den USA wurden sie grundüberholt und stellten als Landungsschiffe Klasse 550 »Krokodil« (ex »LSM 537«), »Eidechse« (ex »LSM 491«), »Salamander« (ex »LSM 553«) und »Viper« (ex »LSM 558«) in Dienst.
Die Einheiten hatten das für diesen Kriegsschifftyp typische Aussehen: pontonförmiger Schiffskörper mit Spiegelheck und Bugrampe mit davor sitzenden Flügeltoren. Die Aufbauten befanden sich in einer Art von Inselform in Schiffsmitte an Steuerbord. Die Verdrängung wird mit 1080 t angegeben. Im Hinblick auf ihre Kriegsverwendung im pazifischen Inselspringen waren die Einheiten bewusst einfach gebaut, da man ihnen keine allzu lange Lebensdauer zuschrieb.
Als Antrieb waren zwei General Motors Dieselmotoren von jeweils 1830 PS eingebaut, die jeweils auf eine Welle wirkten und den Schiffen eine Geschwindigkeit von 13 kn ermöglichten.
Die Bewaffnung war auf die Selbstverteidigung ausgelegt. Am Bug stand über der Landerampe ein 40-mm-Zwillings-Geschütz. Die elektronische Ausrüstung bestand aus Radar, Navigations- und Fernmeldeanlagen. An Zuladung konnten die Landungsschiffe der »Eidechse«-Klasse sechs mittlere Panzer und 100 Mann oder zehn schwere Transportfahrzeuge oder 350 t an Gütern mitnehmen.
Die vier übernommenen Einheiten der »Eidechse«-Klasse wurden als 2. Landungsgeschwader zusammengefasst. Nach mehrmonatiger Ausbildung in den USA verlegten sie im November / Dezember 1958 nach Deutschland. Im Folgejahr verholten die Landungsschiffe in verschiedene Hamburger Werften. Sie wurden dabei in der Technik, insbesondere aber bei den Unterkünften deutschen Verhältnissen angeglichen.
Das Landungsschiff »Krokodil« wurde als Arzt- und Führungsboot ausgerüstet. Ein Operationsraum und ein Lazarett für 28 Personen wurden eingebaut. Außerdem erhielt das Landungsschiff auf dem Achterschiff ein Hubschrauberlandedeck.
Später war »Krokodil« schon im Vorgriff Erprobungsträger für Anlagen und Geräte, die auf den Neubauten einer geplanten Klasse 502 Verwendung finden sollten. So wurde das Landungsschiff zum Beispiel mit einer neuen Bugrampe, die auf die doppelte Länge ausklappbar war, ausgerüstet. Zum Bau dieser

Landungsschiff »Eidechse«. (Foto: Deutscher Marinebund)

Klasse 502 ist es aber für die Bundesmarine nicht gekommen. Zwei 1190 t verdrängende Einheiten dieses Typs entstanden jedoch 1978 / 1979 bei den Howaldtswerken in Hamburg für die nigerianische Marine.

Bedingt durch die wiederholte Änderung und Umbenennungen in der Organisation und Gliederung der Marine war die »Eidechse«-Klasse unterschiedlichen Kommandos zugeteilt. Stationen waren: 2. Landungsgeschwader, Kommando der Amphibischen Streitkräfte, Amphibische Gruppe, 1. Landungsgeschwader, Amphibische Transportgruppe und nochmals Amphibische Gruppe. Mit dem Verbandswechsel waren auch stets Ortswechsel verbunden, die sich zwischen Kiel, Wilhelmshaven, Emden und Borkum abspielten.

Etwas über zehn Jahre blieb die »Eidechse«-Klasse im Dienst der Bundesmarine. Die Einheiten holten 1969, 1972 und 1973 ihre Flaggen und Wimpel nieder und wurden in der Folge verkauft. Bei »Salamander« kam es zur anschließenden Verschrottung. Die drei übrigen hatten noch im zivilen Bereich eine weitere Karriere.

Landungsschiff »Salamander«. (Foto: Deutsche Marine)

Landungsschiff »Salamander«			
Bord-Nr.	L 752		
Bauwerft	Marinewerft, Charleston / South Carolina, USA		
Baudaten	Kiellegung	Stapellauf	in Dienst
	?	?	1944 05.09.58
Verbleib	am 14.02.69 außer Dienst gestellt, 1970 abgewrackt		

Landungsschiff »Viper«			
Bord-Nr.	L 753		
Bauwerft	Marinewerft, Charleston / South Carolina, USA		
Baudaten	Kiellegung	Stapellauf	in Dienst
	?	?	1944 05.09.58
Verbleib	am 14.03.69 außer Dienst gestellt, 1970 Fährschiff »Duchess of Holland«, 1973 »Oil Dragon«, 1986 »Seacore Dragon« 1992 abgewrackt		

Landungsschiff »Krokodil«			
Bord-Nr.	L 750		
Bauwerft	Brown Shipbuilding, Houston / Texas, USA		
Baudaten	Kiellegung	Stapellauf	in Dienst
	?	?	1944 05.09.58
Verbleib	am 15.12.72 außer Dienst gestellt, Pipeline Carrier in Großbritannien		

Landungsschiff »Viper«. (Foto: Deutscher Marinebund)

10.2 »OTTER« UND »NATTER«

Unter den bei der amerikanischen Marine angekauften Landungsschiffen (siehe Kapitel »Eidechse«-Klasse) waren auch zwei Einheiten des Typs LSM (R) (Landing Ship Medium (Rocket)). Diese Landungsschiffsversion hatte sich im Zweiten Weltkrieg bei der US Navy aus der Tatsache ergeben, dass bei den zahlreichen Landungsoperationen im Pazifikkrieg ein erheblicher Bedarf an Feuerunterstützung notwendig war, den die verfügbaren Schlachtschiffe, Kreuzer und Zerstörer nicht decken konnten. Deshalb wurden zahlreiche der vorhandenen und in Massenproduktion befindlichen Landungsschiffe des Typs LSM (Landing Ship Medium) mit Artillerie und Raketenwerfern ausgerüstet.
Als Landungsunterstützungsschiff Klasse 551 stellten im September 1958 die beiden erworbenen Einheiten unter den Namen »Otter« (ex »LSM (R) 532«) und »Natter« (ex »LSM (R) 534«) zusammen mit den vier Landungsschiffen der »Eidechse-Klasse als 2. Landungsgeschwader in den USA in Dienst.
Der modifizierte LSM-Typ hatte achtern angeordnete Aufbauten. Damit hatte man den Platz für die Rohrwaffen und die Raketen geschaffen. Der Rumpf war in elf Abteilungen unterteilt. Die Verdrängung belief sich auf 1084 t. Aus Stabili-

Landungsunterstützungsschiffe »Otter« und »Natter«	
Typbezeichnung	Klasse 551
Verdrängung	1084 t
Länge x Breite x Tiefgang	64,06 x 10,36 x 2,84 m
Besatzungsstärke	100
Antrieb	2 x Dieselmotor
Antriebsleistung	2 x 1830 PS
Wellen / Ruder	2 / 2
Geschwindigkeit	13 kn
Fahrstrecke	2500 sm bei 12 kn
Bewaffnung	16 x 127-mm-Raketenwerfer, 1 x 127-mm-Turm, 2 x 40-mm-Zwillings-Geschütz
Elektronik	Radar, Navigations- und Fernmeldeanlagen

Landungsunterstützungsschiff »Otter«. Man beachte den Heimatwimpel, der bei Beendigung einer über halbjährlichen Auslandsreise gesetzt werden durfte. Womöglich zeigt die Aufnahme das erste Einlaufen in Wilhelmshaven. (Foto: Bibliothek für Zeitgeschichte)

Landungsunterstützungsschiff »Otter«			
Bord-Nr.	L 754		
Bauwerft	Brown Shipbuilding, Houston / Texas, USA		
Baudaten	Kiellegung	Stapellauf	in Dienst
	02.06.45	07.07.45	12.10.45 05.09.58
Verbleib	am 15.12.67 außer Dienst gestellt, 1971 abgewrackt		

Landungsunterstützungsschiff »Natter«			
Bord-Nr.	L 755		
Bauwerft	Brown Shipbuilding, Houston / Texas, USA		
Baudaten	Kiellegung	Stapellauf	in Dienst
	09.06.45	14.07.45	17.10.45 05.09.58
Verbleib	am 15.12.67 außer Dienst gestellt, 1971 abgewrackt		

Landungsunterstützungsschiff »Natter«. Gut zu erkennen sind die Raketenwerfer und die vorhandene Artilleriebewaffnung.

(Foto: Bibliothek für Zeitgeschichte)

tätsgründen mussten die Landungsunterstützungsschiffe mit 110 m³ Ballastwasser fahren.

Als Antrieb waren zwei General Motors Dieselmotoren mit zusammen 3660 PS vorhanden. Mit zwei Wellen erreichten die Schiffe eine Geschwindigkeit von 13 kn.

Die Bewaffnung von »Otter« und »Natter« bestand aus einem 127-mm-Turm, zwei 40-mm-Zwillings-Geschützen und acht Zweiergruppen von 127-mm-Raketenwerfern. Die beiden Landungsunterstützungsschiffe waren somit die ersten Raketenträger in der Bundesmarine.

Zusammen mit der »Eidechse«-Klasse verlegten »Otter« und »Natter« im November / Dezember 1958 nach Deutschland. Während der Indiensthaltung wurden die beiden Schiffe mehrfach modernisiert. Sie stellten zugleich am 15. Dezember 1967 außer Dienst, wurden verkauft und 1971 verschrottet.

Abb. rechts: Die an Steuerbord angeordnete Reihe der Raketenwerfer auf einem der beiden Landungsunterstützungsschiffe.

(Foto: Deutscher Marinebund)

10.4 »BARBE«-KLASSE

Mit einer der ersten Großverbände der neu aufgestellten Bundesmarine war das Kommando der amphibischen Streitkräfte. Die Grundausstattung an Landungsschiffen kam Ende der 1950er Jahre zunächst noch aus den USA. Die erste deutsche Eigenentwicklung auf dem amphibischen Sektor waren dann die 22 Landungsboote der »Barbe«-Klasse, die die offizielle Typbezeichnung Landungsboot Klasse 520 erhielten. Alle Boote wurden nach Fischen (Ausnahme: »Delphin«, »Tümmler«) benannt und in den Jahren 1964 bis 1966 in Hamburg bei den Howaldtswerken gebaut. Während ihrer Planungsphase war auch die Typbezeichnung Mehrzwecklandungsboot üblich.

Truppen, Waffen und Ausrüstung im Konfliktfall zu einem bestimmten Landeplatz an der Küste zu transportieren war ihr zugedachter Verwendungszweck. Als Einsatzgebiet war die dänische und die deutsche Ostseeküste einschließlich der zahlreichen vorgelagerten Inseln vorgesehen, wo eine schnelle Verlegbarkeit von Landstreitkräften sichergestellt werden musste. Hier befürchtete man eine Bedrohung durch Landungsunternehmen von östlicher Seite. Die Durchführung von eigenen Kampflandungen war für die Landungsboote der »Barbe«-Klasse nicht vorgesehen. Hierzu waren sie weder ausgelegt noch geeignet. Des Weiteren war ihnen jedoch die Rolle des Minenlegens zugedacht. Hier bot sich der Vorteil, dass beim Fehlen von landfesten Einrichtungen und Pieranlagen die Übernahme der Minen auch über den offenen Strand an jedem beliebigen Ort hätte stattfinden können.

Die Landungsboote der »Barbe«-Klasse waren speziell für die Verhältnisse in Nord- und Ostsee konstruiert. Sie hatten einen flachen, kastenförmigen und in zwölf Abteilungen unterteilten stählernen Rumpf. Vorn und achtern war jeweils eine Rampe zur Be- und Entladung vorhanden. Mittels Bolzen (achtern) und Bolzenöffnung (Bugrampe) ließen sich die Boote zusammenkuppeln. So konnte bei Bedarf eine längere schwimmende Landungsbrücke hergestellt werden. Das durchgehende Ladedeck hatte eine Fläche von 230 m². Die 407 t verdrängenden Landungsboote konnten eine Zuladung von 142 t mitnehmen. Achtern war ein Heckanker vorhanden, mit dem man das Boot nach der Anlandung wieder vom Strand ziehen konnte. Die anfangs offene und nur mit einem Wetterschutz aus Segeltuch versehene Brücke wurde ab 1973 bei allen Booten geschlossen. Unter dem Ladedeck waren die Mannschaftsunterkünfte und Maschinenräume angeordnet.

Die Antriebsanlage der »Barbe«-Klasse bestand aus zwei MWM Dieselmotoren mit jeweils 510 PS Leistung. Die Boote hatten zwei Wellen und erreichten 12 kn an Geschwindigkeit.

Ursprünglich war nur ein 20-mm-Geschütz vor der Brücke eingerüstet. Später erhielten die Boote eine zweite Waffe gleichen Kalibers, die achtern auf den Aufbauten zur Aufstellung kam. Die elektronische Ausrüstung der Boote beschränkte sich auf eine Radaranlage sowie Navigations- und Fernmeldeeinrichtungen.

Die neuen Landungsboote der »Barbe«-Klasse wurden im 1. Landungsgeschwader in Wilhelmshaven zusammengefasst. Im Juli 1968 verlegte das Geschwader nach Borkum und kam im März 1977 als Landungsbootgruppe nach Kiel. Neben ihren eigentlichen typspezifischen Aufgaben, die sie in zahlreichen Manövern und Übungen immer wieder eindrucksvoll unter Beweis stellen konnten, kamen die Boote der »Barbe«-Klasse aber auch anderweitig zum Einsatz.

Im Rahmen der Nachwuchswerbung und Öffentlichkeitsarbeit der Marine machten Landungsboote zahlreiche Rheinreisen. Im tiefen Binnenland waren sie für tausende von »Sehleuten« Anziehungspunkt und Attraktion.

Die »Inger« diente in der Seemannschaftslehrgruppe auf Borkum als Schulboot. »Butt« und »Brasse« kamen bei der Strandmeisterkompanie zum Einsatz. Fünf Boote wurden direkt nach der Bauabnahme in Wilhelmshaven bei der damaligen Reserveflottille einkokoniert. Davon stellten drei erst 1973 / 1974 in Dienst. Die beiden anderen Boote (»Renke«, »Salm«) wurden zu Geräteeinheiten herabgestuft, im September 1988 als solche ausgesondert und an die griechische Marine abgegeben.

Bis Anfang der 1990er Jahre blieben die Boote als Landungsbootgruppe im Dienst. Der Zusammenbruch des Warschauer Pakts und die Wiedervereinigung Deutschlands führten zu völlig neuen militärischen Konstellationen. Im Rahmen der nun folgenden Reduzierung der Bundeswehr wurden die amphibischen Verbände der Marine dann auch aufgelöst.

Die griechische Marine erhielt nochmals acht Einheiten, wovon vier als Materialreserve und Ersatzteillager dienten. Sieben außer Dienst gestellte Landungsboote wurden der Verwertung zugeführt. Die verbliebenen fünf Boote (»Flunder«, »Lachs«, »Plötze«, »Schlei«, »Zander«) kamen zunächst zur Flottille der Minenstreitkräfte und verlegten nach Olpenitz zum 5. Minensuchgeschwader. Von 1998 bis 2005 gehörten sie zum neu aufgestellten 3. Minensuchgeschwader. Danach gingen drei dieser Einheiten außer Dienst. »Flunder« und »Plötze« wurden verschrottet. »Zander« ist heute im Besitz der Marinekameradschaft Mannheim und trägt jetzt den Namen »Götz von Mannheim«.

»Lachs« und »Schlei« blieben als letzte Überlebende der Klasse 520 zunächst noch unter deutscher Flagge und kamen in Eckernförde bei den Spezialkräften der Marine in Verwendung. Mit Wirkung vom April 2014 unterstanden sie dem Marinestützpunktkommando Eckernförde. Seit Oktober 2017 ist auch die »Schlei« außer Dienst. Die »Lachs« steht immer noch für Übungen dem Seebataillon in Eckernförde zur Verfügung. Der über 50-jährige Veteran ist jedoch für reale Einsatzzwecke nicht mehr tauglich.

Das Landungsboot »Lachs« mit einem achtern angekoppelten Schwesterboot. (Foto: Deutscher Marinebund)

Landungsboote der »Barbe«-Klasse»« – Schiffsdaten	
Anzahl	22
Typbezeichnung	Klasse 520
Verdrängung	407 t
Länge x Breite x Tiefgang	40,04 x 8,81 x 2,10 m
Besatzungsstärke	15
Antrieb	2 x Dieselmotor
Antriebsleistung	2 x 510 PS
Wellen / Ruder	2 / 2
Geschwindigkeit	12 kn
Fahrstrecke	unbekannt
Rohrwaffen	2 x 20-mm-Geschütz
Elektronik	Radar, Navigations- und Fernmeldeanlagen

Landungsboot »Stör«. (Foto: Deutscher Marinebund)

Landungsboote der »Barbe«-Klasse – Baudaten und Verbleib						
Name	Bord-Nr.	Kiellegung	Stapellauf	in Dienst	außer Dienst	Verbleib
»Flunder«	L 760	26.08.65	06.01.66	22.02.66	16.05.01	Abbruch
»Karpfen«	L 761	26.08.65	05.01.66	22.02.66	30.01.92	Abbruch
»Lachs«	L 762	29.11.65	17.02.66	24.03.66		noch aktiv
»Plötze«	L 763	01.12.65	16.02.66	24.03.66	07.09.01	Abbruch
»Rochen«	L 764	22.12.65	18.03.66	26.04.66	14.02.92	Griechenland
»Schlei«	L 765	21.02.66	17.05.66	26.07.66	26.10.17	unbekannt
»Stör«	L 766	21.02.66	18.05.66	26.07.66	16.09.92	Abbruch
»Tümmler«	L 767	25.03.66	14.06.66	26.07.66	16.09.92	Abbruch
»Wels«	L 768	25.03.66	15.06.66	26.07.66	16.05.01	Abbruch
»Zander«	L 769	25.04.66	13.07.66	26.08.66	28.02.02	Heimschiff
»Butt«	L 788	30.10.64	28.03.65	07.05.65	04.12.92	Abbruch
»Brasse«	L 789	30.10.64	28.03.65	07.05.65	16.04.92	Abbruch
»Barbe«	L 790	05.08.65	26.11.65	10.01.66	26.09.91	Griechenland
»Delphin«	L 791	05.08.65	25.11.65	10.01.66	26.09.91	Griechenland
»Dorsch«	L 792	22.12.65	17.03.66	26.04.66	26.09.91	Griechenland
»Felchen«	L 793	17.01.66	19.04.66	23.06.66	25.10.91	Griechenland
»Forelle«	L 794	17.01.66	20.04.66	07.06.66	01.11.91	Griechenland
»Inger«	L 795	25.04.66	14.07.66	05.08.74	09.09.92	Abbruch
»Makrele«	L 796	23.05.66	22.08.66	22.05.73	08.11.91	Griechenland
»Muräne«	L 797	23.05.66	23.08.66	22.05.73	14.02.92	Griechenland
»Renke«	L 798	28.06.66	22.09.66	---	(30.09.88)	Griechenland
»Salm«	L 799	28.06.66	23.09.66	---	(30.09.88)	Griechenland

Das Landungsboot »Schlei« im Marinestützpunkt Eckernförde. (Foto: Autor)

Ein Schützenpanzer Marder verlässt ein Landungsboot. Links im Bild ist das Landungsboot »Butt« zu sehen. (Foto: Deutsche Marine)

Die Landungsboote »Flunder«, »Lachs« und »Stör« haben angelandet. Alle Boote haben noch die alte Brückenform. (Foto: Archiv Autor)

Landungsboote der »Barbe«-Klasse am Strand. (Foto: Deutsche Marine)

10.4 LCA – LCU – LCM

Die Aufbauphase der Bundesmarine war unter anderem auch stark amphibisch geprägt. Zusammen mit dem dänischen Bündnispartner sollte die Ostseeküste verteidigt und gegnerischen Seestreitkräften die Nutzung der Ostseezugänge verwehrt werden.
Neben den aus den USA angekauften Landungsschiffen und den neu gebauten Mehrzwecklandungsbooten wurde eine Vielzahl der unterschiedlichsten Typen an kleineren Landungsbooten für den Küstenumschlag und zu Transportaufgaben im küstennahen Bereich beschafft. Diese Einheiten wurden allerdings nicht alle als Kriegsschiffe in Dienst gestellt, sondern teilweise nur als Schwimmendes Gerät geführt.

LCA 30

Bereits im Oktober 1958 erhielt die Bundesmarine von der englischen Royal Navy zehn Boote des Typs LCA (Landing Craft Assault). Sie erhielten keine Namen, sondern nur die Nummern LCA 30 bis 31 sowie LCA 33 bis 40. Die kastenförmigen Boote waren teilweise aus Holz gebaut. Sie unterstanden dem damaligen Seebataillon. An Bewaffnung hatten sie nur Maschinengewehre an Bord. Sie blieben bis 1967 im Dienst und wurden dann nach den Niederlanden verkauft.

LCU 1

Von der US Navy kam 1958 LCU 1 (Landing Craft Utility). Das 337 t verdrängende und damit schon recht große Boot stellte am 12. März 1959 beim damaligen Marine-Pionier-Batallion (später Seebataillon) in Dienst. Neben seinen Transportaufgaben kam LCU 1 auch als Mutter- und Führungsboot für die LCA zum Einsatz und blieb wie diese bis 1967 im Dienst. An Bewaffnung waren zwei 20-mm-Geschütze eingerüstet. Je nach Gewicht konnten zwei bis vier Panzer oder 150 t an Ladung transportiert werden. Nach seinem Verkauf fand LCU 1 im Binnenland noch einige Jahre weitere Nutzung als Hafenbaufahrzeug.

LCM 10

Aus dem Bestand der amerikanischen Rhine River Patrol kamen im Januar 1958 sechs Boote vom Typ LCM (Landing Craft Medium) zur damaligen Flusspionierkompanie des Territorialheeres. Schon im September wurden sie an die Marine weitergegeben und dort als LCM 10 sowie LCM 602 bis 606 in Dienst gestellt. Die Ladekapazität betrug einen Kampfpanzer oder hundert voll ausgerüstete Soldaten oder 55 t an Transportgütern. Mitte 1969 wurden die Boote ausgemustert.

LCM 231

Im Jahr 1961 übernahm die Marine aus Heeresbeständen nochmals fünf weitere LCM. Sie trugen die Kennungen LCM 231, LCM 233 sowie LCM 235 bis 237 und waren Neubauten des Typs »Mannheim 59« der Flusspioniere. Die Boote waren reine Flussfahrzeuge und konnten mit ihrer nur geringen Seetüchtigkeit auch nur in unmittelbarer Küstennähe zum Einsatz kommen. Diese LCM dienten überwiegend für Versuche und Erprobungen und waren verschiedenen Kommandos unterstellt. Mitte der 1960er Jahre erfolgte die Rückgabe an das Heer, wo sie bei den Flusspionieren weiter im Dienst blieben. Gelegentlich waren Boote des Typs »Mannheim 59« immer mal wieder zu Schießabschnitten an der Ostseeküste. Heute sind einige dieser Boote in ziviler Nutzung noch immer aktiv.

LCM 1

In den Jahren 1964 bis 1967 wurden 28 LCM neu gebaut und damit die bisherige Typenvielfalt beendet. Die beiden Prototypen dieser Bauserie entstanden bei der Hamburger Werft Blohm+Voss. Die Nachfolgebauten fertigte die Rheinwerft Walsum in Duisburg. Die Verwendung dieser als Transport- und Versorgungsboote gebauten Einheiten, die von militärischen oder von zivilen Besatzungen gefahren wurden, war höchst uneinheitlich. Die »militärischen« Boote gehörten zu den unterschiedlichsten amphibischen Verbänden oder den Marineschulen. Die »zivilen« LCM waren hingegen für die Stützpunktkommandos im Einsatz. Ein Teil der Boote befand sich auch im Reservestatus als Auflieger an Land aufgebockt. Zunächst führten die Boote nur eine Kennnummer (LCM 1 bis 28), später erhielten sie die Namen von Meerestieren und auch NATO-Kennnummern. Auch ihr Aussehen variierte je nach Verwendung und wies leichte Änderungen (Mastform, Ladebaum, Wetterschutz auf der Brücke) auf. Von 1989 bis Mitte der 1990er Jahre gingen alle Einheiten außer Dienst. Zum Teil wurden sie danach an die griechische Marine abgeben, fanden aber auch anderweitige zivile Weiterverwendungen.

Bootsnummern	LCA 30–31 LCA 33–40	LCU 1	LCM 10 LCM 602–606	LCM 231 LCM 233 LCM 235–237	LCM 1–28
Anzahl	10	1	6	5	28
Typbezeichnung	Klasse 552	Klasse 554	Klasse 553	Klasse 555	Klasse 521
Verdrängung	9 t	337 t	58,7 t	89 t	116 t
Länge	11,81 m	31,80 m	19,28 m	25,05 m	20,60 m
Breite	3,10 m	9,75 m	6,40 m	7,18 m	6,41 m
Tiefgang	0,60 m	1,21 m	1,20 m	0,80 m	1,39 m
Besatzungstärke	3–4	12	4–5	6–10	3
Antrieb	2 x OM	3 x DM	2 x DM	2 x DM	2 x DM
Antriebsleistung	2 x 90 PS	3 x 198 PS	2 x 170 PS	2 x 216 PS	2 x 342 PS
Wellen / Ruder	2 / 2	3 / 3	2 / 2	2 / 2	2
Geschwindigkeit	8,5 kn	10 kn	10 kn	10 kn	10 kn
Ladekapazität	25 Soldaten	150 t	55 t	90 t	60 t
Bewaffnung	MG	2 x 20-mm-Geschütz	MG	2 x 20-mm-Geschütz	ohne
Elektronik	ohne	Radar	ohne	ohne	Radar

Abkürzungen: OM = Ottomotor, DM = Dieselmotor, MG = Maschinengewehr

LCA 35.
(Foto: Deutsche Marine)

LCU 1. (Foto: Deutsche Marine)

Ein LCM des Typs »Mannheim 59« wird heute noch als Einsatzfahrzeug bei der Feuerwehr in Remagen genutzt. (Foto: Autor)

LCA 40. (Foto: Bibliothek für Zeitgeschichte)

LCM 603 bei einer Umschlageübung mit einem Küstenmotorschiff. Dahinter ist ein Schwimmauto des Typs DUKW zu sehen.

(Foto: Deutsche Marine)

LCM 13 »Sardine«. (Foto: Deutsche Marine)

LCM 25 – »Muschel«. (Foto: Deutsche Marine)

10.5 SCHWIMMAUTOS

Für den Küstenumschlag standen der Bundesmarine verschiedene Typen von amphibischen Transportfahrzeugen zur Verfügung. Diese Schwimmautos waren auch für den allgemeinen Straßenverkehr zugelassen und führten das Y-Kfz-Kennzeichen der Bundeswehr.

DUKW

Aus amerikanischen Beständen konnte der Typ DUKW übernommen werden, der noch aus dem Zweiten Weltkrieg stammte. Die Typenbezeichnung DUKW der Herstellerfirma General Motors bedeutete: D = 1942; U = Utility (Amphib); K = Front Wheel Drive; W = Two rear driving axles. Die offizielle deutsche Bezeichnung für das dreiachsige Fahrzeug lautete: »LKW 2,5 t gl Schwimm (6x6)«. Nach ihrer Außerdienststellung Mitte der 1960er Jahre gingen die Schwimmautos größtenteils an das Technische Hilfswerk.

LARC

Als Ablösung für die DUKW stellten 1965 / 1966 in großer Stückzahl und in verschiedenen Gewichtsklassen Schwimmautos des Typs LARC in Dienst. Die Abkürzung für diese ebenfalls amerikanische Entwicklung bedeutet: »Lighter Amphibious Resupply Cargo«. Sie kamen bei verschiedenen amphibischen Kommandos zum Einsatz, fanden allerdings dort keine allzu häufige Verwendung und standen großteils im Marinearsenal oder in Depots. Im Zuge der mehrfachen Umorganisation der Amphibischen Gruppe wurden sie bis Anfang der 1980er Jahre ausgesondert und verkauft.

Schwimmauto vom Typ DUKW. (Foto: Deutsche Marine)

Schwimmautos vom Typ LARC V bei einer Küstenumschlagsübung. (Foto: Deutsche Marine)

Abb. rechts: Schwimmautos vom Typ LARC V beim Transport von Grundminen. (Foto: Deutsche Marine)

Typbezeichnungen	DUKW	LARC V	LARC XV	LARC 60
Anzahl	?	192	47	8
Leergewicht	6750 kg	7500 kg	17.500 kg	98.000 kg
Länge	9,45 m	10,70 m	13,60 m	18,60 m
Breite	2,50 m	3,05 m	4,30 m	8,10 m
Höhe	2,69 m	3,10 m	4,17 m	5,80 m
Besatzungsstärke	2	2	4	?
Anzahl der Motoren	1	1	2	4
Motorgesamtleistung	90 PS	270 PS	270 PS	165 PS
Geschwindigkeit an Land	80 km/h	45 km/h	40 km/h	25 km/h
Geschwindigkeit im Wasser	10 km/h	15 km/h	15 km/h	12 km/h
Nutzlast	2500 kg	4500 kg	13.600 kg	60.000 kg

Abb. links: Schwimmauto vom Typ LARC 60. (Foto: Deutsche Marine)

Schwimmauto vom Typ LARC XV. (Foto: Deutscher Marinebund)

Abb. rechts: Schwimmauto vom Typ LARC 60. (Foto: Deutsche Marine)

11. TENDER

11.1 »RHEIN«-KLASSE

Als Tender bezeichnet man im Allgemeinen Mutterschiffe, die Bootsgeschwader bei der Erhaltung der personellen und materiellen Einsatzfähigkeit unterstützen. Auf rückwärtigen Wartepositionen versorgen sie die Boote mit Verbrauchsgütern, Munition und Ersatzteilen. Auf ihnen sind bei Seefahrten Teile des Geschwaderstabes, Unterstützungsgruppen und Sanitätspersonal eingeschifft. Für die Besatzungen der Geschwaderboote sind Wohndecks vorhanden.
Als Unterstützungseinheiten für die zahlreichen im Zulauf befindlichen neuen Schnellboote, Minensuchboote und U-Boote befanden sich deshalb auch unter den ersten Neubauten der Bundesmarine 13 Tender. Sie wurden nach Flüssen benannt und werden nach dem Typschiff auch als »Rhein«-Klasse bezeichnet. Je nach dem zu betreuenden Bootstyp ist bei den Tendern zwischen den Klassen 401, 402 und 403 zu unterscheiden. Der Bau der Einheiten erfolgte auf verschiedenen Werften.

SCHNELLBOOTTENDER

Die Stahlschiffe hatten 14 Abteilungen, Aufbauten aus Leichtmetall und Einrichtungen zum ABC-Schutz. Schrägbug, eine erhöhte und leicht ansteigende Back, Spiegelheck und kastenförmige Aufbauten sowie ein großer Schornstein bestimmten das optische Bild der Tender Klasse 401. Der zwischen Brücke und Schornstein platzierte Dreibeinmast diente als Sensor- und Antennenträger.
Der Antrieb bestand aus sechs Maybach Dieselmotoren, die jeweils eine Leistung von 2400 PS auf die beiden Wellen brachten und so 20 kn an Geschwindigkeit ermöglichten. Die Schiffe kamen bei den Schnellbootgeschwadern zum Einsatz.
Die Tender waren artilleristisch stark bewaffnet, um zusätzlich zu den oben genannten Aufgaben den auf den Ankerplätzen längsseits liegenden Booten auch Schutz gegen Luft- und Überwasserangriffe geben zu können. Auf der Back und auf der Schanz war je ein 100-mm-Turm vorhanden. Von den vier 40-mm-Geschützen befanden sich zwei vor der Brücke und zwei im Bereich der achteren Aufbauten. Mit ihrer Sensorik und Fernmeldeausstattung waren sie in der Lage ein Lagebild aufzubauen und aufzubereiten. Je nach Verbandszugehörigkeit variierten Ausrüstung und Ausstattung der einzelnen Tender.

Tender »Ruhr« mit gesetztem Heimatwimpel bei der Rückkehr von einer längeren Auslandsreise. (Foto: Deutscher Marinebund)

MINENSUCHBOOTTENDER

Die äußerlich und schiffbaulich gleich ausgeführten und den Minensuchgeschwadern zugeordneten Tender der Klasse 402 waren mit einem diesel-elektrischen Antrieb ausgestattet. Sie hatten ebenfalls sechs Maybach Dieselmotoren. Mit ihrer Leistung von 2280 PS wirkten diese jeweils auf einen Fahrgenerator von 1320 kW und versorgten damit die beiden 3736 kW starken Elektro-Fahrmotoren mit elektrischem Strom. Auch hier betrug die erreichte Geschwindigkeit 20 kn. Die Bewaffnung und die elektronische Ausrüstung entsprach im Wesentlichen den Schnellboottendern.

U-BOOTTENDER

Die beiden U-Boottender der Klasse 403, »Lahn« und »Lech«, unterschieden sich im Aussehen wesentlich von der Klasse 401 und 402. Auf der Decksebene der Back und ein Deck tiefer auf dem Hauptdeck waren die Aufbauten wesentlich länger angeordnet. Insgesamt gesehen erstreckten sie sich fast über die gesamte Schiffslänge. Sie besaßen das gleiche Antriebssystem wie die Minensuchboot-Tender.
Da U-Boote als Einzelfahrer keinen Verbandsschutz benötigten, hatten die beiden Tender der Klasse 403 auch nur eine auf den Eigenschutz ausgerichtete Bewaffnung von zwei 40-mm-Zwillings-Geschützen an Bord.
Die Aufgabe der U-Boottender bestand fast ausschließlich in der logistischen Unterstützung der U-Boote. Bei Übungen und bei Fahrten in außerheimischen Gewässern waren auch auf ihnen Teile des Geschwaderstabes, Unterstützungsgruppen und Sanitätspersonal eingeschifft. Ebenso standen den U-Bootbesatzungen Kojenkapazitäten und Spindraum zur Verfügung.
Insbesondere in den Torpedoschießabschnitten der U-Boote mussten »Lahn« und »Lech« ein umfangreiches Aufgabenspektrum bewältigen. Sie waren in allen Belangen logistischer Abstützpunkt für die teilnehmenden U-Boote und für das Erprobungspersonal, dienten während der Seephasen als Sicherungsschiffe in den Tauchquadraten und fungierten zugleich als Zielschiffe. Weiterhin waren die Tender dafür zuständig, die von den U-Booten geschossenen Übungstorpedos zu bergen und zu lagern.

NEUE AUFGABEN FÜR DIE SCHNELLBOOT- UND MINENSUCHBOOTTENDER

Im Laufe der Zeit verlagerten sich auch die Aufgaben der Schnellboot- und Minensuchboottender immer mehr in den rein logistischen und unterstützenden Bereich. Zum einen wegen veralteter Effektoren und Sensoren und zum anderen wurden ab den 1970er Jahren die eingeschifften Systemunterstützungsgruppen (SUG) für die Einsatzbereitschaft der mittlerweile im Dienst befindlichen, wesentlich moderneren zweiten Generation von Schnellbooten und Minenabwehreinheiten zunehmend unerlässlich. Die SUGs reparierten auf denen am Tender längsseits liegenden Booten die im Seebetrieb ausgefallenen elektronischen Anlagen und stellten die Einsatz- und Kampfbereitschaft der Boote sicher.

Tender der »Rhein«-Klasse – Schiffsdaten

Schiffsnamen	»Rhein«, »Elbe«, »Weser«, »Main«, »Ruhr«, »Neckar«, »Werra«, »Donau«	»Isar«, »Saar«, »Mosel«	»Lahn«, »Lech«
Typbezeichnung	Klasse 401	Klasse 402	Klasse 403
Verdrängung	2740 t	3010 t	2886 t
Länge x Breite x Tiefgang	98,18x x11,83 x 5,20 m	98,53 x 11,83 x 5,20 m	98,36 x 11,83 x 5,20 m
Besatzungsstärke	122	99	114
Antrieb	6 x Dieselmotor	6 x Dieselmotor	6 x Dieselmotor, 2 x Elektro-Fahrmotor
Antriebsleistung	6 x 2400 PS	6 x 2280 PS, 2 x 3736 kW	6 x 2280 PS 2 x 3736 kW
Wellen / Ruder	2 / 2	2 / 2	2 / 2
Geschwindigkeit	20 kn	20 kn	20 kn
Fahrstrecke	?	2500 sm bei 16 kn	2500 sm bei 12 kn
Rohrwaffen	2 x 100-mm-Turm, 4 x 40-mm-Geschütz	2 x 100-mm-Turm 4 x 40-mm-Geschütz	2 x 40-mm-Zwillings-Geschütz
Radar	See- und Luftraumüberwachungsradar, Feuerleitradar, Navigationsradar	See- und Luftraumüberwachungsradar, Feuerleitradar, Navigationsradar	See- und Luftraumüberwachungsradar, Feuerleitradar, Navigationsradar
Sonar	Rumpfsonar	Rumpfsonar	Rumpfsonar
Elektronik	Navigations- und Fernmeldeanlagen	Navigations- und Fernmeldeanlagen	Navigations- und Fernmeldeanlagen

DER VERBLEIB

Die Tender »Weser«, »Ruhr« und »Donau« fanden Anfang der 1960er Jahre vorübergehend als Schulschiffe Verwendung. Bereits Mitte bis Ende der 1970er Jahre gingen »Weser«, »Isar« und »Ruhr« an die griechische und an die türkische Marine. Nach den allgemeinen Außerdienststellungen zu Anfang der 1990er Jahre erhielt die Türkei die Tender »Elbe« und »Donau«. Im französischen Flottenhandbuch Flottes de Combat 2018 sind sie immer noch als aktive Schiffe der türkischen Marine aufgeführt. Die übrigen Einheiten – »Rhein«, »Main«, »Neckar«, »Werra«, »Saar« und »Mosel« – wurden der Verwertung zugeführt und verschrottet.

Tender »Lech« war von 1968 bis 1975 vorübergehend außer Dienst und als Auflieger in der Reserveflottille einkokoniert. Danach gehörte er zum 3. U-Bootgeschwader in Eckernförde. Tender »Lahn« stand durchgehend beim 1. U-Bootgeschwader in Kiel im Einsatz. Nach den Außerdienststellungen wurden beide Einheiten verkauft und abgewrackt.

Tender »Neckar« passiert die Tower Bridge in London. (Foto: Autor)

Tender »Isar«. (Foto: Blohm+Voss)

Tender der »Rhein«-Klasse – Baudaten und Verbleib

Name	Bord-Nr.	Bauwerft	Kiellegung	Stapellauf	in Dienst	außer Dienst	Verbleib
Klasse 401 – Schnellboottender							
»Rhein«	A 58	SR	?	10.12.59	06.11.61	26.06.92	Abbruch
»Elbe«	A 61	SR	01.09.59	05.05.60	17.04.62	17.12.92	Türkei
»Weser«	A 62	EW	01.08.59	11.06.60	14.07.62	31.05.68	Griechenland
»Main«	A 63	LI	01.08.59	23.07.60	29.06.63	25.11.93	Abbruch
»Ruhr«	A 64	SR	?	18.08.60	02.05.64	20.12.71	Türkei
»Neckar«	A 66	LW	22.12.60	26.06.61	07.12.63	31.08.89	Abbruch
»Werra«	A 68	LI	05.10.59	26.03.63	02.09.64	21.03.91	Abbruch
»Donau«	A 69	SL	24.12.59	26.11.60	23.05.64	01.12.94	Türkei
Klasse 402 – Minensuchboottender							
»Isar«	A 54	B+V	?	14.07.62	25.01.64	15.02.68	Türkei
»Saar«	A 65	NW	15.12.59	11.03.61	11.05.63	06.05.92	Abbruch
»Mosel«	A 67	SW	?	15.12.60	08.06.63	28.06.90	Abbruch
Klasse 403 – U-Boottender							
»Lahn«	A 55	FL	17.04.61	21.11.61	24.03.64	25.04.91	Abbruch
»Lech«	A 56	FL	20.07.61	04.05.62	08.12.64	30.06.89	Abbruch

Bauwerften: B+V = Werft Blohm+Voss, Hamburg, EW = Elsflether Werft, Elsfleth,
FL = Flenderwerke, Lübeck, LI = Lindenau Werft, Kiel, LW = Lürssen Werft, Vegesack,
NW = Norderwerft, Hamburg, SL = Schlichting Werft, Travemünde, SR = Schlieker Werft, Hamburg

Tender »Saar« und Schnelle Minensuchboote der »Schütze«-Klasse in Kiellinie. (Foto: Deutscher Marinebund)

Tender »Lahn«. (Foto: Deutscher Marinebund)

Tender »Lech« mit längsseits liegenden U-Booten der »U 13«-Klasse. (Foto: Autor)

11.2 »ELBE«-KLASSE

Die Bundesmarine ging Ende der 1980er Jahre mit Nachdruck daran, die vorhandenen Tender der »Rhein«-Klasse durch neue Schiffe zu ersetzen. Die mittlerweile fast 30 Jahren alten Einheiten wurden zwar mehrfach in der Aufgabenstellung angepasst, waren aber vom waffen- und betriebstechnischen Zustand her überaltert, hatten mit über 100 Mann eine viel zu große Besatzung und waren in den Unterhaltungskosten zu teuer geworden.

Bei den neuen als Tender Klasse 404 bezeichneten Einheiten verzichtete man aus Kostengründen auf eine Bewaffnung und baute die Schiffe weitestgehend – wie es auch schon bei den Flottendienstbooten der »Oste«-Klasse der Fall war – nach Handelsschiffstandard. Ihr Einsatzschwerpunkt liegt im logistischen und unterstützenden Bereich. Kampfaufgaben wie sie ihre Vorgänger zu erfüllen hatten, waren nicht mehr vorgesehen.

Die sechs neuen Einheiten wurden von 1992 bis 1994 beim Bremer Vulkan in Bremen, der Flensburger Schiffbaugesellschaft in Flensburg und bei den Flenderwerken in Lübeck gebaut. Sie übernahmen die Namen von Vorgängern und werden demzufolge nach der ersten vom Stapel gelaufenen Einheit als »Elbe«-Klasse bezeichnet.

Der stählerne Schiffskörper ist in elf Abteilungen unterteilt. Die vorderen Abteilungen werden für die Lagerung von Munition und Ausrüstung genutzt. In den hinteren Abteilungen sind die Antriebsanlage und die Proviantlagerräume untergebracht. Der Doppelboden und die seitlich vorhandenen Hochtanks nehmen die flüssigen Ver- und Entsorgungsgüter auf. In den kurzen, hohen Aufbauten im letzten Schiffsdrittel sind Wohnräume sowie der Funkraum und die Brücke untergebracht. Auf den Tendern ist ausreichende Unterbringungskapazität für einzuschiffendes Personal wie etwa die Systemunterstützungsgruppe (SUG) und / oder das Stabspersonal.

Hinter den Aufbauten besitzt die rund 3200 t verdrängende »Elbe«-Klasse ein Hubschrauberlandedeck, das für einen 10-t-Hubschrauber ausgelegt ist. Vor den Aufbauten ist an Oberdeck die Abstellmöglichkeit von bis zu 24 Containern vorhanden.

Nicht nur versorgen, sondern auch entsorgen gehört zum Tätigkeitsfeld der Tender. Sie haben deshalb Müllentsorgungseinrichtungen und Abwasseraufbereitungsanlagen, um auch im Sinne des Umweltschutzes die Schnell- und Minensuchboote unterstützen zu können.

Die wachfreie Maschinenanlage der »Elbe«-Klasse besteht aus einem KHD-MWM Dieselmotor. Er hat eine Leistung von 3335 PS und gibt den Ein-Wellen-Schiffen eine Geschwindigkeit von 15 kn.

Ein Bewaffnung war bei der Planung der »Elbe«-Klasse nicht vorgesehen. Dementsprechend wurden die Einheiten auch unbewaffnet in Dienst gestellt. Im Hinblick auf die seit der Jahrtausendwende neuen Einsatzszenarien und den Einsatz in Krisenregionen erhielten die Schiffe zunächst zwei 20-mm-Geschütze auf der Back eingerüstet. Später wurden diese durch das Marineleichtgeschütz MLG 27 ausgetauscht. Des Weiteren sind Fliegerfaustständе vorhanden.

Die elektronische Ausrüstung besteht aus Radaranlagen sowie Navigations- und Fernmeldeanlagen. Die Tender sind auch so ausgerüstet, dass die Funktion als Führungsplattform wahrgenommen werden kann.

Vier der sechs Tender der »Elbe«-Klasse wurden nach Indienststellung dem 2., 3., 5. und 7. Schnellbootgeschwader zugeordnet. In gleicher Reihenfolge waren dies die Tender »Donau«, »Rhein«, »Main« und »Elbe«. Die Tender »Werra« und »Mosel« gingen zum 1. und 5. Minensuchgeschwader.

Im Mai 2005 löste der Tender »Main« den ehemaligen, zum U-Boottender umgebauten Kleinen Versorger »Meersburg« im 1. U-Bootgeschwader ab und ist seither diesem Verband zugeordnet. Für diesen neuen Einsatzzweck wurde das Schiff für die speziellen Belange der U-Boote umgebaut und ausgerüstet.

Im Zuge der Außerdienststellung der letzten Bootsgeschwader im bisherigen Sinne wurde im September 2016 das Unterstützungsgeschwader neu aufgestellt. Alle Tender der »Elbe«-Klasse

Tender der »Elbe«-Klasse	
Schiffsnamen	»Elbe«, »Mosel«, »Rhein«, »Werra«, »Main«, »Donau«
Typbezeichnung	Klasse 404
Verdrängung	3170 t
Länge x Breite x Tiefgang	100,58 x 15,40 x 4,05 m
Besatzungsstärke	40 (Stammpersonal), 12 (Stabspersonal), 38 (SUG)
Antrieb	1 x Dieselmotor
Antriebsleistung	1 x 3335 PS
Wellen / Ruder	1 / 1
Geschwindigkeit	15 kn
Fahrstrecke	2000 sm bei 12 kn
Rohrwaffen	2 x 20-mm-Geschütz, dann im Austausch 2 x 27-mm-Geschütz
Elektronik	Radar, Navigations- und Fernmeldeanlagen
Ausrüstung	Hubschrauberlandedeck, 1 x Bordkran, 24 x Containerstellplatz

wurden in diesem Geschwader zusammengefasst und in Kiel und Warnemünde disloziert. Beabsichtigt ist jedoch in den kommenden Jahren eine Konzentration der Tender in Kiel vorzunehmen.

Kernauftrag des Unterstützungsgeschwaders ist es, Logistik- und Führungsplattformen im nationalen und internationalen Rahmen bereitzustellen. Daraus abgeleitet unterstützen die Tender national wie auch international schwimmende Boots- und Einsatzverbände. Sie dienen zudem als Führungsplattformen. Einen weiteren Schwerpunkt im Aufgabenbereich der Tender bildet, wie seit jeher praktiziert, die Teilnahme an den ständigen Einsatzverbänden der NATO. Seit 2015 werden Tender auch regelmäßig als Einzelfahrer in EU-Operationen im Mittelmeer eingesetzt.

Die Nutzungsdauer der Tender der »Elbe«-Klasse ist derzeit bis Ende der 2020er Jahre vorgesehen.

Tender »Elbe«			
Bord-Nr.	A 511		
Bauwerft	Bremer Vulkan, Bremen		
Baudaten	Kiellegung	Stapellauf	in Dienst
	11.05.92	24.06.92	28.01.93
Verbleib	im aktiven Dienst der Deutschen Marine		

Tender »Mosel«			
Bord-Nr.	A 512		
Bauwerft	Bremer Vulkan, Bremen		
Baudaten	Kiellegung	Stapellauf	in Dienst
	29.12.92	22.04.93	22.07.93
Verbleib	im aktiven Dienst der Deutschen Marine		

Tender »Elbe«. (Foto: Autor)

Abb. rechts: Im Rahmen eines Auslandseinsatzes durchquert der Tender »Mosel« den Kanal von Korinth. (Foto: Deutsche Marine)

Tender »Rhein«			
Bord-Nr.	A 513		
Bauwerft	Flensburger Schiffbaugesellschaft, Flensburg		
Baudaten	Kiellegung	Stapellauf	in Dienst
	07.10.92	11.03.93	22.09.93
Verbleib	im aktiven Dienst der Deutschen Marine		

Tender »Werra«			
Bord-Nr.	A 514		
Bauwerft	Flensburger Schiffbaugesellschaft, Flensburg		
Baudaten	Kiellegung	Stapellauf	in Dienst
	11.11.92	17.06.93	09.12.93
Verbleib	im aktiven Dienst der Deutschen Marine		

Tender »Rhein«. (Foto: Autor)

Tender »Werra«. (Foto: Deutsche Marine)

Tender »Main«			
Bord-Nr.	A 515		
Bauwerft	Flenderwerke, Lübeck		
Baudaten	Kiellegung	Stapellauf	in Dienst
	03.08.92	15.06.93	23.06.94
Verbleib	im aktiven Dienst der Deutschen Marine		

Tender »Donau«			
Bord-Nr.	A 516		
Bauwerft	Flenderwerke, Lübeck		
Baudaten	Kiellegung	Stapellauf	in Dienst
	25.06.93	24.03.94	22.11.94
Verbleib	im aktiven Dienst der Deutschen Marine		

Tender »Main«. (Foto: Deutsche Marine)

Tender »Main« mit einem eingeschifften Hubschrauber des Typs SEA KING. (Foto: Autor)

Tender »Donau«. (Foto: Deutsche Marine)

12. VERSORGUNGSCHIFFE

12.1 BETRIEBSSTOFF- UND MATERIALTRANSPORTER

Denkt man an Seestreitkräfte, so stehen in der Regel Kampfschiffe, Schnellboote, Minenabwehrfahrzeuge und nicht zu vergessen die U-Boote an vorderster Stelle. Selten kommen dabei die Versorgungseinheiten in den Fokus des Betrachters. Doch gerade diese sind unersetzlich für den Einsatz der Kampfschiffe und -boote. Ohne sie läuft nichts. Für Schiff und Besatzung werden von der schwimmenden Versorgung Verpflegung, Verbrauchs- und Nachschubgüter der unterschiedlichsten Art, Munition und Betriebsstoffe bereit gehalten und nachgeführt. Diese unmittelbare und einsatzdirekte logistische Unterstützung von Marineverbänden erhöht nachhaltig deren Seeausdauer, Durchhaltefähigkeit, Flexibilität sowie Operationsfreiheit und macht sie unabhängig von einer Abstützung auf fernab gelegene, landgebundene logistische Einrichtungen.
Mehr oder weniger von Anfang an verfügte die Bundesmarine mit dem 1959 / 1960 aufgestellten Kommando der Trossschiffe, aus dem später die Versorgungsflottille hervorging, über eine schwimmende Versorgungskomponente. Aus angekaufter und dann mit Seeversorgungseinrichtungen ausgerüsteter Gebrauchttonnage konnten bereits 1959 mehrere Betriebsstoff- und Materialtransporter in Dienst gestellt werden. Neben weiteren Schiffsankäufen lief hierzu parallel die Planung und die Fertigung von Neubauten.

BETRIEBSSTOFFTRANSPORTER

Als erste Versorgungseinheit der Bundesmarine dürfte der am 1. Juli 1956 vom Seegrenzschutz übernommene Hafentanker »Eutin« gelten. Das Schiff lief 1943 als »Ramsöy« für die Kriegsmarine vom Stapel und wurde im Oktober 1954 aus amerikanischem Beutebestand kostenlos an den Seegrenzschutz übergeben. Nach seiner Außerdienststellung bei der Bundesmarine wurde das Schiff verkauft und blieb unter seinem Namen »Eutin« weiter in Fahrt.
Auch der Hafentanker »Borkum« kann noch auf eine Dienstzeit bei der Kriegsmarine zurückblicken. Das im Jahr 1936 vom Stapel gelaufene Schiff wurde 1945 amerikanische Kriegsbeute. An die Bundesmarine zurückgegeben, setzte es am 1. November 1956 unter seinem alten Namen erneut die deutsche Flagge. Die angekauften Tanker und Schwesterschiffe »Unkas« und »Sioux« setzten als Betriebsstofftransporter »Bodensee« und »Wittensee« am 26. März 1959 Flagge und Wimpel. »Bodensee« kam zehn Jahre später als Auflieger zur Reserveflottille und stellte dann endgültig am 26. Oktober 1976 außer Dienst. Im Rahmen der NATO-Waffenhilfe ging das Schiff anschließend in die Türkei. Es erhielt dort den Namen »Inebolu«. Die »Wittensee« blieb bis 1995 im Dienst und wurde dann in die Niederlande verkauft. Damit kam das Schiff mit 36 Dienstjahren auf die längste Dienstzeit von allen Versorgungseinheiten der ersten Generation. Die beiden Tanker unterschieden sich geringfügig in den Aufbauten und im Vorschiffbereich. Zwei Ladebäume und zwei Seeversorgungsstationen gehörten zu ihrer Ausrüstung.
Mit 11.580 BRT war der Große Betriebsstofftransporter »Frankenland« das »Dickschiff« unter den Trossschiffen. Sie lief 1950 in England als »Powell« vom Stapel. 1957 erhielt das von einer deutschen Reederei gekaufte Schiff den Namen »Münsterland«. Die Indienststellung als »Frankenland« bei der Bundesmarine erfolgte Anfang 1959. Fast zwanzig Jahre blieb das Schiff als Großer Betriebsstofftransporter im Marinedienst. Danach erfolgte der Verkauf nach Schottland zum Abbruch. Die »Frankenland« besaß sechs Ladebäume und drei Seeversorgungsstationen.
Die 1937 für einen norwegischen Eigner als »Kongsdal« bei der Bremer Vulkan-Werft gebaute »Jeverland« kam 1956 nach Deutschland. Bevor die Bundesmarine 1959 das Schiff erwarb und im gleichen Jahr in Dienst stellte, war sie zunächst als »Ammerland« unter ziviler Flagge in Fahrt gewesen. Die »Jeverland« hatte ein recht kurzes Marineleben. Im September 1968 wurde der in Kiel als stationärer Depottanker mit reduzierter Besatzung genutzte Große Betriebsstofftransporter schon wieder ausgesondert und zum Abbruch nach Spanien verkauft.
Die 1943 vom Stapel gelaufene »Münsterland« stammt aus Italien und wurde erst nach dem Zweiten Weltkrieg fertig gestellt. Als »Angela Germana« war sie dort in Fahrt. Für die Bundesmarine angekauft, kam sie 1961 nach Deutschland und stellte im Oktober in Dienst. Nach 16 Jahren war die Zeit des Großen Betriebsstofftransporters abgelaufen. Zum Verschrotten verkauft, endete sein Schiffsleben in Schottland. Als Ausrüstung besaß die »Münsterland« sieben Ladebäume und drei Seeversorgungsstationen.
Auch der Bau der »Emsland« begann während des Zweiten Weltkrieges in Italien. Als »Antonio Zotti« erfolgte die Ablieferung allerdings erst 1948 an den italienischen Auftraggeber. Nach Ankauf durch die Bundesmarine war zunächst eine Grundüberholung fällig, bevor das Schiff im November 1961 in Dienst gehen konnte. Bis 1977 blieb die »Emsland« als Großer Betriebsstofftransporter der Bundesmarine erhalten. Sie hatte

insgesamt neun Ladebäume und drei Seeversorgungsstationen. Nach der Außerdienststellung erfolgte die Verschrottung in Schottland.
Als »Claere Jung« wurde die in Hamburg auf der Norderwerft gebaute »Harz« am 26. November 1953 an ihren Auftraggeber abgeliefert. Zehn Jahre später erfolgte der Ankauf durch die Bundesmarine. Nach dem Umbau setzte der Betriebsstofftransporter am 27. Mai 1963 Flagge und Wimpel. Fast 30 Jahre blieb das mit drei Ladebäumen und drei Seeversorgungsstationen ausgerüstete Schiff der Marine erhalten, bevor es am 31. März 1992 außer Dienst stellte. Ein Jahr später erfolgte der Verkauf nach Nigeria.

MATERIALTRANSPORTER

Mit den Schwesterschiffen »Borée« und »Hebé« kaufte die Bundesmarine im Jahr 1959 zwei Frachtmotorschiffe aus Frankreich an und stellte die 1954 bzw. 1955 vom Stapel gelaufenen Schiffe nach Umbau als Kleine Materialtransporter »Angeln« und »Dithmarschen« in Dienst. Schon wenige Jahre später erhielten die beiden Trossschiffe nach und nach Verstärkung durch den Zulauf von acht Neubauten der als Kleiner Versorger bezeichneten »Lüneburg«-Klasse. Zwölf Jahre blieb die »Angeln« in Dienst, vier weitere Jahre die »Dithmarschen«. Beide Einheiten wurden anschließend im Rahmen der NATO-Waffenhilfe an die Türkei abgegeben und setzten dort als »Ülkü« und »Umurbey« erneut Flagge und Wimpel.
Darüber hinaus unterhielt die Bundesmarine in den 1960er Jahren drei weitere kleinere angekaufte Einheiten, die bei wechselnden Unterstellungen überwiegend als Materialtransporter und Materialdepotschiffe genutzt wurden. Die »Siegerland« ex »Leuchtenberg 3« war ein Binnenmotorschiff, die »Pfälzerland« ex »Lucetta« ein Küstenmotorschiff und die »Sauerland« ex »Rolandseck« ein kleineres Frachtmotorschiff. Nach ihren Außerdienststellungen und Verkauf blieben diese Einheiten unter ziviler Flagge noch einige Jahre als Handelsschiffe in Fahrt.

Hafentanker »Eutin«. (Foto: Deutscher Marinebund)

Betriebsstoff- und Materialtransporter – Tabelle Schiffsdaten											
Name	Bord-Nr.	Klasse	BRT	Länge x Breite x Tiefgang	Bes.	Geschw.	Fahrstrecke	Zuladung	in Dienst	außer Dienst	Verbleib
»Eutin«	Y 825	763	145	32,30 x 6,50 x 2,29 m	6	8 kn	?	150 t	01.07.56	04.04.72	Verkauf
»Borkum«	Y 824	763	286	37,52 x 7,60 x 3,60 m	6	8,5 kn	?	300 t	01.11.56	10.03.88	Verkauf
»Bodensee«	A 1406	763	998	67,37 x 9,87 x 4,36 m	21	13,5 kn	6240 sm / 12 kn	1231 t	26.03.59	26.10.76	Türkei
»Wittensee«	A 1407	763	998	67,51 x 9,86 x 4,43 m	21	13,5 kn	6240 sm / 12 kn	1238 t	26.03.59	10.08.95	Verkauf
»Frankenland«	A 1439	780	11.580	166,72 x 21,42 x 9,07 m	54	13,5 kn	18.700 sm/ 13 kn	16.060 t	13.04.59	31.03.77	Abbruch
»Jeverland«	Y 826	780	10.011	155,67 x 20,14 x 8,69 m	27	13,5 kn	?	13.465 t	29.04.59	30.09.68	Abbruch
»Münsterland«	A 1441	780	6330	140,18 x 16,54 x 8,27 m	50	13 kn	?	9154 t	16.10.61	31.05.77	Abbruch
»Emsland«	A 1440	780	6484	140,36 x 16,54 x 7,83 m	53	13 kn	11.000 sm / 13 kn	9111 t	07.11.61	15.08.77	Abbruch
»Harz«	A 1428	766	2793	92,34 x 13,21 x 6,70 m	28	13 kn	7200 sm / 11 kn	3525 t	27.05.63	31.03.92	Verkauf
»Eifel«	A 1429	766	3579	101,76 x 14,43 x 7,63 m	40	13 kn	7300 sm / 12 kn	4720 t	27.05.63	26.03.92	Verkauf

Materialtransporter – Tabelle Schiffsdaten											
Name	Bord-Nr.	Klasse	BRT	Länge x Breite x Tiefgang	Bes.	Geschw.	Fahrstrecke	Zuladung (t)	In Dienst	außer Dienst	Verbleib
»Angeln«	A 1408	764	2101	90,53 x 13,32 x 6,20 m	57	19 kn	3660 sm / 15kn	2665	27.11.59	31.03.71	Türkei
»Dithmarschen«	A 1409	764	2103	90,53 x 13,32 x 6,20 m	62	19 kn	3660 sm / 15 kn	2670	19.12.59	02.06.75	Türkei
»Siegerland«	Y 832	785	530	67,00 x 8,20 x 2,52 m	6	9 kn	?	350	10.10.60	31.03.69	Verkauf
»Pfälzerland«	A 1443	785	407	49,20 x 7,90 x 2,03 m	9	12 kn	?	410	15.12.60	15.04.69	Verkauf
»Sauerland«	A 1442	785	1305	71,70 x 10,74 x 4,24 m	17	12 kn	?	1755	15.12.60	14.05.69	Verkauf

Hafentanker »Borkum«. (Foto: Deutsche Marine)

Der Betriebsstofftransporter »Bodensee« mit der alten Bordnummer A 54. (Foto: Bibliothek für Zeitgeschichte)

Betriebsstofftransporter »Wittensee«. (Foto: Deutsche Marine)

Großer Betriebsstofftransporter »Münsterland«. (Foto: Deutsche Marine)

Der Große Betriebsstofftransporter »Emsland« hat ein Versorgungsmanöver beendet und läuft wieder ab. (Foto: Autor)

Abb. links: Der Betriebsstofftransporter »Harz« bei einem Versorgungsmanöver. (Foto: Autor)

Abb. rechts: Betriebsstofftransporter »Eifel«. (Foto: Deutsche Marine)

Abb. links: Kleiner Materialtransporter »Angeln«. (Foto: Deutsche Marine)

Der Materialtransporter »Siegerland« war ein ehemaliges Binnenmotorschiff. (Foto: Deutsche Marine)

Der Materialtransporter »Sauerland« bei der Passage des Nord-Ostsee-Kanals. Das Schiff führt noch die alte Bordnummer Y 830. (Foto: Bibliothek für Zeitgeschichte)

12.2 »WALCHENSEE«-KLASSE

Die vier Schiffe der »Walchensee«-Klasse – amtsintern Kleiner Betriebsstofftransporter Klasse 703 – zählten zu der ersten Rüstungsgeneration der Bundesmarine. Die Beschaffung der nach deutschen Binnenseen benannten Schiffe geht zurück auf das Hilfsschiff-Programm von 1959. Die Auftragserteilung erfolgte 1964. Gebaut wurden die Tankschiffe in den Jahren 1964 bis 1967 auf der Kieler Lindenau Werft.

Die Schiffe hatten einen Stahlrumpf und waren in 13 Abteilungen unterteilt. Die achtern gelegenen Aufbauten waren in Leichtmetallbauweise ausgeführt. Außerdem besaß die 2174 t verdrängende »Walchensee«-Klasse vollen ABC-Schutz. Das heißt: Die Innenräume konnten gasdicht verschlossen und das ganze Schiff unter einen Wassersprühschirm gelegt werden.

Die Maschinenanlage bestand aus zwei MWM Dieselmotoren mit jeweils 690 PS Leistung. Über eine Sammelgetriebe wirkten sie auf eine Welle. Die Höchstgeschwindigkeit wird mit 12,5 kn angegeben.

Neben dem Standard-Versorgungsgeschirr auf zwei Versorgungsstationen war ein 3-t-Ladebaum vorhanden. Die beiden Schiffe hatten eine Zuladungskapazität von 1300 t Kraftstoff und 60 t Frischwasser.

Die Indienststellungen der vier Kleinen Betriebsstofftransporter erfolgten direkt beim Kommando der Trossschiffe, das im Januar 1967 in Versorgungsflottille umbenannt wurde. Im Oktober 1967 wechselten die Unterstellungen von »Walchensee« und »Ammersee« zum 1. Versorgungsgeschwader in Kiel. Die Schiffe kamen dann in den Marinestützpunkten Flensburg und Olpenitz zum Einsatz.

Analog hierzu gingen »Tegernsee« und »Westensee« im April 1968 zum 2. Versorgungsgeschwader in Wilhelmshaven. »Westensee« war bis 1969 in Emden und dann in Wilhelmshaven stationiert. Danach wechselte das Schiff 1994 in die Ostsee und versorgte in Warnemünde die Einheiten der Schnellbootflottille mit Kraftstoff. »Tegernsee« hatte durchgängig Wilhelmshaven als Heimatstützpunkt.

Die Hauptaufgabe der Klasse 703 war die Betriebsstoffversorgung von Schiffen in den Häfen, auf Reede und in den Küstengewässern. Die geringe Größe ermöglichte das problemlose Längseitsgehen bei den zu versorgenden Einheiten. Zusätzlich wurde die »Walchensee«-Klasse zu Transportaufgaben zwischen den Depots und anderen Versorgungseinrichtungen eingesetzt. Die Begleitung und Versorgung von Bootsverbänden war eine weitere Aufgabe der Kleinen Betriebsstofftransporter.

»Walchensee« und »Westensee« stellten 2001 und 2003 außer Dienst. Während »Westensee« den Weg der Verschrottung gehen musste, wurde das Typschiff »Walchensee« zunächst in Nigeria als ziviler Tanker weiter genutzt und dann 2010 ebenfalls abgewrackt.

»Ammersee« und »Tegernsee« blieben bis Dezember 2015 im Dienst und erreichten somit eine fast 50-jährige Dienstzeit. Die beiden Kleinen Betriebsstofftransporter sind noch als Auflieger in den Häfen des Marinearsenals vorhanden. Der endgültige Verbleib ist nicht bekannt.

Kleiner Betriebsstofftransporter der »Walchensee«-Klasse	
Schiffsnamen	»Walchensee«, »Ammersee«, »Tegernsee«, »Westensee«
Typbezeichnung	Klasse 703
Verdrängung	2174 t
Länge x Breite x Tiefgang	74,20 x 11,22 x 4,45 m
Besatzungsstärke	21
Antrieb	2 x Dieselmotor
Antriebsleistung	2 x 690 PS
Wellen / Ruder	1 / 1
Geschwindigkeit	12,5 kn
Fahrstrecke	3250 sm bei 12 kn
Elektronik	Radar, Navigations- und Fernmeldeanlagen

Kleiner Betriebsstofftranporter »Ammersee«			
Bord-Nr.	A 1425		
Bauwerft	Lindenau Werft, Kiel		
Baudaten	Kiellegung	Stapellauf	in Dienst
	28.03.66	09.07.66	02.03.67
Verbleib	am 16.12.15 außer Dienst gestellt, Auflieger in Kiel, weiterer Verbleib nicht bekannt		

Kleiner Betriebsstofftransporter »Ammersee« im Marinestützpunkt Kiel. (Foto: Autor)

Kleiner Betriebsstofftransporter »Walchensee«			
Bord-Nr.	A 1424		
Bauwerft	Lindenau Werft, Kiel		
Baudaten	Kiellegung	Stapellauf	in Dienst
	12.10.64	10.07.65	29.06.66
Verbleib	am 19.12.01 außer Dienst gestellt, nach Nigeria verkauft, als ziviles Tankschiff genutzt, 2010 abgewrackt		

Kleiner Betriebsstofftransporter »Westensee«			
Bord-Nr.	A 1427		
Bauwerft	Lindenau Werft, Kiel		
Baudaten	Kiellegung	Stapellauf	in Dienst
	28.10.66	08.04.67	06.10.67
Verbleib	am 30.09.03 Dienst gestellt, 2009 abgewrackt		

Kleiner Betriebsstofftransporter »Walchensee«. (Foto: Deutsche Marine)

Die Kleinen Betriebsstofftransporter »Walchensee« und »Westensee« als Auflieger in Wilhelmshaven. (Foto: Ein Dahmer / CC-BY-SA 3.0)

Kleiner Betriebsstofftransporter »Tegernsee«			
Bord-Nr.	A 1426		
Bauwerft	Lindenau Werft, Kiel		
Baudaten	Kiellegung	Stapellauf	in Dienst
	21.04.66	22.10.66	23.03.67
Verbleib	am 17.12.15 außer Dienst gestellt, Auflieger in Wilhelmshaven, weiterer Verbleib nicht bekannt		

Kleiner Betriebsstofftransporter »Tegernsee«. (Foto: Autor)

12.3 »RHÖN« UND »SPESSART«

Mitte der 1970er Jahre hatte die Bundesmarine als Große Betriebsstofftransporter nur ältere und noch aus den Anfangsjahren stammende Einheiten im Dienst. Mit der Möglichkeit des Kaufs der bei der Kröger Werft in Rendsburg 1974 / 1975 gebauten und für eine dänische Rederei in Fahrt gekommenen Tankschiffe »Okapi« und »Orkene« bot sich der Marine die Gelegenheit, ihre eigene Tankerflotte zu erneuern und damit die Großen Betriebsstofftransporter »Frankenland«, »Münsterland« und »Emsland« zu ersetzen.

Als Große Betriebsstofftransporter Klasse 704 wurden sie 1976 übernommen, blieben aber zunächst in Wilhelmshaven als Auflieger im Marinearsenal. Im Jahre 1977 erfolgte dann der Umbau der beiden Schiffe auf die marinespezifischen Belange wie zum Beispiel die Fähigkeit zur Versorgung in See (RAS, Replenishment at Sea). Im September 1977 stellten die Schiffe als »Rhön« und »Spessart« in Dienst.

Die als zivile Motortanker gebauten Stahlschiffe sind Einhüllenschiffe und in zwölf Abteilungen unterteilt. Die Aufbauten sind am Heck konzentriert. Ihre Verdrängung liegt bei etwas über 14.000 t.

Ein MaK Dieselmotor von 8000 PS dient als Antrieb und verleiht den beiden Ein-Wellen-Schiffe eine Geschwindigkeit von 16 kn.

Die Großen Betriebsstofftransporte »Rhön« und »Spessart« sind im Prinzip unbewaffnet und werden von einer zivilen Besatzung gefahren. Dennoch sind zwei Fliegerfaustständе und Maschinengewehre an Bord. Die Besatzungen haben im Gebrauch dieser Waffen eine Ausbildung erhalten. An elektronischer Ausrüstung sind eine Radarausrüstung sowie Navigations- und Fernmeldeanlagen vorhanden.

Mit Indienststellung wurde die »Rhön« dem 1. Versorgungsgeschwader in Kiel zugeordnet. »Spessart« kam zum 2. Versorgungsgeschwader nach Wilhelmshaven. Heute sind beide Einheiten unter Beibehaltung ihrer Heimathäfen dem neu aufgestellten Trossgeschwader der Deutschen Marine unterstellt.

Die beiden Betriebstransporter tragen maßgeblich zur Durchhaltefähigkeit von Flotteneinheiten bei. Als »Tankstellen zur See« waren und sind sie die »Arbeitspferde« der Flotte. Sie unterstützen die Kampfeinheiten und Verbände der Marine und der NATO-Partner bei der Erfüllung ihres Auftrages. Dabei sind sie zuständig für den Transport, die Lagerung und die Abgabe von Kraftstoffen, Schmierstoffen und Wasser. Zudem

Großer Betriebsstofftransporter »Rhön«. (Foto: Deutsche Marine)

Große Betriebsstofftransporter »Rhön« und »Spessart«	
Typbezeichnung	Klasse 704
Verdrängung	14.265 t (»Rhön«), 14.169 t (»Spessart«)
Länge x Breite x Tiefgang	130,21 x 19,33 x 8,72 m
Besatzungsstärke	42
Antrieb	1 x Dieselmotor
Antriebsleistung	8000 PS
Wellen / Ruder	1 / 1
Geschwindigkeit	16 kn
Fahrstrecke	15.834 sm bei 9 kn
Bewaffnung	2 x Fliegerfaust, Handwaffen
Elektronik	Radar, Navigations- und Fernmeldeanlagen

können sie bei Bedarf die in See stehenden Einheiten auch mit anderen Versorgungsgütern wie zum Beispiel Verpflegungsmittel und Kantinenwaren beliefern.

»Rhön« und »Spessart« waren immer wieder in NATO-Schiffsverbänden integriert und Teilnehmer zahlreicher Manöver. Seit vielen Jahren kamen die beiden Tankschiffe auch immer wieder bei Operationen der EU und der UNO im Mittelmeer und am Horn von Afrika zum Einsatz. Für die deutschen wie auch internationalen Einheiten und Verbände waren sie dort eine begehrte Ressource, die zu der Mobilität und Flexibilität der Flotteneinheiten beitrug.

Im März 2009 wurde in Rahmen eines solchen Versorgungseinsatzes die »Spessart« im Golf von Aden von Piraten angegriffen und aus einem Boot heraus mit Handwaffen beschossen. Dabei stießen sie jedoch unerwartet auf Gegenwehr, denn an Bord befanden sich Soldaten der Marineschutzkräfte. Sie erwiderten das Feuer und schlugen die Piraten in die Flucht. Die »Spessart« nahm die Verfolgung auf. Die im Seegebiet stehende und über Funk zur Unterstützung gerufene Fregatte »Rheinland-Pfalz« konnte die flüchtenden Piraten gefangen nehmen und inhaftieren. Das Aussehen als ziviles Tankschiff hat wohl dazu beigetragen, dass die Piraten diesen Angriff durchführten. Dass es sich bei der ins Visier genommenen Beute um ein Marineschiff handelt, hatten sie nicht erkannt.

Großer Betriebsstofftransporter »Rhön«			
Bord-Nr.	Y 1443		
Bauwerft	Kröger Werft, Rendsburg		
Baudaten	Kiellegung	Stapellauf	in Dienst
	25.01.74	23.08.74	13.11.74 23.09.77
Verbleib	im aktiven Dienst der Deutschen Marine		

Die über die Jahre durch die zahlreichen Einsätze stark belasteten Schiffe gerieten 2018 in die Schlagzeilen. Auf beiden Schiffen waren die Hauptmaschinen vollständig ausgefallen. Auf Grund der Schäden entzog die zuständige Klassifizierungsgesellschaft DNV GL (Det Norske Veritas-Germanischer Lloyd) beiden Schiffen die Klassenzulassung. Infolgedessen musste den beiden Einheiten aufgrund der nicht sicheren Teilnahme am Seeverkehr die sogenannte Sicherheitstechnische Bescheinigung entzogen und die Schiffe stillgelegt werden.

Ab Juni 2018 war bis zum Abschluss der Instandsetzungen die Deutsche Marine für einige Monate ohne Tanker, was mit gravierenden operativen Folgen, die nur schwer durch andere Versorgungseinheiten zu kompensieren waren, einherging. Anfang 2019 fuhren beide Schiffe wieder zur See, hatten dabei aber weitere Probleme mit ihren Maschinen.

Die Nachfolgeplanung sieht vor, »Rhön« und »Spessart« bis 2024 weiter zu betreiben. Bei dem vorhandenen Zustand der beiden Schiffe wird dies aber nur mit erhöhtem finanziellen und zeitlichen Aufwand möglich sein.

Seit Juli 2019 ist die Beschaffung zweier neuer Betriebsstofftransporter Klasse 707 von 20.000 t Verdrängung für die Deutsche Marine eingeleitet. Sie werden deutlich leistungsfähiger als die bisherigen ausfallen. Die Rahmendaten sind unter anderem:

- Auslegung als Doppelhüllentanker,
- weltweiter Einsatz in allen Klimazonen,
- Schiffsgeschwindigkeit von 20 kn,
- Bereitstellung von bis zu 15.000 m^3 Dieselkraftstoff, 1000 m^3 Flugkraftstoff, 200 m^3 Frischwasser und 200 m^3 Schmierstoffe,
- Abgabe der Betriebsstoffe achteraus und gleichzeitig querab,
- Transport und Umschlag von zwanzig 20-ft-Containern,
- Einschiffungsmöglichkeit von 30 Personen.

Diese Maßnahme der Ersatzbeschaffung war ohnehin schon seit längerem geplant, aber noch nicht so richtig in Angriff genommen worden. Sie wäre auch ohne die oben aufgezeigten technischen Probleme für »Rhön« und »Spessart« notwendig geworden, da aus Sicherheits- und Umweltschutzgründen die beiden Einhüllen-Tanker nur noch eine begrenzte Zeit hätten betrieben werden können.

In vielen Häfen erhalten Tanker in Einhüllen-Bauweise schon oft keine Einlaufgenehmigungen mehr. Nur weil die über 40 Jahre alten Marineschiffe »Rhön« und »Spessart« nicht profitorientiert, wie in der Wirtschaft, sondern unter besonderer Berücksichtigung militärischer Rahmenbedingungen für die Versorgung maritimer Einsatzverbände betrieben werden und in einem sehr aufwendigen, regelmäßigen Instandsetzungsprozess der Überprüfung, Überholung und Modernisierung unterliegen, stand bislang in der Regel einem Einlaufen nichts im Wege.

Großer Betriebsstofftransporter »Spessart«			
Bord-Nr.	A 1442		
Bauwerft	Kröger Werft, Rendsburg		
Baudaten	Kiellegung	Stapellauf	in Dienst
	23.08.74	13.02.75	24.04.75 05.09.77
Verbleib	im aktiven Dienst der Deutschen Marine		

Der Große Betriebsstofftransporter »Spessart« in seinem Heimatstützpunkt Kiel. (Foto: Autor)

Der Große Betriebsstofftransporter »Spessart« als Versorgungsschiff eines Marineverbandes. (Foto: Deutsche Marine)

12.4 »SCHWARZWALD«, »WESTERWALD« UND »ODENWALD«

Für die speziellen und gefährlichen Versorgungs- und Nachschubgüter wie Munition und Minen fanden bei der Bundesmarine eigene schiffbauliche Entwicklungen Eingang in das Beschaffungsprogramm. Als Munitions- und Minentransporter sollten sie das Bindeglied zwischen den entfernten im Ausland gelegenen NATO-Depots und den Unterstützungseinheiten wie Marinestützpunkten, Versorgern und Tendern sowie auch direkt zu den Kampfeinheiten bilden.

MUNITIONSTRANSPORTER »SCHWARZWALD«

Als erstes Schiff dieser Kategorie setzte der Munitionstransporter »Schwarzwald« am 11. Oktober 1961 Flagge und Wimpel. Die Einheit lief bereits am 31. März 1956 als ziviles Frachtmotorschiff »Amalthee« in Nantes bei der Werft Dubigeon vom Stapel und kam als Handelsschiff in Fahrt. Im Februar 1960 angekauft, erfolgte der Umbau zum Munitionstransporter Klasse 706.

Die »Schwarzwald« war ein Drei-Luken-Schiff im damals für Handelsschiffe üblichen Aussehen. Sie hatte eine Verdrängung von 2395 t und war mit 1667 BRT vermessen. Ein Sulzer Dieselmotor mit 3000 PS Leistung verlieh dem Schiff eine Geschwindigkeit von 17,5 kn.

Munitionstransporter »Schwarzwald«			
Bord-Nr.	A 1400		
Bauwerft	Werft Dubigeon, Nantes, Frankreich		
Baudaten	Kiellegung	Stapellauf	in Dienst
	30.06.55	31.03.56	07.76.56 11.10.61
Verbleib	am 29.11.74 außer Dienst gestellt, 1976 an Griechenland, »Ebros«, 02.04.09 außer Dienst gestellt 2017 noch als Auflieger vorhanden		

Munitionstransporter »Schwarzwald« mit ausgebauten Geschützen und einem an Oberdeck stehenden amerikanischen Hubschrauber.
(Foto: Deutsche Marine)

Munitionstransporter »Schwarzwald«, »Westerwald« und »Odenwald«		
Schiffsnamen	»Schwarzwald«	»Westerwald«, »Odenwald«
Typbezeichnung	Klasse 706	Klasse 760
Verdrängung	2395 t	4014 t
Länge x Breite x Tiefgang	80,18 x 11,99 x 4,65 m	105,45 x 14,02 x 4,61 m
Besatzungsstärke	54 (militärisch), 32 (zivil)	60 (militärisch), 31 (zivil)
Antrieb	1 x Dieselmotor	2 x Dieselmotor
Antriebsleistung	1 x 3000 PS	2 x 2800 PS
Wellen / Ruder	1 / 1	2 / 2
Geschwindigkeit	17,5 kn	17 kn
Fahrstrecke	4500 sm bei 15,5 kn	3000 sm bei 17 kn
Rohrwaffen	2 x 40-mm-Geschütz, 1 x 40-mm-Zwillings-Geschütz	2 x 40-mm-Zwillings-Geschütz
Elektronik	Radar, Navigations- und Fernmeldeanlagen	Radar, Navigations- und Fernmeldeanlagen

Anfangs war eine Bewaffnung eingerüstet. Sie bestand aus vier 40-mm-Geschützen, davon zwei in Einzellafetten am Bug und eines als Doppellafette am Heck. Bei einer späteren Umbaumaßnahme wurde 1969 eines der Buggeschütze ausgebaut. Ab 1970 verzichtete man gänzlich auf die Bewaffnung.

Zur Ausrüstung der »Schwarzwald« gehörten sechs 3-t-Ladebäume und zwei Versorgungsstationen. Zeitweise hatte das Schiff von 1967 bis 1970 auch zwei fahrbare 2,5-t-Portalkräne. Die »Schwarzwald« konnte 780 t Munition laden.

Der Munitionstransporter »Schwarzwald« war zunächst dem Kommando der Trossschiffe, dem Vorläufer der späteren Versorgungsflottille, unterstellt und wechselte im Oktober 1967 in das 2. Versorgungsgeschwader in Wilhelmshaven. Bis 1969 war das Schiff mit 54 Mann militärisch besetzt, danach mit 32 Mann zivil. Im November 1974 erfolgte die Außerdienststellung und Streichung aus der Flottenliste. Im Rahmen der NATO-Waffenhilfe ging die »Schwarzwald« 1976 an die griechische Marine und erhielt dort den Namen »Evros«. Sie blieb bis 2009 in der Funktion als Munitionstransporter unter griechischer Flagge im Dienst. Das Schiff ist noch abgerüstet als Auflieger vorhanden.

MUNITIONSTRANSPORTER »WESTERWALD« UND »ODENWALD«

Die beiden Munitionstransporter Klasse 760 »Westerwald« und »Odenwald« waren Neubauten. Sie entstanden auf der Werft Ohrenstein & Koppel in Lübeck.

Wie zu dieser Zeit im Kriegsschiffbau üblich, waren die Schiffsrümpfe aus Stahl und die Aufbauten aus Aluminium gefertigt.

Die Einheiten waren in 13 Abteilungen unterteilt und hatten eine Zitadelle, die alle lebenswichtige Bereiche und Abteilungen umfasste und gegen atomare, biologische und chemische Kampfstoffe schützen sollte. Bei Bedarf hätte ein darin hergestellter Überdruck das Eindringen von kontaminierter Luft verhindert. Die Verdrängung der Schiffe betrug 4014 t.

Zwei Maybach Dieselmotoren mit jeweils 2800 PS Leistung verliehen den Munitionstransportern über zwei Wellen eine Geschwindigkeit von 17 kn.

Zur Selbstverteidigung befand sich am Bug und am Heck jeweils ein 40-mm-Zwillings-Geschütz, die jedoch zeitweise einkokoniert waren.

Es gab zehn Laderäume für insgesamt 1080 t an Munition. An Ausrüstung waren jeweils zwei 2,5-t- und 3-t-Bordkräne sowie drei komplett ausgerüstete Versorgungsstationen für die In-See-Versorgung vorhanden. Damit war ein wahlweiser Einsatz als Munitionstransporter und / oder Versorger möglich.

Die Indienststellungen von »Westerwald« und »Odenwald« erfolgten im Februar und März 1967 beim 1. und 2. Versorgungsgeschwader in Kiel und Wilhelmshaven mit einer militärischen Besatzung von 60 Mann. »Odenwald« ging zwei Jahre später außer Dienst und als Auflieger in die Reserveflottille. Eine Reaktivierung ohne Bewaffnung und unter einer 31 Mann starken zivilen Besatzung fand am 18. Dezember 1974 beim 2. Versorgungsgeschwader als Ersatz für die außer Dienst gegangene »Schwarzwald« statt. Zum gleichen Geschwader wechselte auch am 6. März 1992 die »Westerwald«. Mit dem Unterstellungswechsel erhielt auch sie eine zivile Besatzung und die Bewaffnung kam von Bord.

Als erstes der beiden Schiffe ging die »Odenwald« im Februar 2002 außer Dienst und setzte wenige Monate später als »Halaib« die ägyptische Flagge. Sie ist immer noch im aktiven Flottendienst der ägyptischen Marine.

»Westerwald« wurde aus Haushaltsgründen Ende Mai 2010 aus der Fahrbereitschaft genommen und hatte im Dezember Flagge und Wimpel niedergeholt. Die Außerdienststellung war ursprünglich erst für Ende 2012 vorgesehen. Notwendige, aber kostenintensive und damit wirtschaftlich nicht mehr vertretbare Instandsetzungsmaßnahmen führten vorzeitig zu diesem Schritt. Im Jahre 2016 wurde das Schiff abgewrackt.

Munitionstransporter »Westerwald«			
Bord-Nr.	A 1435		
Bauwerft	Werft Ohrenstein & Koppel, Lübeck		
Baudaten	Kiellegung	Stapellauf	in Dienst
	03.11.65	25.02.66	11.02.67
Verbleib	am 17.12.10 außer Dienst gestellt, 2016 abgewrackt		

Munitionstransporter »Westerwald«. (Foto: Deutsche Marine)

Munitionstransporter »Odenwald«			
Bord-Nr.	A 1436		
Bauwerft	Werft Ohrenstein & Koppel, Lübeck		
Baudaten	Kiellegung	Stapellauf	in Dienst
	03.11.65	05.05.66	23.03.67
Verbleib	am 18.04.69 außer Dienst gestellt, Reserveflottille, am 18.12.74 reaktiviert, 07.02.02 außer Dienst gestellt, 2002 ab Ägypten, »Halaib«, noch aktiv		

Munitionstransporter »Odenwald«. (Foto: Deutsche Marine)

12.5 »LÜNEBURG«-KLASSE

Die Aufgabe von Versorgungsschiffen ist es, für fernab von ihren heimischen Stützpunkten operierende Flottenverbände im Rahmen der Einsatzversorgung die Nachführung und Wiederauffüllung der Bestände an Munition, Kraftstoffen, Wasser, Verpflegung, und sonstiger Verbrauchsmaterialien sicherzustellen. Spezielle Ausrüstung und Verfahren gestatten dabei eine Übernahme der Versorgungsgüter während der Fahrt in See (RAS, Replenishment at Sea). Durch solche Versorgungsvorgänge wird die taktisch-operative Einschränkung der Kampfeinheiten reduziert und ihre Durchhaltefähigkeit und Seeausdauer im Einsatzraum erhöht.
Nahezu zeitgleich mit der Übernahme von Gebrauchttonage und deren Umbau zu Versorgungseinheiten begann auch der Neubau spezieller Versorgungsschiffe. Dieses auf acht Schiffe angelegte Bauprogramm erhielt marineintern die Bezeichnung Kleiner Versorger Klasse 701. Die Schiffe bekamen später Namen deutscher Städte, die einheitlich mit »...burg« endeten. Ihr Bau erfolgte von 1964 bis 1968 bei der Flensburger Schiffbaugesellschaft und bei der Werft Blohm+Voss in Hamburg.
Wie der Begriff »Kleiner Versorger« schon andeutet, waren auch »Große Versorger« geplant. Doch diese Absicht konnte nicht in ein konkretes Bauprogramm umgesetzt werden. Wegen eingeleiteter Sparmaßnahmen kam es zur Aufgabe des Vorhabens.
Der hochbordige Stahlrumpf mit Knickspanten im Vorschiff hatte eine sehr lange Poop und eine kurze Back. Er war in 13 Abteilungen unterteilt. Aus Gewichtsgründen waren die Aufbauten aus Aluminium gefertigt. Der lang gestreckte Brückenaufbau war in der Schiffsmitte angeordnet. Das Achterschiff war von kleineren Aufbauten und einem breiten Schornstein geprägt. Die »Lüneburg«-Klasse verdrängte 3484 t und besaß vollen ABC-Schutz.
Zwei Maybach Dieselmotoren mit jeweils 2800 PS ermöglichten über zwei Wellen eine Geschwindigkeit von 17 kn. Zur Optimierung des Manövrierverhaltens erhielten die Versorger Bugstrahlruder nachgerüstet. Auch der Ersatz des anfangs vorhandenen Mittelruders durch jeweils ein Ruder hinter den Schrauben diente dem gleichen Zweck.
Vorn und achtern war zur Selbstverteidigung jeweils ein 40-mm-Zwillings-Geschütz eingerüstet, die aber zumeist einkokoniert respektive nicht immer an Bord waren. Des Weiteren war eine Minenzuladung möglich, um die Schiffe im Bedarfsfall als Minenleger nutzen zu können.
Die Kleinen Versorger verfügten über zwei Lademasten und Seeversorgungsgeschirre. Hierzu zählten Manila- und Draht-Hochleinen-Geschirr, Spanntrossen-Geschirr und eine Heckversorgungseinrichtung zur Heck-Bug-Beölung. Insgesamt gab

Der Kleine Versorger »Coburg« bei einem RAS-Manöver. (Foto: Deutsche Marine)

es acht Versorgungsstationen. Eine gleichzeitige Versorgung anderer Einheiten war von zwei Stationen aus möglich. Die Ladekapazität der »Lüneburg«-Klasse« lag bei 1100 t an Gütern der verschiedensten Art, darunter 760 m^3 Kraftstoff, 130 m^3 Frischwasser, 200 t Munition, und 100 t von bis zu 12.000 sonstigen Versorgungsartikeln. Für Frischverpflegung standen 250 m^3 an Kühllasten-Raum zur Verfügung. Mittels Gabelstaplern, Aufzügen und Kränen wurde das Material an die Abgabestationen transportiert.

Der Kleine Versorger »Lüneburg« stellte noch beim Kommando der Trossschiffe in Dienst und wurde dann Ende 1967 dem neu aufgestellten 1. Versorgungsgeschwader in Kiel zugeteilt. Auch die Versorger »Coburg«, »Glücksburg«, »Offenburg« und »Meersburg« gehörten diesem Geschwader an. Die übrigen drei Schiffe waren dem 2. Versorgungsgeschwader in Wilhelmshaven zugeordnet. »Glücksburg« wechselte im Juli 1975 ebenfalls zu diesem Geschwader. »Saarburg« war nach einer nur einjährigen Dienstzeit von 1969 bis 1974 als außer Dienst gestellte Einheit in der Reserveflottille. Nach Umbau erfolgte im September 1975 eine erneute Indienststellung beim 1. Versorgungsgeschwader.

Die ursprünglich eigentlich als Bootsversorger konzipierte »Lüneburg«-Klasse musste angewachsenen logistischen Forderungen angepasst werden. Waren sie zunächst für alle schwimmenden Einheiten der Bundesmarine zuständig, erfolgte gegen Ende der 1970er Jahre eine Art Spezialisierung. Mit der Einführung von Flugkörpern auf Zerstörern, Fregatten und Schnellbooten war auch deren Unterbringung an Bord der Versorger notwendig geworden, was auf Grund der räumlichen Verhältnisse nur durch einen Umbau ermöglicht werden konnte. Erfolgt ist dieser 1974 bis 1978 bei den Einheiten »Coburg«, »Glücksburg«, »Saarburg« und »Meeresburg«. Im Rahmen der Maßnahme wurden die Schiffe durch Einfügen einer 10 m langen Sektion im Mittelschiff zwischen Schornstein und drittem Mast verlängert. Die Verdrängung stieg dabei um 200 t. Die Schiffe wurden dann entsprechend ihres Umbaus mit der Unterstützung und Versorgung von fest zugeteilten Geschwadern eingesetzt. Davon unabhängig blieb die flexible Versorgung mit allgemeinen Verbrauchsgütern und Proviant für alle Einheiten der Bundesmarine erhalten.

Kleine Versorger der »Lüneburg«-Klasse – Schiffsdaten	
Anzahl	8
Typbezeichnung	Klasse 701
Verdrängung	3484 t
Länge x Breite x Tiefgang	104,18 x 13,20 x 4,32 m
Besatzungsstärke	68
Antrieb	2 x Dieselmotor
Antriebsleistung	2 x 2800 PS
Wellen / Ruder	2 / 2
Geschwindigkeit	17 kn
Fahrstrecke	3200 sm bei 14 kn
Rohrwaffen	2 x 40-mm-Zwillings-Geschütz
Elektronik	Radar, Navigations- und Fernmeldeanlagen

Der Kleine Versorger »Freiburg« erhielt 1983 / 1984 als einziges Schiff der Klasse auf dem Achterdeck eine Hubschrauberlandeplattform und wurde durch eine Zwischensektion um 14 m verlängert. In Folge war mit Hubschraubern das Versorgungsverfahren VERTREP (Vertical Replenishment) möglich. Die Verdrängung stieg mit dem Umbau auf 3900 t.

Die »Meersburg« musste sich nochmals einer weiteren Umrüstung zum U-Boottender unterziehen. Sie wechselte danach am 8. Januar 1990 zum 1. U-Bootgeschwader, um dort den Tender »Lahn« zu ersetzen.

Im Zeitraum von 1991 bis 2004 stellten die acht Einheiten der »Lüneburg«-Klasse sukzessive außer Dienst. Sechs Versorger gingen an ausländische Marinen und zwei wurden nach ihrer Außerdienststellung abgewrackt.

Kleine Versorger der »Lüneburg«-Klasse – Baudaten und Verbleib

Name	Bord-Nr.	Bauwerft	Kiellegung	Stapellauf	in Dienst	außer Dienst	Verbleib
»Lüneburg«	A 1411	FS	08.07.64	03.05.65	31.01.66	02.06.94	Kolumbien
»Coburg«	A 1412	FS	09.04.65	15.12.65	09.07.68	25.09.91	Griechenland
»Freiburg«	A 1413	B+V	?	15.04.66	27.05.68	17.12.03	Uruguay
»Glücksburg«	A 1414	FS	18.08.65	03.05.66	09.07.68	01.11.01	Ägypten
»Saarburg«	A 1415	B+V	01.03.66	15.07.66	30.07.68	14.04.94	Griechenland
»Nienburg«	A 1416	FS	16.11.65	28.07.66	01.08.68	26.03.98	Kolumbien
»Offenburg«	A 1417	B+V	?	10.09.66	27.05.68	30.06.93	Abbruch
»Meersburg«	A 1418	FS	05.08.65	22.03.66	25.06.68	22.12.04	Abbruch

Bauwerften: B+V = Werft Blohm+Voss, Hamburg, FS = Flensburger Schiffbaugesellschaft, Flensburg

Der Kleine Versorger »Freiburg« erhielt bei dem Umbau ein Hubschrauberlandedeck und wurde zwischen Brücke und Schornstein um 14 m verlängert.
(Foto: Deutsche Marine)

Abb. links: Kleiner Versorger »Glücksburg«.
(Foto: Deutscher Marinebund)

Kleiner Versorger »Nienburg«. An der Steuerbord Signal-Rah hat das Schiff sein Rufzeichen DRKF gesetzt. (Foto: Deutsche Marine)

Abb. unten: Kleiner Versorger »Meersburg«. (Foto: Autor)

13. SEE- UND HAFENSCHLEPPER

Schleppen – Schieben – Drücken – Unterstützen. So kann man mit vier Worten kurz den Aufgabenbereich von Schleppern beschreiben. Sie sind die unentbehrlichen Helfer einer jeden Marine, für den Not- und Havariefall wie auch im tagtäglichen Betrieb. Aus keinem Marinestützpunkt sind sie wegzudenken. Sie unterstützen beim An- und Ablegen die größeren Einheiten, verholen nicht fahrfähige Boote und Schiffe, schleppen Schießscheiben für Seezielschießübungen und stehen bereit für Sicherungs-, Bergungs- und Rettungseinsätze.
Die verschiedenen See- und Hafenschlepper kamen überwiegend bei den Marinestützpunktkommandos zum Einsatz, waren aber auch teilweise verschiedenen Geschwadern oder anderen Dienststellen zugeordnet. Bis auf die Ausnahmen »Plön«, »Passat«, »Eisvogel« und »Eisbär« erfolgte die Namensgebung nach Inseln und Halligen. Die Einheiten fuhren bzw. fahren in der Regel mit zivilen Besatzungen.

HAFENSCHLEPPER »PLÖN«

Schon im Juli 1956 stellte mit dem Schlepper »Plön« die erste Einheit dieses Schiffstyps bei der Bundesmarine in Dienst. Der 24 Meter lange Hafenschlepper verdrängte 130 t und erlebte bereits 16 Jahre zuvor seine erste Indienststellung als »Bodden« bei der Kriegsmarine. Gebaut wurde das Schiff auf der Werft D.W. Kremer & Sohn in Elmshorn. Nach dem Krieg fuhr das Schiff unter dem Namen »Bombay« bei der DDG Hansa und kam im Herbst 1953 als »Plön« zum Seegrenzschutz. Die Übernahme in die neu aufgestellte Bundesmarine

Hafenschlepper »Plön«. (Foto: Deutsche Marine)

fand am 1. Juli 1956 statt. Der Schlepper blieb bis zum 19. August 1970 im Dienst. Nach der Außerdienststellung erfolgte der Verkauf in die Niederlande.

SEESCHLEPPER »PELLWORM« UND »PASSAT«

Die Schlepper »Pellworm« und »Passat« waren ebenfalls zwei ehemalige Einheiten der Kriegsmarine. Als Kriegsbeute kamen sie nach dem Krieg in amerikanische Dienste. Nach Übergabe an die Bundesmarine setzten sie am 8. und 30. November 1956 wieder die deutsche Flagge. Während die bei den Howaldtswerken in Kiel gebaute »Passat« als Sicherungsboot bei der U-Bootlehrgruppe fuhr, fand die auf der Schichau Werft in Elbing entstandene »Pellworm« bei der Marineortungsschule und der Marineunterwasserwaffenschule für Sonderaufgaben und als Zielschiff weitere Verwendung. Sie erhielt ein Sonar eingebaut und musste als Zielschiff insgesamt 29 Kollisionen und den Direkttreffer eines Übungstorpedos ertragen. Am 31. August 1967 ging die »Passat« außer Dienst und wurde danach verschrottet. »Pellworm« blieb der Marine noch bis zum 8. Juni 1978 erhalten und wurde anschließend verkauft.

Seeschlepper »Passat«. (Foto: Bibliothek für Zeitgeschichte)

HAFENSCHLEPPER »BLAUORT«

Mit dem Schlepper »Blauort« stellte am 1. Dezember 1960 der letzte gebrauchte Schlepper in Dienst. Ursprünglich als Zollfahrzeug bei der Nobiskrug Werft in Rendsburg gebaut, übernahm 1942 noch während des Baus die Kriegsmarine das Schiff. Nach dem Krieg fand es unter den Siegermächten verschiedene Verwendungen, zuletzt als Schlepper bei den Amerikanern. Nach Umbau nutzte die Bundesmarine die »Blauort« bis zum 31. März 1977 als Hafenschlepper. Sie wurde anschließend verkauft.

Hafenschlepper »Blauort«. (Foto: Deutsche Marine)

KLEINE HAFENSCHLEPPER DER »LÜTJE HÖRN«-KLASSE

Im Rahmen ihres ersten Bauprogramms gab die Bundesmarine acht Kleine Hafenschlepper in Auftrag. Am 1. Oktober 1958 stellte aus dieser Bauserie die »Lütje Hörn« als erstes Schiff in Dienst. Es folgten in schneller Reihenfolge »Mellum« (10.11.58), »Knechtsand« (22.12.58), »Scharhörn« (02.01.59), »Vogelsand« (26.01.59), »Nordstrand« (25.02.59), »Trischen« (07.04.59) und »Langeness« (29.04.59). Der Bau erfolgte bei der Jade Werft in Wilhelmshaven, der Schweers Werft in Bardenfleth und der Braun Werft in Speyer. Als Antrieb erhielten sie zwei Voith-Schneider-Propeller. Diese sind Antrieb und Steuerung zugleich. Außergewöhnliche Schiffsmanöver können mit ihnen durchgeführt werden. Müheloses Drehen auf der Stelle und sogar seitliches Fortbewegen – traversieren, wie der Fachmann es nennt – sind möglich. Erreicht wird das durch die senkrecht stehenden Flügel, die um eine gemeinsame Achse drehen. Durch Verändern des Anstellwinkels kann der Schub in jede beliebige Richtung verändert werden.

Für den Schleppbetrieb in engen Hafenbecken ist dies eine optimale Antriebsvariante, die damals für Schlepper noch eine innovative technische Besonderheit darstellte. Die Schlepper der »Lütje Hörn«-Klasse kamen in allen Stützpunkten der Bundesmarine zum Einsatz. Mitte / Ende der 1980er Jahre gingen sie nach einem bewegten Schlepperleben nach und nach außer Dienst. Sie wurden durch sechs Neubauten mit gleichen Schiffsnamen ersetzt. Die Schlepper »Lütje Hörn«, »Mellum«, »Knechtsand«, »Scharhörn« und »Trischen« übernahm die griechische Marine. »Vogelsand« und »Nordstrand« erwarben zivile Käufer. Die »Langeness« ist heute im Freigelände des Deutschen Marinemuseums in Wilhelmshaven als Exponat an Land aufgestellt.

Der Hafenschlepper »Langeness« als Museumsexponat im Deutschen Marinemuseum in Wilhelmshaven. (Foto: Autor)

EISBRECHER UND SEESCHLEPPER »EISVOGEL« UND »EISBÄR«

»Eisvogel« und »Eisbär« waren als Eisbrecher und Seeschlepper konzipiert und wurden auf der Hitzler Werft in Lauenburg gebaut. Sie stellten am 11. März und 1. November 1961 in Dienst. Die Schiffe verfügten über eine Unwuchtanlage, mit deren Hilfe sie ruck- und schlingerartige Bewegungen durchführen konnten. Damit waren sie in der Lage, sich im Eis nach allen Seiten hin Luft zu verschaffen und so in eine geschlossene Eisdecke eine Fahrrinne zu brechen. Sie besaßen zwei Dieselmotoren für den Antrieb und einen Dieselmotor für die Stampfanlage. Anfangs befand sich auf der Plattform hinter der Brücke ein 40-mm-Geschütz. Im Mobilmachungsfall wären die beiden Einheiten militärisch besetzt worden. »Eisbär« ging 1997 und »Eisvogel« 2006 außer Dienst. Während die »Eisbär« über die Niederlande in die USA gelangte, ist die »Eisvogel« in Italien noch in Fahrt.

Eisbrecher und Seeschlepper »Eisbär«. (Foto: Deutsche Marine)

GROSSE HAFENSCHLEPPER DER »SYLT«-KLASSE

Den Neubauten der acht Kleinen Hafenschleppern der »Lütje Hörn«-Klasse folgte eine Bauserie von vier Großen Hafenschleppern, die auf der Schichau Werft in Bremerhaven gebaut wurden. Als Erster stellte am 5. Juli 1962 die »Sylt« in Dienst, gefolgt von »Föhr« (11.10.62), »Amrum« (25.01.63) und »Neuwerk« (05.04.63). Sie kamen in den Marinestützpunkten Borkum, Wilhelmshaven, Flensburg und Kiel zum Einsatz. Die Ein-Wellen-Schiffe besaßen zur besseren Manövrierfähigkeit eine Kort-Ruderdüse. Außerdem waren vor und hinter der Brücke jeweils eine Feuerlöschkanone vorhanden. Markantes Zeichen der »Sylt«-Klasse war der vor der Brücke vorhandene Pfahlmast, an dem ein 1,5-t-Ladebaum angebracht war. Drei Jahrzehnte blieben die Schiffe bei der Bundesmarine aktiv und sorgten für einen reibungslosen Ablauf des Hafenbetriebes. Nach den Außerdienststellungen in 1993 / 1994 gingen »Sylt«, »Föhr« und »Amrum« an zivile Eigner. Die griechische Marine übernahm 1997 die »Neuwerk«. So weit bekannt ist das Schlepper-Quartett immer noch in Fahrt.

Großer Hafenschlepper »Sylt«. (Foto: Bibliothek für Zeitgeschichte)

BERGUNGSSCHLEPPER »HELGOLAND« UND »FEHMARN«

Die auf der Schichau Werft in Bremerhaven gebauten Bergungsschlepper »Helgoland« und »Fehmarn« wurden als Mehrzweckhilfsschiffe am 8. März 1966 und 1. Februar 1967 in Dienst gestellt. Der vorgesehene Verwendungszweck war der Sicherungs-, Bergungs- und Rettungseinsatz sowie vielfältige Unterstützungs- und Ausbildungsaufgaben. Die beiden Bergungsschlepper hatten einen diesel-elektrischen Antrieb. Je zwei Dieselmotoren erzeugten den Strom für die beiden Elektro-Fahrmotoren. Anfangs war auf der Back im kokonierten Zustand ein 40-mm-Zwillings-Geschütz eingerüstet. Neben einer umfangreichen Berge- und Rettungsausrüstung gehörten ein Sonargerät zur Wracksuche, Taucherdruckkammer, ein 8-t-Ladebaum und zwei Feuerlöschkanonen zur Ausrüstung. Während die »Helgoland« 1997 ausgemustert und von der uruguayischen Marine als »Oyarvide« übernommen wurde, ist die »Fehmarn« weiterhin im Einsatz bei der Deutschen Marine. Sie wird unter anderem als Bergefahrzeug für Übungsminen und als Tauchereinsatzplattform genutzt. Für den Notfall steht sie bereit zum Bergen von Seefahrzeugen und zur Hilfeleistung in See. Der größte und schnellste Schlepper der Deutschen Marine ist noch bis in das nächste Jahrzehnt in der weiteren Verwendungsplanung.

Der Bergungsschlepper »Helgoland« während einer Passage des Nord-Ostsee-Kanals. Auf der Luftaufnahme ist das Fundament für das ausgebaute 40-mm-Zwillings-Geschütz gut zu erkennen. (Foto: Deutscher Marinebund)

SEESCHLEPPER »WANGEROOGE«-KLASSE

Hauptaufgabe des am 9. April 1968 in Dienst gestellten Seeschleppers »Wangerooge« und seiner fünf Schwesterschiffe »Spiekeroog« (14.08.68), »Langeoog« (14.08.68), »Baltrum« (08.10.68), »Norderney« (15.10.70) und »Juist« (01.10.71) sollte das Schleppen havarierter Fahrzeuge sein. Die auf der Schichau Werft in Bremerhaven gebauten Schiffe haben – analog zu den Bergungsschleppern – einen diesel-elektrischen Antrieb und verfügten ebenfalls über umfangreiches Bergungsgerät, zwei Feuerlöschkanonen und einen 5-t-Ladebaum. In der Silhouette glichen sie den beiden Bergungsschleppern. In den Anfangsjahren war auf der Back ein 40-mm-Geschütz eingerüstet, das aber zumeist einkokoniert oder ausgebaut war. Im Laufe ihres Marinelebens wurden die Schlepper zu vielfältigen Unterstützungs- und Ausbildungsaufgaben herangezogen und teilweise speziell umgebaut und nachgerüstet. Sie kamen neben ihrem ursprünglich zugedachten Verwendungszweck auch zum Einsatz als Ausbildungsschiff beim Open Sea Survival Training der Marineflieger (»Wangerooge«), als Sicherungsboot für U-Boote (»Spiekeroog«), als Minenwurf- und Lichtboot sowie Einsatz bei der Waffentauchergruppe (»Langeoog«) und als Taucherschulboot (»Baltrum«, »Juist«). »Norderney« ging am 2. Oktober 2002 außer Dienst und fährt heute als »Maldonado« in der uruguayischen Marine. Die »Langeoog« holte am 31. Dezember 2012 ebenfalls Flagge und Wimpel nieder. Die übrigen vier Einheiten sind noch im Dienst der Deutschen Marine und kommen weiterhin ihrem bisher üblichen Aufgabenspektrum nach.

Der am 14. August 1968 in Dienst gestellte Seeschlepper »Spiekeroog« hat ein halbes Jahrhundert unter seinem Kiel. Man beachte daher auf der Aufnahme vom Mai 2019 die Schornsteinverzierung. (Foto: Autor)

GROSSE HAFENSCHLEPPER DER »NEUENDE«-KLASSE

Die drei Großen Hafenschlepper der »Neuende«-Klasse waren die Fortsetzung der Bauserie der »Sylt«-Klasse. Sie werden auch oft als Arsenalschlepper bezeichnet. Gebaut wurden die drei Schiffe auf der Schichau Werft in Bremerhaven. Nach ihren Indienststellungen kamen »Neuende« (27.10.71) und »Heppens« (17.12.71) in Wilhelmshaven und »Ellerbek« (26.11.71) in Kiel zum Einsatz. Die Ein-Wellen-Schiffe besaßen, wie auch die »Sylt«-Klasse, für ein besseres Manövrierverhalten eine Kort-Ruderdüse. Jedes der Fahrzeuge war im Mast mit einer Feuerlöschkanone ausgerüstet. Bis weit in die 1990er Jahre blieb das Schlepper-Trio im Dienst. Als erster Schlepper stellte die »Ellerbeck« am 22. April 1994 außer Dienst und ging an die griechische Marine, wo sie als »Atrefs« bis heute weiter verwendet wird. Auch die am 18. Dezember 1998 außer Dienst gestellte »Heppens« ist als »Thisefs« ebenfalls noch in der griechischen Marine vorhanden. »Neuende« holte am 18. März 2004 Flagge und Wimpel nieder, wurde danach an Privat verkauft und ist heute als Schlepper »Moritz« noch aktiv.

Großer Hafenschlepper »Neuende«. (Foto: Deutsche Marine)

SEE- UND HAFENSCHLEPPER DER »NORDSTRAND«-KLASSE

Als Ersatz für die Kleinen Hafenschlepper der »Lütje Hörn«-Klasse wurden die sechs See- und Hafenschlepper der »Nordstrand«-Klasse gebaut. Sie übernahmen die Namen und Aufgaben der Vorgänger. Ursprünglich waren zwölf Einheiten geplant, um auch die Großen Hafenschlepper der »Sylt«-Klasse zu ersetzen. Doch dazu ist es nicht gekommen. So entstand in den Jahren 1986 / 1987 auf der Werft Ohrenstein & Koppel in Lübeck ein erstes Baulos mit den Schleppern »Nordstrand«, »Langenness« und »Vogelsand«. Sie stellten am 20. Januar, 25. Februar und 14. April 1987 in Dienst. Das zweite Baulos wurde auf der Husumer Schiffswerft gebaut. Als »Lütje Hörn«, »Scharhörn« und »Knechtsand« kamen die Einheiten am 31. Mai, 1. Oktober und 16. November 1990 in Dienst. Die See- und Hafenschlepper der »Nordstrand«-Klasse sind den Marinestützpunktkommandos in Kiel und Wilhelmshaven zugeordnet. Wie ihre Vorgänger haben auch diese Schlepper eine aus zwei Voith-Schneider-Propellern bestehende Antriebsanlage, die sie äußerst manövrierfähig macht. Eine Feuerlöschkanone und ein Kran gehören zu ihrer Ausrüstung. Die beiden großen und imposanten Schornsteine geben ihnen ein kastenförmiges Aussehen. Das Schlepper-Sextett ist bei der Deutschen Marine noch im vollen Einsatz.

Der See- und Hafenschlepper »Nordstrand« mit einer Schießscheibe im Schlepp auf dem Marsch in das Artillerieschießgebiet. (Foto: Autor)

SEE- UND HAFENSCHLEPPER – TABELLE SCHIFFSDATEN

Name	Bord-Nr.	Typbezeichnung	V	L x B x T
»Plön«	Y 802	Hafenschlepper, Klasse 729	130 t	24,20 x 5,70 x 2,45 m
»Pellworm«	Y 801	Seeschlepper, Klasse 729	500 t	38,31 x 8,50 x 4,19 m
»Passat«	Y 800	Seeschlepper, Klasse 729	437 t	38,72 x 8,00 x 3,75 m
»Blauort«	Y 803	Hafenschlepper, Klasse 729	65 t	21,45 x 4,50 x 1,80 m
»Lütje Hörn«, »Mellum«, »Knechtsand«, »Scharhörn«, »Vogelsand«, »Nordstrand«, »Trischen«, »Langeness«	Y 812 bis Y 819	Kleiner Hafenschlepper, Klasse 723	58 t	15,16 x 4,62 x 2,36 m
»Eisvogel«, »Eisbär«	A 1401, A 1402	Eisbrecher und Seeschlepper, Klasse 721	641 t	37,80 x 9,73 x 4,69 m
»Sylt«, »Föhr«, »Amrum«, »Neuwerk«	Y 820, Y 821, Y 822, Y 823	Großer Hafenschlepper, Klasse 724	282 t	30,27 x 7,22 x 4,00 m
»Helgoland«, »Fehmarn«	A 1457, A 1458	Bergungsschlepper, Klasse 720	1557 t	67,91 x 12,42 x 4,21 m
»Wangerooge«, »Spiekeroog«, »Langeoog«, »Baltrum«, »Norderney«, »Juist«	A 1451, A 1452, A 1453, A 1454, A 1455, A 1456	Seeschlepper, Klasse 722	1093 t	51,78 x 11,77 x 4,10 m
»Neuende«, »Heppens«, »Eller-beck«	Y 1680, Y 1681, Y 1682	Großer Hafenschlepper, Klasse 724	319 t	26,51 x 7,42 x 3,33 m
»Nordstrand« , »Langeness«, »Vogelsand«, »Lütje Hörn«, »Scharhörn«, »Knechtsand«	Y 817, Y 819, Y 816, Y 812, Y 814, Y 815	See- und Hafenschlepper, Klasse 725	405 t	30,37 x 9,10 x 2,68 m

Verbleib: siehe Angaben im Text
Abkürzungen: V = Verdrängung, L x B x T = Länge x Breite x Tiefgang, B = Besatzungsstärke, G = Geschwindigkeit, DM x ML = Dieselmotoren x Motorenleistung, i.D. = in Dienst, a.D. = außer Dienst

Der Hafenschlepper »Lütje Hörn« im Kieler Marinestützpunkt. Im Hintergrund ist der Zerstörer »Z 2« zu erkennen. (Foto: Deutscher Marinebund)

Großer Hafenschlepper »Neuwerk«. (Foto: Bibliothek für Zeitgeschichte)

B	G	DM x ML	i.D	a.D.
6	10 kn	1 x 390 PS	18.07.40, 01.07.56	19.08.70
15	12 kn	1 x 800 PS	01.04.40, 08.11.56	08.06.78
10	12 kn	1 x 650 PS	? 30.11.56	31.08.67
3	11 kn	1 x 230 PS	04.09.42, 01.12.60	31.03.77
3	10 kn	2 x 150 PS	1958 und 1959	1986, 1987, 1990
16	13 kn	2 x 1200 PS, 1 x 400 PS	11.03.61, 01.11.61	20.02.06, 30.10.97
7	12 kn	1 x 1000 PS	1962 und 1963	1993, 1994, 1997,
34	16,5 kn	4 x 950 PS, 2 x 1215 kW	08.03.66, 01.02.67	19.12.97, aktiv
31	13,5 kn	4 x 600 PS, 2 x 1010 kW	1968, 1970, 1971	2 x a.D. 4 x aktiv
6	12 kn	1 x 800 PS	1971	18.03.04, 18.12.98, 22.04.94,
6	13 kn	2 x 1065 PS	1987, 1990	Alle noch aktiv

Bergungsschlepper »Fehmarn«. (Foto: Autor)

Abb. rechts: See- und Hafenschlepper »Knechtssand«. (Foto: Autor)

14. SCHULSCHIFFE

14.1 »WESPE«-KLASSE

Von der französischen Marine erhielt die Bundesmarine zur Jahreswende 1956 / 1957 fünf Minensuchboote des Typs M 35. Hierbei handelt es sich um Einheiten der ehemaligen Kriegsmarine (siehe Kapitel »Seelöwe«-Klasse), die nach der Kapitulation zunächst bei der German Mine Sweeping Administration (GMSA) eingesetzt waren und dann im Oktober 1947 als Kriegsbeute Frankreich zugesprochen wurden. Pro Boot war eine Million DM zu zahlen. Wie es hieß: Als Abgeltung für Unterhaltungskosten. Von ihren französischen Besatzungen überführt, trafen die Einheiten nach und nach im Zeitraum vom Dezember 1956 bis Januar 1957 in Wilhelmshaven ein, wo sie offiziell übernommen wurden.

Unter den Traditionsnamen »Biene« (ex »Belfort«, ex »M 205«), »Bremse« (ex »Vimy«, ex »M 253«), »Brummer« (ex »Yser«, ex »M 85«), »Hummel« (ex »Laffaux«, ex »M 81«) und »Wespe« (ex »Ailette«, ex »M 24«) und mit den Bordnummern F 207 bis F 211 versehen, bildeten die als Geleitboot Klasse 319 bezeichneten Einheiten das 1. Geleitgeschwader mit Stationierungsort

Schulboot »Bremse«			
Bord-Nr.	F 208		
Bauwerft	Deutsche Werft, Hamburg		
Baudaten	Kiellegung	Stapellauf	in Dienst
	?	23.11.40	21.04.41 12.02.57
Verbleib	am 05.10.63 außer Dienst gestellt, mit der internen Namensgebung »Max« zum Zielschiff hergerichtet, jedoch nicht als solches eingesetzt, April 1968 endgültig ausgesondert, 1976 abgewrackt		

Schulboot »Bremse«. (Foto: Deutscher Marinebund)

Schulboote der »Wespe«-Klasse	
Bootsnamen	»Biene, »Bremse«, »Brummer«, »Hummel«, »Wespe«
Typbezeichnung	Klasse 319
Verdrängung	878 t
Länge x Breite x Tiefgang	68,40 x 8,70 x 2,65 m
Besatzungsstärke	75 (Stammpersonal), 25 (Kadetten)
Antrieb	2 x Dampfmaschine,
Antriebsleistung	2 x 1750 PS
Wellen / Ruder	2 / 2
Geschwindigkeit	18 kn
Fahrstrecke	1440 sm bei 9 kn
Bewaffnung	siehe Angaben im Text
Elektronik	Radar, Navigations- und Fernmeldeanlagen

Wilhelmshaven. Das Geschwader war direkt dem Kommando der Seestreitkräfte unterstellt. Mit Bezug auf die Schiffsnamen erhielt es schon bald in der Marine den Beinamen »Insektengeschwader«.
Der in zwölf Abteilungen unterteilte stählerne Schiffskörper war geschweißt. Die Aufbauten waren aus Gewichtsgründen aus Leichtmetall gefertigt und im Brückenbereich mit einer 10 mm starken Panzerung versehen. Charakteristisch war die im Marinejargon als »Fußballtor« bezeichnete Bootsschwinge an Steuerbord.
Nach der Übernahme durch die Bundesmarine erfolgten für die fünf M 35-Boote umfassende Grundinstandsetzungen und Umbaumaßnahmen. Die Wohneinrichtungen wurden dabei wieder deutschen Standards angepasst.
Die Antriebsanlage setzte sich aus zwei ölbefeuerten Hochdruckkesseln und zwei jeweils 1750 PS starken Expansionsdampfmaschinen zusammen. Damit erreichten die Boote eine Höchstgeschwindigkeit von 18 kn. Der Vortrieb erfolgte über zwei Wellen.
Die übernommene Rohrbewaffnung änderte sich von zwei in ein 105-mm-Geschütz (Achterdeck), ein 40-mm-Geschütz (achteres Aufbaudeck) und mehrere 20-mm-Geschütze. Die gesamte Minensuchausrüstung kam von Bord. Ein Hedgehog-Werfer für die U-Jagd wurde auf der Back eingebaut.
Ab Sommer 1958 waren die Boote der »Wespe«-Klasse für ihre zukünftigen Aufgaben wieder fahrbereit. Zuvor wechselte am 1. April des Jahres die Verbandszugehörigkeit zur Zerstörerflottille und im November 1958 erfolgte die Verlegung nach Cuxhaven.
Die fünf Boote des 1. Geleitgeschwaders nahmen an zahlreichen nationalen Manövern und Übungen teil. Obwohl nicht der NATO unterstellt, standen auch NATO-Manöver auf dem Fahrprogramm. Zugleich diente die »Bremse«-Klasse auch der Ausbildung des Personals, das für die im Zulauf befindlichen neuen Schiffe und Boote dringend gebraucht wurde.
Ab 1. Oktober 1959 gehörte das 1. Geleitgeschwader zum Kommando der Marineausbildung und erhielt nun den offiziellen Namen Schulgeschwader. Damit wurde die eigentliche Hauptaufgabe der Boote deutlicher gemacht. Die F-Bordnummern blieben jedoch erhalten. In der Folge verlegten die fünf Boote im April 1960 nach Kiel und kamen dann nur noch als Schulboote zum Einsatz.
Die neue ausschließliche Verwendung als Schulboote machte 1960 nochmals einen weiteren Umbau notwendig. Dabei wurde das noch vorhandene 105-mm-Geschütz durch ein 40-mm-Geschütz ersetzt und zusätzliche Wohndecks eingebaut. Einschließlich 25 Kadetten betrug die Besatzungsstärke jetzt 100 Mann.
Das »Insektengeschwader« machte sowohl als Geleitgeschwader wie auch als Schulgeschwader zahlreiche Ausbildungs- und Auslandsreisen. Dabei wurden Häfen in Schweden, Norwegen, Dänemark, Großbritannien, Irland, Frankreich, Portugal, Spanien, Italien, der Türkei und Marokko angelaufen. Teilweise waren dies in den jeweiligen Ländern die ersten Besuche deutscher Marineschiffe nach dem Zweiten Weltkrieg.
Die Boote der »Wespe«-Klasse waren Ende der 1950er und Anfang der 1960er Jahren nahezu die einzigen größeren Einheiten, die der Bundesmarine für weite Einsätze und für militärische Operationen zur Verfügung standen.
Der zeitlich absehbare Zulauf des neu gebauten Schulschiffes »Deutschland« sowie die als Schulschiffe vorgesehenen neuen Tender »Donau« und »Ruhr« führte dann im Oktober 1963 zur Auflösung des Schulgeschwaders. Die M 35-Boote der »Wespe«-Klasse stellten außer Dienst und fanden zunächst als Ausbildungshulks und Zielschiffe weitere Verwendung.
Mitte der 1970er Jahre endete mit der endgültigen Aussonderung und der Verwertung unter dem Schneidbrenner die nahezu 40-jährige Geschichte der schiffbaulich doch recht gut gelungenen zählebig-robusten Bootsklasse des Minensuchbootes 1935. Der Bootstyp M 35 hatte sich in Kriegs- und Friedenseinsätzen als »Mädchen für Alles« in den unterschiedlichsten Verwendungszwecken stets bewährt.
Mit ihrer konstruktionsmäßigen und waffentechnischen Auslegung waren sie zu Kriegszeiten nicht nur zum Minenräumen, Minenlegen und zur U-Jagd prädestiniert, ihre starke Artilleriebewaffnung ließ auch das offensive Vorgehen gegen leichtere Überwassereinheiten zu. Nicht umsonst erhielten sie vom englischen Kriegsgegner die Bezeichnung »Channel Destroyers«. Die Erstverwendung in der Bundesmarine als Geleitboote und die zugeteilten F-Bordnummern (nach NATO-Code F = Fregatte) gehen in die gleiche Richtung.

Schulboot »Brummer«			
Bord-Nr.	F 209		
Bauwerft	Lübecker Maschinenbaugesellschaft, Lübeck		
Baudaten	Kiellegung	Stapellauf	in Dienst
	?	06.12.41	18.09.42 12.02.57
Verbleib	am 05.10.63 außer Dienst gestellt, ab Oktober 1963 nochmals kurzzeitig als Schulboot für die Marineschule Mürwik in Fahrt, anschließend zum Zielschiff hergerichtet, dann aber Ausbildungshulk für Brand- und Leckabwehr bei der Schiffssicherungslehrgruppe in Neustadt / Holstein, 1974 abgewrackt		

Schulboot »Biene«			
Bord-Nr.	F 207		
Bauwerft	Neptun Werft, Rostock		
Baudaten	Kiellegung	Stapellauf	in Dienst
	?	03.05.41	04.11.41 28.02.57
Verbleib	am 20.09.63 außer Dienst gestellt, ab Mai 1968 Ausbildungshulk für Brand- und Leckabwehr bei der Schiffssicherungslehrgruppe in Neustadt / Holstein, 1974 abgewrackt		

Schulboot »Brummer«. (Foto: Deutscher Marinebund)

Schulboot »Hummel«			
Bord-Nr.	F 210		
Bauwerft	Lübecker Maschinenbaugesellschaft, Lübeck		
Baudaten	Kiellegung	Stapellauf	in Dienst
	?	20.12.40	17.07.41 28.02.57
Verbleib	am 05.10.63 außer Dienst gestellt, 1966 Zielschiff bei der Erprobungsstelle 71, 1975 abgewrackt		

Schulboot »Wespe«			
Bord-Nr.	F 211		
Bauwerft	Flenderwrke, Lübeck		
Baudaten	Kiellegung	Stapellauf	in Dienst
	31.07.39	12.10.40	22.02.41 28.02.57
Verbleib	am 20.09.63 außer Dienst gestellt, ab November 1966 Zielschiff, im Oktober 1973 in der Nordsee durch den Zerstörer »Z 4« schwer beschädigt und in Folge auf Position 54° 21,8´ N 6° 42,2´ O gesunken		

Schulboot »Hummel« im Nord-Ostsee-Kanal. (Foto: Deutscher Marinebund)

Das Schulboot »Wespe« lief am 12. Oktober 1940 als erste Einheit des Schulboot-Quintetts vom Stapel und gab daher der Klasse den Namen. Man beachte auch an Steuerbord die im Marinejargon als »Fußballtor« bezeichnete Bootsschwinge. (Foto: Deutscher Marinebund)

14.2 SCHULFREGATTEN

Die alten, aus unterschiedlichstem Bestand stammenden ersten Einheiten der Bundesmarine besaßen nur noch einen sehr geringen Gefechtswert und standen nicht mehr wirklich auf dem modernsten Stand der Technik. Mit ihnen ließen sich weder quantitativ noch qualitativ die Vorgaben und Forderungen der WEU (Westeuropäische Union) und der NATO (North Atlantic Treaty Organization) erfüllen. Um so wertvoller waren sie jedoch für die Ausbildung der Besatzungen und von Anfang an auch nur als schnelle Übergangslösung gedacht. Für ihren Ersatz liefen daher in der Aufbauphase parallel die Vorbereitungen zu den notwendigen Neubauten. Umfangreicher Ausbildungsbedarf für deren zukünftigen Besatzungen zeichnete sich ab.
Zu diesen Einheiten der ersten Stunde zählten auch die im November 1957 in Großbritannien gekauften sieben aus dem Zweiten Weltkrieg stammenden Fregatten der Royal Navy. Sie gehörten zu den englischen Klassen »Hunt II/III« und »Black Swan« und waren kurz vor bzw. während des Zweiten Weltkrieges auf verschiedenen englischen Werften gebaut worden. Die mit 15 bis 20 Lebensjahren doch schon recht betagten Schiffe erhielten noch in Großbritannien eine umfassende Grundüberholung.

Die Schulfregatten besaßen als Antrieb jeweils zwei Parson Getriebeturbinen. Auf der »Hunt II/III«-Klasse wiesen diese eine Leistung von je 9500 PS auf. Auf den Schiffen der »Black Swan«-Klasse hatten sie nur 2150 PS. Entsprechend lagen die Höchstgeschwindigkeiten bei 27 kn respektive bei 19 kn
Die mit ihren ursprünglichen Namen dann in England 1958 / 1959 übernommenen Fregatten fuhren zunächst unter der Bundesdienstflagge. Erst nach dem Eintreffen in Deutschland und der offiziellen Indienststellung setzten sie mit neuen Namen nach Persönlichkeiten aus der deutschen Militärgeschichte die Flagge der Seestreitkräfte. Offenbar hatte man aus politischen Gründen davon abgesehen, die Namensänderungen bereits in England durchzuführen. Kritische Stimmen zu der Namenswahl gab es allerdings nur in Deutschland, nicht jedoch im befreundeten Ausland.
Die damals größten Einheiten der Marine wurden den Marineschulen unterstellt und dienten dort der Ausbildung. Hieraus leitet sich auch der Oberbegriff und die offizielle Klassenbezeichnung Schulfregatte Klasse 138 für diese Einheiten ab, obwohl sie nicht baugleich waren. Entsprechend ihrer Verwendung waren die Schiffe auch unterschiedlich bewaffnet und ausgerüstet. Zudem fanden während der Indiensthaltung bei der Bundesmarine mehrfach Umbauten sowie Änderungen in

Die Schulfregatte »Gneisenau« hatte bei Übernahme drei 102-mm-Zwillings-Türme eingerüstet, die auf der Back und auf dem Achterschiff aufgestellt waren.
(Foto: Deutscher Marinebund)

der Bewaffnung und Ausrüstung statt. Auch diese Maßnahmen erhöhten wieder die Unterschiede in der Technik und im Aussehen der Schiffe. Zwischen 1964 bis 1968 beendeten die Schulfregatten, die unter der Flagge der Seestreitkräfte so manche interessante Auslandsausbildungsreise gemacht hatten und als »Botschafter in Blau« unterwegs waren, nach und nach ihre aktive Dienstzeit.

Als erstes Schiff stellte die »Gneisenau« (ex »Oakley«) bei der Marineartillerieschule in Dienst. Nach vier Jahren folgten dann eine Außerdienststellung, ein nochmaliger Umbau und die erneute Indienststellung am 5. März 1964. Ab dem Folgejahr fand die Fregatte allerdings nur noch als stationäres Schulschiff mit reduzierter Besatzung weitere Verwendung. Die endgültige Außerdienststellung erfolgte am 30. Juni 1966. Einkokoniert verblieb die »Gneisenau« zunächst in der Reserveflottille. Im Jahre 1969 kam es noch zur Umklassifizierung in Begleiter (mob) und zur Zuteilung der jedoch nie geführten Bordnummer A 1460. Die endgültige Aussonderung der Fregatte fand am 20. November 1972 statt. Noch rund vier Jahre lag die »Gneisenau« als Auflieger im Marinearsenal Wilhelmshaven, bevor sie zur Verschrottung verkauft und im Januar 1977 nach den Niederlanden geschleppt wurde.

Die Schulfregatten »Hipper« (ex »Actaeon«) und »Graf Spee« (ex »Flamingo«) waren mit Indienststellung als Kadettenschulschiffe der Marineschule Mürwik unterstellt. Gemeinsam machten sie bereits vom Mai bis September 1959 ihre erste Auslandsreise, der noch 24 weitere folgen sollten und die beide Schiffe bis in den pazifischen und asiatischen Raum führten. Nach dem Zulauf des neu gebauten Schulschiffes »Deutschland« erfolgte am 31. Juli 1964 ihre Außerdienststellung. Der zunächst vorgesehene Umbau zu Flugsicherungsschiffen wurde jedoch nicht mehr realisiert. Rund drei Jahre nach ihrem Dienstzeitende wurden beide Schulfregatten am 25. Oktober 1967 ausgesondert und nach Hamburg zum Abwracken verkauft.

Die Schulfregatten »Raule« (ex »Albrighton«) und »Brommy« (ex »Eggesford«) standen bei der Unterwasserwaffenschule im Dienst. Zu Umbauzwecken ging die »Raule« vom 30. Mai 1962 bis 2. November 1964 außer Dienst. Während das Schiff dann anschließend noch bis zum 20. Dezember 1967 weiterhin seine alten Aufgaben als Schulfregatte versah, stellte die nicht mehr modernisierte »Brommy« bereits am 30. April 1965 außer Dienst. Im Anschluss an ihre aktive Zeit fanden nach einem Umbau beide Fregatten als Zielschiffe weitere Verwendung. Vor List auf Sylt zum Wrack geschossen, wurde die »Raule« im Jahr 1971 nach Hamburg verkauft und abgewrackt. Die »Brommy« folgte acht Jahre später auf dem Weg in die Verwertung. Zwischenzeitlich hatte sie noch mehrfach im Schlepp in die Biskaya verlegt und dort weiter als Zielschiff für Schnellboote der Flotte gedient. Mit umfangreicher Radarausrüstung ausgestattet und daher leicht an den großen Radarantennen zu erkennen, fuhr acht Jahre lang die Schulfregatte »Scheer« (ex »Hart«) bis zum 30. November 1967 bei der Marineortungsschule. Zu Umbauzwecken war das Schiff vom 15. September 1961 bis 15. September 1962 außer Dienst gestellt. Nach der endgültigen Aussonderung und Abrüstung wurde die »Scheer« 1971 verkauft und in Hamburg abgewrackt.

Wie die »Gneisenau« kam auch die Schulfregatte »Scharnhorst« (ex »Mermaid«) bei der Marineartillerieschule zum Einsatz. Vom Frühjahr 1961 bis Sommer 1962 war das Schiff zu Umbauzwecken außer Dienst. Endgültig holte die »Scharnhorst« am 15. März 1968 Flagge und Wimpel nieder. Mit neun Jahren hatte sie die längste Dienstzeit unter den sieben Schulfregatten. Auch bei ihr erfolgte nochmals eine Umklassifizierung zum Begleiter (mob) mit der ebenfalls nie geführten Bordnummer A 1459. Bis zu seiner Aussonderung am 30. September 1972 gehörte das Schiff einkokoniert zur Reserveflottille in Wilhelmshaven. Danach ein weiterer Umbau zum stationären Ausbildungshulk für die Schiffsicherungslehrgruppe in Neustadt / Holstein für die praxisnahe Ausbildung in Leck- und Brandabwehr. Die Schulfregatte »Scharnhorst« wurde 1989 zur Verwertung verkauft und zum Abwracken in die Niederlande geschleppt. Ihre Funktion als Ausbildungshulk übernahm unter dem Namen »ex Köln« die Fregatte »Köln« der Klasse 120 und damit eine Einheit der zweiten Schiffsgeneration der Bundesmarine. Als »ex Köln« befindet sie sich noch heute zu diesem Zweck in der Nutzung.

Die sieben Schulfregatten gehörten schon bei ihrer Indienststellung nicht mehr zu den modernsten Schiffen. Die Schiffe wurden aber während ihrer Indiensthaltung immer wieder umgebaut und mit modernen Waffenanlagen und Ortungssystemen neu ausgerüstet. So konnten sie ihrer Funktion als Schul- und Ausbildungsschiffe für das Personal der in großer Zahl im Zulauf befindlichen ersten Generation von Schiffs- und Bootsneubauten durchaus gerecht werden. Ohne diese betagten Schiffe wäre der zügige Aufbau der Bundesmarine nicht gelungen.

Die Schulfregatte »Gneisenau« im Aussehen und im Rüstzustand nach ihrem Umbau mit nur noch einem 100-mm-Turm als »Schwere Artillerie«. (Foto: Deutscher Marinebund)

SCHULFREGATTEN – TABELLE SCHIFFSDATEN

Klassenname	»Hunt II«	»Black Swan«	»Black Swan«
Schiffsnamen	»Gneisenau« ex »Oakley«	»Hipper« ex »Actaeon«	»Graf Spee« ex »Flamingo«
Bordnummer	F 212	F 214	F 215
Typbezeichnung	Klasse 138	Klasse 138	Klasse 138
Bauwerften	Yarrow, Scotstown	Thornycroft, Southampton	Yarrow, Scotstown
Kiellegung	19.08.40	15.05.44	26.05.38
Stapellauf	15.01.42	25.07.45	18.04.39
in Dienst	07.05.42, 18.10.58	24.07.46, 10.01.59	03.09.39, 21.02.59
Verdrängung	1610 t	1925 t	1925 t
Lä. x Br. x Tfg.	86,16 x 9,63 x 3,87 m	91,34 x 12,20 x 3,50 m	91,34 x 11,43 x 3,35 m
Besatzungsstärke	83	147	180
Antrieb	2 x Dampfturbine	2 x Dampfturbine	2 x Dampfturbine
Antriebsleistung	2 x 9500 PS	2 x 2150 PS	2 x 2150 PS
Wellen / Ruder	2 / 1	2 / 1	2 / 1
Geschwindigkeit	27 kn	19 kn	19 kn
Fahrbereich	2000 sm bei 12 kn	3200 sm bei 12 kn	3200 sm bei 12 kn
Bewaffnung (letzter Rüstzustand)	1 x 100-mm-Turm, 1 x 40-mm-Zwillings-Geschütz, 2 x 40-mm-Geschütz	2 x 40-mm-Zwillings-Geschütz, 2 x 40-mm-Geschütz	2 x 40-mm-Zwillings-Geschütz, 2 x 40-mm-Geschütz, 2 x Hedgehog-Werfer
Elektronik (letzter Rüstzustand)	See- und Luftraumüberwachungsradar, Feuerleitradar, Navigationsradar, Sonar, Navigations- und Fernmeldeanlagen	Radar, Sonar, Navigations- und Fernmeldeanlagen	Radar, Sonar, Navigations- und Fernmeldeanlagen
Verbleib	30.06.66 außer Dienst, Reserveflottille, 1977 Abbruch	31.07.64 außer Dienst, 1967 Abbruch	31.07.64 außer Dienst, 1967 Abbruch

Die Schulfregatte »Hipper« war zunächst mit zwei 102-mm-Zwillings-Türmen ausgerüstet. (Foto: Archiv Autor)

Nach einer Umrüstung bestand die Artillerie der Schulfregatte »Hipper« nur noch aus jeweils zwei 40-mm-Geschützen in Einzel- und Doppellafette. (Foto: Deutsche Marine)

	»Hunt III«	»Hunt III«	»Black Swan«	»Black Swan«
	»Raule« ex »Albrighton«	»Brommy« ex »Eggesford«	»Scheer« ex »Hart«	»Scharnhorst« ex »Mermaid«
	F 217	F 218	F 216	F 213
	Klasse 138	Klasse 138	Klasse 138	Klasse 138
	John Brown, Clydebank	J.S. White, Cowes	Steven, Govan	Denny, Dumbarton
	30.12.40	23.06.41	27.03.42	08.09.42
	11.10.41	12.09.42	07.07.43	11.11.43
	12.02.42, 14.05.59	21.01.43, 14.05.59	12.12.43, 21.05.59	12.05.44, 28.05.59
	1490 t	1490 t	1925 t	1925 t
	85,80 x 9,60 x 3,12 m	85,80 x 9,60 x 3,12 m	98,25 x 12,46 x 3,02 m	91,34 x 12,20 x 3,50 m
	170	170	142	180
	2 x Dampfturbine	2 x Dampfturbine	2 x Dampfturbine	2 x Dampfturbine
	2 x 9500 PS	2 x 9500 PS	2 x 2150 PS	2 x 2150 PS
	2 / 1	2 / 1	2 / 1	2 / 1
	27 kn	27 kn	19 kn	19 kn
	3700 sm bei 14 kn	3700 sm bei 14 kn	2800 sm bei 15 kn	3200 bei 12 kn
	1 x 40-mm-Geschütz, 1 x U-Jagdrake-ten- Werfer 2 x Torpedorohr	1 x 102-mm-Zwillings-Turm, 2 x Hedge-hog-Werfer	2 x 40-mm-Zwillings- Geschütz	2 x 100-mm-Turm,1 x 40-mm-Zwillings-Geschütz, 2 x 40-mm-Geschütz
	Radar, Sonar, Navigations- und Fern-meldeanlagen	Radar, Sonar, Navigations- und Fern-meldeanlagen	See- und Luftraumüberwachungsradar, Navigationsradar, Sonar, Navigations- und Fernmeldeanlagen	See- und Luftraumüberwachungsradar, Feuerleitradar, Navigationsradar, Sonar, Navigations- und Fernmeldeanlagen
	20.12.67 außer Dienst, Zielschiff, 1971 Abbruch	30.04.65 außer Dienst, Zielschiff, 1979 Abbruch	30.11.67 außer Dienst, 1971 Abbruch	15.03.68 außer Dienst, Reserveflottille, Ausbildungshulk, 1989 Abbruch

Die Schulfregatte »Graf Spee« im übernommenen Rüstzustand mit zwei 102-mm-Zwillings-Türmen. (Foto: Archiv Autor)

Nach der Umrüstung waren auf der Schulfregatte »Graf Spee« nur noch sechs 40-mm-Geschütze an Bord - jeweils zwei in Einzel- und in Doppellafette. (Foto: Deutsche Marine)

Schulfregatte »Raule«. (Foto: Bibliothek für Zeitgeschichte)

Die Schulfregatte »Brommy« im Nord-Ostsee-Kanal. (Foto: Bibliothek für Zeitgeschichte)

Die Schulfregatte »Admiral Scheer« unterstand der Marineortungschule und hatte demzufolge eine sehr umfangreiche Radarausstattung. (Foto: Deutsche Marine)

Schulfregatte »Scharnhorst«. (Foto: Deutsche Marine)

14.3 »UW 12«

In den Jahren 1954 bis 1956 entstanden in Frankreich die neun Patrouillen- und U-Jagdboote der »Le Fougueux«-Klasse. Sie basierten in ihrem Schiffsentwurf auf der amerikanischen Klasse »PC 461« (submarine chaser) des Zweiten Weltkriegs. Während drei Einheiten bis 1975 in der Marine Nationale Francaise ihren Dienst versahen, wurden die übrigen sechs Boote unmittelbar nach ihrem Bau an NATO-Staaten abgegeben. Unter dem Namen »P 7« und der Bordnummer P 1618 gelangte so auch ein Fahrzeug in den in Deutschland stationierten Verband Labor Service Unit (B) (LSU (B)) der US Navy. Beim Aufbau der Bundesmarine ging das Boot als U-Jagdboot Klasse 179 in deren Bestand über. Es stellte am 12. März 1957 offiziell als »UW 12« in Dienst. Zunächst führte es den Bootsnamen »UW 12« auch als Bordnummer und dann später die Kennung W 51.
Mit dem Patrouillenboot »P 9« (P 1616) sollte noch eine zweite Einheit auf dem gleichen Wege folgen, wozu es letztendlich aber nicht mehr gekommen ist. »P 9« ging von der LSU (B) anstatt zur Bundesmarine nach Äthiopien, wurde von dort nach einiger Zeit wieder an die USA zurückgegeben und setzte dann 1959 als »Vedetta« Flagge und Wimpel in der italienischen Marine.
»UW 12« war ein Stahlbau mit elf wasserdichten Abteilungen. Die kastenförmigen Aufbauten mit einem Röhrenmast als Sensorträger standen in der vorderen Schiffshälfte. Vier Pielstick Dieselmotoren mit jeweils 875 PS ermöglichten über zwei Wellen eine Geschwindigkeit 18,5 kn. Bei 12 kn hatte »UW 12« eine Reichweite von 6350 sm. Die Besatzungsstärke betrug 46 Mann. Bewaffnet war »UW 12« mit einem 40-mm-Geschütz, das auf dem Achterschiff erhöht eingerüstet war. Die Waffenleitung erfolgte über eine optische Richtsäule. Je ein 20-mm-Geschütz war beidseitig in den Aufbauten zwischen Schornstein und Mast montiert. Auf der Back befand sich zur U-Jagd ein Hedgehog-Werfer. Wasserbomben ergänzten die U-Jagdbewaffnung. An elektronischer Ausrüstung waren ein Navigationsradar, Funkpeiler und die Fernmeldeanlagen sowie für die Suche und Erfassung von U-Booten eine Sonaranlage an Bord.
»UW 12« fuhr ausschließlich zu Erprobungs- und Schulungs-

Erprobungs- und Schulboot »UW 12«. (Foto: Deutscher Marinebund)

Erprobungs- und Schulboot »UW 12«			
Bordnummer	UW 12, W 51		
Typbezeichnung	Klasse 179		
Bauwerft	Chantiers Dubigeon, Nates, Frankreich		
Baudaten	Kiellegung	Stapellauf	in Dienst
	?	?	1955 12.03.57
Verdrängung	402 t		
Länge x Breite x Tiefgang	53,10 x 6,40 x 2,10 m		
Besatzungsstärke	46		
Antrieb	4 x Dieselmotor		
Antriebsleistung	4 x 875 PS		
Wellen / Ruder	2 / 1		
Geschwindigkeit	18,5 kn		
Fahrstrecke	6350 sm bei 12 kn		
Rohrwaffen	1 x 40-mm-Geschütz		
U-Jagdwaffen	1 x Hedgehog-Werfer, Wasserbomben		
Elektronik	Radar, Sonar, Navigations- und Fernmeldeanlagen		
Verbleib	am 15.09.67 außer Dienst gestellt, Auflieger im Marinearsenal, 1970 an Tunesien, »Sakiet Sidi Youssef«, 1989 noch vorhanden, weiterer Verbleib nicht bekannt		

zwecke für die Unterwasserwaffenschule. In den Jahren 1963 bis 1965 fanden an Bord Erprobungen mit dem englischen Flugkörper SEACAT statt. Dieser 0,6 Mach schnelle Schiff-Luft-Flugkörper hatte eine Reichweite bis zu 4,5 km und erreichte eine Höhe von 1000 m. Bei der Bundesmarine ist es allerdings nicht zur Einführung dieses Waffensystems gekommen.

In der Marine wurde »UW 12« häufig mit Spitznamen belegt. »Panzerkreuzer Jähzorn« wegen des ersten sehr cholerischen Kommandanten und »UW Hübsch« wegen des äußerst hässlichen, aber dennoch funktionellen Aussehens.

Am 15. September 1967 ging »UW 12« außer Dienst. Nach einigen Wochen als Auflieger im Marinearsenal Wilhelmshaven erfolgte am 20. Dezember dann die endgültige Aussonderung.

Als »Sakiet Sidi Youssuf« setzte das an Tunesien abgegebene Schiff am 16. Juni 1970 nochmals Flagge und Wimpel. In Weyers Flottentaschenbuch 1988 /1989 ist das ehemalige Erprobungs- und Schulboot »UW 12« letztmalig als aktives Kriegsschiff der tunesischen Seestreitkräfte aufgeführt. Über den weiteren Verbleib liegen dem Autor keine Erkenntnisse vor.

Erprobungs- und Schulboot »UW 12«. (Foto: Bibliothek für Zeitgeschichte)

14.4. »DEUTSCHLAND«

Parallel zu der Übernahme an Gebrauchttonnage lief bei der im Aufbau befindlichen Bundesmarine ein umfangreiches Neubauprogramm an. Diverse Klassen von Minensuchbooten und Schnellbooten, gefolgt von Fregatten, U-Booten, Tendern sowie Versorgungs- und Unterstützungseinheiten wurden beauftragt und stellten ab Ende der 1950er Jahre in kurzen Zeitintervallen nach und nach in Dienst. Um diese Vielzahl von Schiffen und Booten mit gut ausgebildeten Besatzungen besetzen zu können, wurde auch ein Schulschiff als notwendig erachtet und bereits in den ersten Neubauplänen mit aufgenommen.

Zwei grundsätzliche militärische Forderungen standen bei der Konstruktion für den geplanten Neubau eines Schulschiffes im Vordergrund. Zum einen waren 250 Kadetten unterzubringen und zum anderen sollten alle wesentlichen, modernen und in der Marine vorhandenen Waffensysteme, Sensoren, Effektoren und Maschinenanlagen an Bord vorhanden sein. Kein leichtes Unterfangen für die Konstrukteure, zumal die dadurch zu erwartende Schiffsgröße auch einer Sondergenehmigung der WEU (Westeuropäische Union) bedurfte, denn für die Bundesrepublik Deutschland war damals nur eine Schiffsgröße von 3000 t als Höchstgrenze für Kampfschiffe erlaubt. Nach Antragstellung setzte im Herbst 1958 die WEU in einer Ausnahmeregelung die maximale Verdrängung auf 6000 t fest und machte zusätzliche Auflagen bei der Höchstgeschwindigkeit und der Bewaffnung des geplanten Schulschiffes.

Die neu zugelassene Schiffsgröße ließ den Wunsch aufkommen, den Neubau – zumindest in der Mobilmachungs-Verwendung – auch für weitere Einsatzrollen vorzusehen. Bei Bedarf sollte eine kosten- und arbeitsgünstige Umrüstung zum Minenleger oder Truppentransporter oder Lazarettschiff möglich sein.

Bereits am 17. September 1959 konnte dann die Kiellegung des Schiffes, das die amtliche Bezeichnung Schulschiff Klasse 440 bekam, auf der Rendsburger Nobiskrug Werft erfolgen. Gut ein Jahr später, am 5. November 1960, lief es schon vom Stapel. Eigentlich sollte das Schiff »Berlin« heißen, wovon man aus politischen Gründen dann doch wieder Abstand nahm. Die Gattin des damaligen Bundespräsidenten, Frau Wilhelmine Lübke, taufte es folglich auf den neu festgelegten Namen »Deutschland«.

»Das Schiff wird nicht als Kampfschiff erster Klasse gebaut, sondern für die wichtige Aufgabe der Ausbildung. Da kommt es nicht so sehr auf starke Bewaffnung und hohe Geschwindigkeit an, sondern vielmehr auf zweckentsprechende Einrichtungen für Unterricht und Instruktion«, so der damalige Inspekteur der Marine Vizeadmiral Friedrich Ruge anlässlich der Taufe des Schulschiffes.

Nochmals zweieinhalb Jahre sollte es dann noch dauern bis die »Deutschland« am 25. Mai 1963 erstmals Flagge und Wimpel setzte. Das neue Schulschiff trat nun die Nachfolge der Schulfregatten, des Schulgeschwaders und der Schultender an. Zunächst war es dem damals noch bestehenden Kommando der Schulschiffe unterstellt und dann ab dem 1. Oktober 1966 bis zu seiner Außerdienststellung am 28. Juni 1990 der Marineschule Mürwik.

Der stählerne Schiffskörper des Schulschiffes war in 15 wasserdichte Abteilungen unterteilt. Dabei wurde die Schottstellung so eng gewählt, dass das Schiff auch bei Volllaufen von zwei benachbarten Abteilungen immer noch eine ausreichende Stabilität besessen hätte. Ein eingezogener Doppelboden diente ebenfalls der Schiffssicherheit.

Die lang gestreckte und überhöhte Back reichte bis zur Schiffsmitte. Die im Vorschiff vorhandenen Knickspanten hatten eine wasserabweisende Wirkung und so blieb die Back auch bei schwerem Seegang relativ trocken. Die kompakten Aufbauten bestanden aus Leichtmetall. Zwei Vier-Bein-Gittermasten dienten als Antennen- und Sensorträger. Ein großer, breiter und konisch ausgelegter Schornstein prägte das Schiffsbild. Für das gesamte Schiff bestand der volle ABC-Schutz. Für die Innenräume war eine Teilklimatisierung vorhanden.

Das Schulschiff »Deutschland« hatte einen gemischten Drei-Wellen-Antrieb. Auf jede Außenwelle wirkten zwei Dieselmotoren, die jeweils eine Leistung von 2000 PS aufwiesen. Zum Einbau kamen Mercedes-Benz- und Maybach-Motoren Jede dieser Motorengruppen arbeitete über ein Sammelgetriebe. Mit den so verfügbaren 8000 PS erreichte das Schiff eine Marschgeschwindigkeit von 17 kn. Auf die Mittelwelle wirkte ein WAHODAG-Getriebe-Dampfturbinensatz mit 8000 PS. Zwei Hochdruck-Heißdampfkessel erzeugten den nötigen Dampf. Bei Zuschaltung ermöglichte die Dampfturbinenanlage die Höchstgeschwindigkeit von 20 kn. Mit dieser Konzeption der Antriebsanlage war ein breit gefächerter Ausbildungsbetrieb möglich.

Auch die Bewaffnung der »Deutschland« orientierte sich an den Neubauten der Bundesmarine. Jeweils zwei 100-mm-Türme waren vorne und achtern eingerüstet. Zwei 40-mm-Geschütze und zwei 40-mm-Zwillings-Geschütze bildeten die weitere Rohrbewaffnung. Als U-Jagdbewaffnung waren zwei Raketenwerfer an Bord. Für den Einsatz von Wasserbomben befanden sich auf der Schanz zwei Ablaufbühnen. Bis in die Mitte der 1970er Jahre waren am Heck zwei fest eingebaute 533-mm-Torpedorohre, die nach achtern schossen, eingerüstet. Bei Bedarf wären auf der »Deutschland« 75-m-Minenschienen zur Aufnahme von bis zu 70 Minen an Oberdeck verlegbar gewesen.

Die elektronische Ausrüstung der »Deutschland« war ebenfalls den Neubauten der Bundesmarine angepasst. Sie umfasste verschiedene Radargeräte zur See- und Luftraumüberwachung sowie zur Navigation. Diverse Feuerleitgeräte dienten dem Einsatz der Bordwaffen. Zur U-Jagd befand sich eine Sonaranlage an Bord. Für die fernmelde-elektronische Aufklärung waren Such- und Peilempfänger vorhanden. Entsprechend dem weltweiten Einsatzgebiet hatte das Schulschiff eine umfangreiche und leistungsfähige Fernmeldeausrüstung mit Schreib- und Tastfunk- sowie Sprechfunkgeräten eingebaut.

Nach ausgedehnten Erprobungsfahrten, die im August 1963 begannen, sich auf mehrere Reisen aufgeteilt über 18 Monate hinzogen und das größte Schiff der Bundesmarine rund um England sowie in tropische und arktische Gewässer führten, begann am 26. Januar 1965 die erste eigentliche Ausbildungsauslandsreise (AAR) der »Deutschland«. Es war in der Zählweise der Marine die 29. AAR und zugleich eine fünfmonatige Weltreise.

Insgesamt machte das Schulschiff »Deutschland« in seinen 27 Dienstjahren 42 Auslandsreisen, die das Schiff rund um den Globus in 75 Länder und 230 Häfen führten. Die dabei zurückgelegten 725.000 sm entsprechen etwa 33 Erdumrundungen.

Sportboote waren häufige Begleiter des Schulschiffes, wenn es ausländische Häfen anlief oder wieder verließ. (Foto: US Navy)

In aller Welt repräsentierten die Besatzungen als »Botschafter in Blau« die Bundesrepublik Deutschland. Wiederholt diente das Schiff für Bundespräsidenten und Bundeskanzler als Plattform für Staatsempfänge im Ausland.
Hohe jährliche Betriebskosten und eine erforderliche aufwendige Grundinstandsetzung in Höhe von 40 Millionen DM gaben im Juni 1989 den Ausschlag für eine baldige Außerdienststellung. Im März 1990 trat das Schulschiff »Deutschland« dann seine letzte Reise in das Marinearsenal Wilhelmshaven an, um dort am 28. Juni 1990 außer Dienst gestellt zu werden.

Verschiedene Bemühungen das Schulschiff im Rahmen eines Hotelschiffs- und / oder Museumskonzepts zu erhalten, schlugen aus finanziellen Gründen fehl. Zu teuer wären der dafür notwendige Umbau mit Demilitarisierung und Asbestsanierung sowie die zu erwartenden jährlichen Unterhaltungskosten gekommen. Die »Deutschland« wurde letztendlich Ende 1993 zur Verschrottung verkauft und ab Januar 1994 nach Alang / Indien geschleppt. Die auf dem Schulschiff durchgeführte Ausbildung findet seit seinem Weggang auf »normalen« Einheiten der Flotte statt.

Schulschiff »Deutschland«			
Bordnummer	A 59		
Typbezeichnung	Klasse 440		
Bauwerft	Nobiskrug Werft, Rendsburg		
Baudaten	Kiellegung	Stapellauf	in Dienst
	17.09.59	05.11.60	25.05.63
Verdrängung	5684 t		
Länge x Breite x Tiefgang	138,23 x 16,05 x 5,28 m		
Besatzungsstärke	270 (Stammpersonal), 250 (Kadetten)		
Antrieb	1 x Dampfturbine, 4 x Dieselmotor		
Antriebsleistung	1 x 8000 PS, 4 x 2000 PS		
Wellen / Ruder	3 / 2		
Geschwindigkeit	20 kn		
Fahrstrecke	3400 sm bei 12 kn		
Rohrwaffen	4 x 100-mm-Turm, 2 x 40-mm-Geschütz, 2 x 40-mm-Zwillings-Geschütz		
Torpedorohre	2 x 533 mm (zeitweise)		
U-Jagdwaffen	2 x U-Jagdraketenwerfer, Wasserbomben		
Minen	Minenschienen		
Radar	See- und Luftraumüberwachungsradar, Seeraumüberwachungsradar, Feuerleitradar, Navigationsradar		
Sonar	Rumpfsonar		
Elektronik	Navigations- und Fernmeldeanlagen		
Verbleib	am 28.06.90 außer Dienst gestellt, 1994 Abbruch		

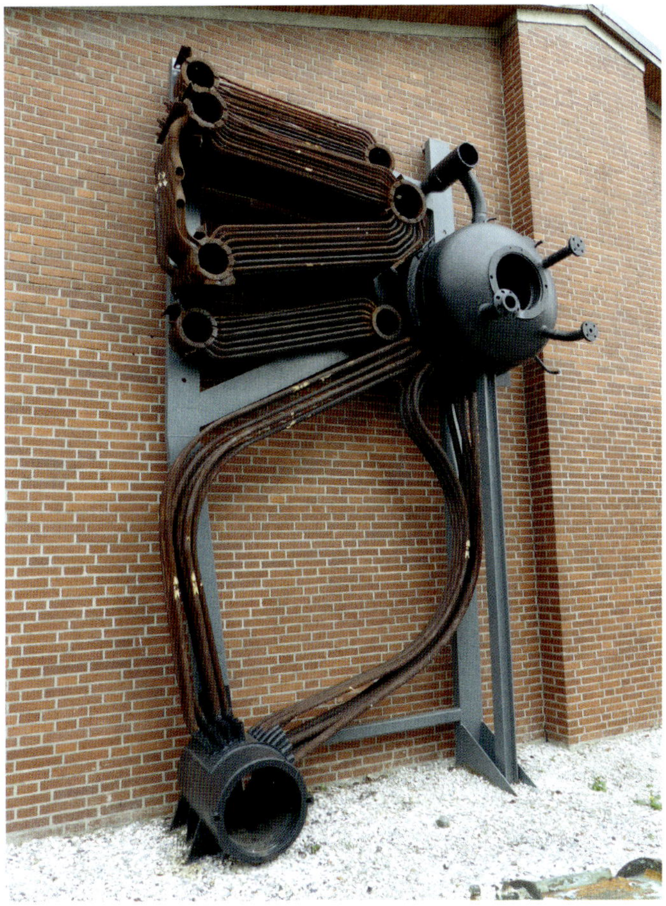

Ein Teil der Kesselanlage des Schulschiffes »Deutschland« ist im Deutschen Marinemuseum in Wilhelmshaven als Exponat der Nachwelt erhalten geblieben. (Foto: Autor)

Abb. links: Die Luftaufnahme gibt den Blick frei auf die Backbord-Seite des Schulschiffes Deutschland. (Foto: US Navy)

14.5 »GORCH FOCK«

Die »Gorch Fock« ist das wohl bekannteste Schiff der Deutschen Marine. Lange Zeit war das Segelschulschiff Motiv auf dem 10-DM-Schein und ging so im wahrsten Sinne des Wortes durch alle Hände.

Am 24. Februar 1958 bei der Hamburger Werft Blohm+Voss auf Stapel gelegt stellte die »Gorch Fock« schon zehn Monate später in Dienst. Diese kurze Bauzeit lässt sich dadurch erklären, weil ohne große Änderungen die Bauunterlagen aus der Vorkriegszeit von den für die Kriegsmarine gebauten Segelschulschiffen »Gorch Fock«, »Horst Wessel« und »Alber Leo Schlageter« sowie des für rumänische Marine bestimmten Segelschulschiffes »Mircea« wieder genutzt werden konnten.

Weiteren lagerten auf der Werft noch große Teile der Takelage, die für die im Bau begonnene, aber kriegsbedingt nicht zu Ende gebaute »Herbert Norkus« bestimmt waren. Sie hatten den Krieg überlebt und fanden nun Verwendung.

Der Bau der »Gorch Fock« war in der Öffentlichkeit durch die Diskussion geprägt, ob eine Segelschiffsausbildung überhaupt noch zeitgemäß sei. Ausgelöst wurden die Debatten insbesondere durch das tragische Ende der unter Handelsflagge fahrenden Viermastbark »Pamir«, die am 21. September 1957 in einem Orkan etwa 600 sm südwestlich der Azoren unter anderem durch übergehende Ladung gesunken war.

»Ein Segelschulschiff der Marine fährt erstens keine Ladung und besitzt zweitens eine außerordentlich hohe Stabilität«, erklärte der damalige Inspekteur der Marine, Vizeadmiral Friedrich Ruge, den Kritikern. Die »Gorch Fock« der Bundesmarine, amtsintern als Segelschulschiff Klasse 441 bezeichnet, wäre also beinahe nicht gebaut worden. Die Namensgebung geht zurück auf den norddeutschen Schriftsteller Johann Kinau, der unter dem Pseudonym Gorch Fock seine Werke veröffentlichte. Als Besatzungsmitglied des in der Skagerrakschlacht gesunkenen Leichten Kreuzers »Wiesbaden« kam er am 31. Mai 1916 ums Leben.

Die »Gorch Fock« hat einen stählernen Rumpf mit zehn Abteilungen und verdrängt 2006 t. Sie ist als Bark getakelt. Das heißt: Sie ist ein dreimastiges Segelschiff mit zwei rahgetakelten Masten und einem Besanmast mit Gaffelsegeln. Die schiffbauliche Konstruktion ist auf große Stabilität ausgelegt. Zusätzlich befinden sich aus Sicherheitsgründen 300 t Eisenballast in der Stauung. Der ursprüngliche MAN Dieselmotor von 985 PS wurde in einer Werftliegezeit durch einen 1600 PS starken Deutz Dieselmotor ausgetauscht. Unter Motor kann das Schiff eine Geschwindigkeit von 11 kn. erreichen.

An elektronischer Ausrüstung befinden sich Radar sowie moderne Navigations- und Fernmeldeanlagen an Bord.

Die erste Fahrt führte die »Gorch Fock« im August / September 1959 nach Santa Cruz de Tenerife und 65 Jahre später beginnt im September 2014 ihre 165. Auslandsreise. Die Deutsche Marine erklärt auf ihrer Internet-Seite, warum die »Gorch Fock« in dieser langen Zeit nichts an Bedeutung verloren hat.

»Die Ausbildung auf einem Segelschulschiff hat in Deutschland eine lange Tradition. Trotz modernster Technik in der Marine ist der Ausbildungsabschnitt Segelschulschiff nach wie vor von großer Bedeutung. Nirgendwo wird der Einfluss des Wetters auf Schiff und Besatzung so intensiv erlebt und zur gesicherten Erfahrung wie auf einem Großsegler. Nirgendwo sonst wird die menschliche Abhängigkeit voneinander so deutlich zur Gewissheit, wie in den Rahen der »Gorch Fock« bei einer Sturmfahrt. Die Bedeutung der Seemannschaft als berufsspezifische Grundlage der Seefahrt kann nur auf einem von Wind und Wetter abhängigen Segler glaubhaft vermittelt werden. Außerdem erziehen die ungewohnte Enge und der Mangel an Komfort zur Kameradschaft, Rücksichtnahme und fördert den Teamgeist. Dies sind alles Eigenschaften, die für den Dienst an Bord auch der modernen Boote und Schiffe unerlässlich sind. Das Segelschulschiff »Gorch Fock« vermittelt ein prägendes Erlebnis und leistet einen unverzichtbaren Beitrag in der Erziehung und Vorbereitung zukünftiger Vorgesetzter an Bord und an Land.«

Weiterhin wird ausgeführt: »Die »Gorch Fock« hat sich als »Botschafter in Blau« für die Verbesserung zwischenstaatlicher Beziehungen einerseits und als Ausbildungsschiff für den Führungsnachwuchs sowie als Werbeträger für die Marine im Inland andererseits so sehr bewährt, dass auch in absehbarer Zukunft die Deutsche Marine auf diesen Großsegler nicht verzichten will und kann.«

Nach ihrer 168. Auslandsausbildungsreise ging die »Gorch Fock« im November 2015 zu einer planmäßigen Grundüberholung in die Werft, die eigentlich im Sommer 2016 beendet sein sollte und auf rund 10 Millionen Euro veranschlagt war. Doch nach Beginn der Arbeiten und nachdem alle Teile des Schiffes für detaillierte Untersuchungen zugänglich waren, erwies sich der Zustand der Bark wesentlich schlechter als angenommen. Es wurde offensichtlich, dass unter anderem alle Masten, Rahen und Stengen nachgebaut und ausgetauscht werden müssen. Weiterhin gab es Korruptions- und Untreuevorwürfe gegen einen Mitarbeiter der Marine und die Werft, die zudem im Februar 2019 einen Insolvenzantrag stellen musste.

Wegen der entstehenden Mehrkosten – in der Fach- und Tagespresse werden bis zu 135 Millionen Euro genannt, wovon schon 69 Millionen bereits ausgegeben sind – stand sogar die Außerdienststellung zur Debatte. Seitens der Marine wurden daher zwei Optionen unter wirtschaftlichen Gesichtspunkten gegeneinander abgewogen:

- Instandsetzung und weiterer Betrieb über die ursprüngliche Nutzungsdauer hinaus

- Neubau eines Schiffes und die erforderliche Zwischenlösung.

Letztendlich wurde die Fortführung der Generalüberholung beschlossen. Sie soll nun 2019 ihren Abschluss finden, was aber noch nicht gewährleistet ist. Die komplett sanierte »Gorch Fock« wird, wenn alles nach Plan verläuft, wieder eine Nutzungsdauer über das Jahr 2040 hinaus haben.

Zu wünschen wäre es der traditionsreichen und weit über Seefahrtskreise hinaus bekannten Bark, die in der Marine mehr oder weniger liebevoll den Spitznamen »Knüppel-Kreuzer« erhielt. Unter knüppeln verstanden die früheren Segelschiffsbesatzungen ein hartes Segeln unter äußerster Beanspruchung von Masten, Takelage und Segeln, aber auch schwere Arbeit und schuften, was bei dieser Art zu segeln zwangsläufig und unausweichlich der Fall war.

Das Segelschulschiff »Gorch Fock« unter vollen Segeln. (Fotos: Deutsche Marine)

Als Zwischen- und Notlösung fand 2017 und 2018 die Kadettenausbildung auf dem rumänischen Schwesterschiff »Mircea« statt. Die Stammbesatzung ließ sich Anfang 2019 auf der Bark der Deutschen Stiftung Sail Training »Alexander von Humboldt II« wieder Seebeine wachsen.
Bleibt noch ein wirkliches Kuriosum zu erwähnen. Im Sommer 1981 kam in Konstanz im Maßstab 1:3 ein Großmodell der »Gorch Fock« auf dem Bodensee zu Wasser. Der Erbauer wollte den 17 t verdrängenden und 26 m langen Klein-Windjammer gewerblich nutzen und damit Touristen auf dem »Schwäbischen Meer« zur See schippern. Doch wegen gravierender konstruktiver, baulicher und technischer Mängel erhielt das Fahrzeug vom Schifffahrtsamt keine Betriebsgenehmigung. Zwei Jahre später wurde dieser Nachbau, ohne je richtig in Fahrt gekommen zu sein, wieder verschrottet.

Abb. links: Der Großmast mit gesetzten Segeln. (Foto: Autor)

Abb. rechts: Das Segelschulschiff »Gorch« kurz vor seinem Stapellauf am 23. August 1958. (Foto: Deutsche Marine)

Abb. unten: Ein Blick aus dem Großmast auf das Mitteldeck und das Vorschiff. (Foto: Autor)

Segelschulschiff »Gorch Fock«			
Bordnummer	A 60		
Typbezeichnung	Klasse 441		
Bauwerft	Blohm+Voss, Hamburg		
Baudaten	Kiellegung	Stapellauf	in Dienst
	24.02.58	23.08.58	17.12.58
Verdrängung	206 t		
Länge x Breite x Tiefgang	89,32 m x 12,02 m x 5,33 m		
Besatzungsstärke	85 (Stammpersonal), 138 (Kadetten)		
Segelanzahl / Segelfläche	23 / 2037 m²		
Antrieb	1 x Dieselmotor		
Antriebsleistung	1 x 1660 PS		
Wellen / Ruder	1 / 1		
Geschwindigkeit	13 kn (unter Segel), 11 kn (unter Motor)		
Fahrstrecke	1100 sm bei 10 kn (unter Motor)		
Elektronik	Radar, Navigations- und Fernmeldeanlagen		

14.6 »NORDWIND«

Das Segelschulboot »Nordwind« gehört zum Typ Kriegsfischkutter (siehe Kapitel »KW 1«-Klasse) und wurde noch von der Kriegsmarine beauftragt. Die Siegermächte übernahmen 1945 das im Bau begonnene Fahrzeug als Kriegsbeute und verkauften es in Privathand. Der neue Besitzer wollte es zur Segelketsch umbauen lassen, konnte dieses Vorhaben aber nicht zu Ende bringen.
In unfertigem Zustand wurde das Boot dann 1951 vom Seegrenzschutz übernommen, fertig gebaut und am 22. November 1951 unter dem Namen »Nordwind« als Schulungsfahrzeug in Dienst gestellt. Weil keine anderen Einheiten zur Verfügung standen, wurde die »Nordwind« auch für protokollarische Zwecke und als Repräsentationsplattform genutzt.
Das Schulboot hatte ein Spantengerüst aus Eisen und eine Holzbeplankung. Der typische Fischkutterrumpf war in acht Abteilungen unterteilt. Die Segelfläche der vier Segel betrug 195 m^2.
Der eingebaute Dieselmotor von 137 PS Leistung macht die »Nordwind« windunabhängig und ermöglicht eine Geschwindigkeit von 11 kn.
In die Bundesmarine als Segelschulboot Klasse 368 übernommen, kam die Segelketsch im Schulgeschwader Ostsee in den gleichen Funktionen wie zuvor beim Seegrenzschutz zum Einsatz. Nach der Geschwaderauflösung unterstand die »Nordwind« der Marineschule Mürwik in Flensburg, gehörte aber auch zeitweise zur Seemannschaftslehrgruppe in Borkum und zum Stützpunktkommando Kiel.
Trotz einer gründlichen Werftüberholung und größeren Modernisierung Anfang der 2000er Jahre musste die »Nordwind« letztendlich auf Druck des Bundesrechnungshofes am 15. Dezember 2006 von der Deutschen Marine außer Dienst gestellt werden. Mit 55 Dienstjahren unter der deutschen Flagge zählt sie zu den Einheiten mit der längsten Fahrens-

Traditionssegler und Museumsschiff »Nordwind« an seinem Liegeplatz im Deutschen Marinemuseum in Wilhelmshaven. (Foto: Autor)

Segelschulboot »Nordwind«-Klasse			
Bordnummer	W 43, Y 834		
Typbezeichnung	Klasse 368		
Bauwerft	unbekannt		
Baudaten	Kiellegung	Stapellauf	in Dienst
	?	?	22.11.51 01.07.56
Verdrängung	110 t		
Länge x Breite x Tiefgang	26,89 x 6,53 x 2,94		
Besatzungsstärke	4 + Schüler		
Segelanzahl / Segelfläche	4 / 195 m²		
Antrieb	1 x Dieselmotor		
Antriebsleistung	1 x 137 PS		
Wellen / Ruder	1 / 1		
Geschwindigkeit	11 kn (unter Motor)		
Fahrstrecke	1200 sm bei 7 kn (unter Motor)		
Elektronik	Navigationsausrüstung		
Verbleib	am 15.012.06 außer Dienst gestellt, 2008 an das Deutsche Marinemuseum in Wilhelmshaven übergeben, als Traditionssegler in Fahrt		

Abb. links: Die Segelketsch »Nordwind« noch als Schulboot unter der Dienstflagge der Seestreitkräfte. (Foto: Deutscher Marinebund)

zeit in der Bundesmarine respektive der Deutschen Marine. Nach langem Hin und Her und Ungewissheit über das weitere Schicksal konnte das Deutsche Marinemuseum in Wilhelmshaven dieses schifffahrtshistorische Denkmal erwerben und vor der vermutlichen Verschrottung bewahren. Am 6. November 2008 erfolgte die Übergabe der »Nordwind« an das Museum.
Mitfahrgelegenheiten im Rahmen von Tages- und Mehrtagestörns im Bereich der deutschen Nord- und Ostseeküste werden vom Museum angeboten. Darüber hinaus kann die »Nordwind« für Veranstaltungen im Hafen und auf See gechartert werden. Sie ist regelmäßig gut ausgebucht.
Konnte früher an Bord ein ganzer Hörsaal in Seemannschaft und Navigation ausgebildet werden, so können heute auf Langfahrten zwölf und für Tagesfahrten 36 Gäste mitfahren. Die »Nordwind« besucht außerdem regelmäßig maritime Großveranstaltungen an der deutschen Küste.

Die Segelketsch »Nordwind« unter voller Besegelung.
(Foto: Ein Dahmer / CC-BY-SA 4.0)

15. AUFKLÄRUNGSSCHIFFE

15.1 »TRAVE«

In den Medien werden sie häufig als Spionageschiffe bezeichnet. Ein vollkommen falscher und in die Irre führender Begriff, denn mit Spionage hatten die Messboote der Bundesmarine absolut nichts zu tun. Zwar war es ihre Aufgabe gegnerische Seestreitkräfte aufzuklären, aber sie verstießen bei ihrer Arbeit nicht gegen Gesetze oder versuchten vorsätzlich und widerrechtlich in andere Hoheitsbereiche einzudringen. Für jedermann sichtbar bewegten sich die Boote als normale Teilnehmer am Seeverkehr in internationalen Gewässern. Allerdings operierten sie so nahe wie möglich an ihrem Beobachtungsobjekt und häufig auch dicht an der seeseitigen Begrenzung der Hoheitsgewässer. Gewiss ein nicht gern gesehenes Verhalten, will sich doch niemand so detailliert in »die Karten schauen lassen«.

Durch eingeschifftes Erfassungspersonal verstärkt, führten die Besatzungen der Messboote in der Ostsee die optische und fernmelde-elektronische Aufklärung der Seestreitkräfte des Warschauer Paktes durch. Fotografisch wurde das Aussehen, die Ausrüstung und das Verhalten der Einheiten oder der Verlauf eines Manövers festgehalten. Unter Einsatz technischer Mittel erfolgte das Aufzeichnen und die Analyse von elektro-magne-

Die große Anzahl der Erfassungsantennen kommt auf dieser Abbildung des Messbootes »Trave« sehr gut zur Darstellung. (Foto: Deutsche Marine)

tischen Ausstrahlungen der Schiffe und Boote der Gegenseite. Ziel war es Erkenntnisse über die Führungs- und Einsatzgrundsätze sowie über die Waffentechnik und deren Leistungsfähigkeit zu gewinnen. Die Ergebnisse unterlagen naturgemäß einer hohen geheimen Einstufung.

Die »Trave« war am 11. Dezember 1942 als Korvette »Flint« in Kanada vom Stapel gelaufen, wurde zur Geleitsicherung im Atlantik eingesetzt und nach dem Krieg nach Belgien verkauft. Das Schiff kam zusammen mit seinem Schwesterschiff »Eider« (ex »Dochet«) 1952 durch Ankauf zum Seegrenzschutz und fand dort nach Umbau ab dem 27. Januar 1954 als Begleitschiff »Trave« weitere Verwendung (siehe Kapitel »Eider«).

Das Schiff war ein Stahlbau, hatte neun Abteilungen und einen typischen Trawler-Schiffskörper. Es verdrängte 845 t. Mit einem diesel-elektrischen Antrieb erreichte die »Trave« eine Geschwindigkeit von 12,5 kn.

Mit Aufstellung der Bundesmarine wurde die »Trave« unter Beibehaltung des Namens unbewaffnet übernommen. Sie erhielt die amtsinterne Bezeichnung Begleit- und Schulschiff Klasse 139 und wurde als Schulschiff im Schulgeschwader verwendet. Eine Bewaffnung von zwei 20-mm-Geschützen kam an Bord.

Infolge der Auflösung des Schulgeschwaders war die »Trave vom Juli 1963 bis Dezember 1967 dem 3. Schnellbootgeschwader in Flensburg zugeordnet. Außerdem fand 1963 / 1964 der Umbau und die Umrüstung zum Messboot Klasse 751 statt. Heimathafen blieb weiterhin Flensburg. Als neue Bewaffnung kam bei dem Umbau ein 40-mm-Geschütz an Bord.

Als erstes Messboot der Bundesmarine diente die »Trave« ab Oktober 1964 nun der fernmelde-elektronischen Aufklärung der Seefahrzeuge, der Waffensysteme und der Seemanöver des Warschauer Paktes. Das Fahrtgebiet war nun ausschließlich die mittlere und östliche Ostsee. Einsatzmäßig unterstand das Messboot direkt dem Flottenkommando. Truppendienstlich war es ab Juli 1968 dem Minenlegergeschwader unterstellt.

Am 25. November 1971 stellte die »Trave« außer Dienst, wurde zur Verwertung verkauft und anschließend abgebrochen und verschrottet.

Messboot »Trave«			
Bordnummer	A 51		
Typbezeichnung	Klasse 139, Klasse 751		
Bauwerft	G.T. Davie, Lauzon, Kanada		
Baudaten	Kiellegung	Stapellauf	in Dienst
	?	14.07.42	11.12.42 27.01.54 01.07.56
Verdrängung	845 t		
Länge x Breite x Tiefgang	53,59 x 8,38 x 3,97 m		
Besatzungsstärke	Schulschiff: 20 (Stammpersonal), 60 (Kadetten) Messboot: 45 (Stammpersonal), 18 (Erfassungspersonal)		
Antrieb	1 x Dieselmotor, 1 x Elektro-Fahrmotor		
Antriebsleistung	1 x 1000 PS auf 600 PS gedrosselt, 1 x ? kW		
Wellen / Ruder	1 / 1		
Geschwindigkeit	12,5 kn		
Fahrstrecke	11.000 sm bei 12 kn		
Rohrwaffen	2 x 20-mm-Geschütz, nach Umbau 1 x 40-mm-Geschütz		
Elektronik	Radar, Navigations- und Fernmeldeanlagen, umfangreiche Erfassungsanlagen		
Verbleib	Am 25.11.71 außer Dienst gestellt, 1972 Abbruch		

Abb. links: Messboot »Trave«.
(Foto: Deutscher Marinebund)

15.2 »OSTE«

Das Messboot »Oste« lief am 21. Oktober 1942 als Bergungsschlepper »Puddefjord« bei Akers Mekaniske in Oslo / Norwegen für die Kriegsmarine vom Stapel. Sie kam nach ihrer Indienststellung für Unterstützungsaufgaben an der norwegischen Küste zum Einsatz. Nach dem Krieg ging das Schiff in amerikanische Hände über und kam unter altem Namen bei der Labor Service Unit (B) (LSU (B)) zum Einsatz.

Bei der Aufstellung der Bundesmarine wechselte die »Puddefjord« wieder die Flagge und stellte am 21. Januar 1957 als Tender Klasse 419 »Oste« in Dienst.

Die »Oste« war ein Stahlbau und verdrängte 940 t. Mit Übernahme durch die Bundesmarine war ein Umbau mit Änderung der Raumaufteilung notwendig. Der Antrieb erfolgte über zwei Akers Dieselmotoren mit jeweils 800 PS Leistung. Das Schiff erreichte 12 kn an Geschwindigkeit.

Als Tender war die »Oste« mit zwei 20-mm-Geschützen bewaffnet. Als Messboot hatte sie nur Handwaffen an Bord. Die elektronische Ausrüstung bestand aus einem Radar sowie aus Navigations- und Fernmeldeanlagen.

Zunächst kam die »Oste« als Tender beim 1. und 3. Minensuchgeschwader in Flensburg und Kiel in Verwendung. Außerhalb ihrer eigentlichen Aufgaben wurde sie auch im Winter als Eisbrecher in der Flensburger Förde genutzt.

Nach einer vorläufigen Außerdienststellung erfolgte ab April 1965 ein umfangreicher Umbau zum Messboot Klasse 753. Unter anderem wurden die Bewaffnung und die Ladebäume entfernt sowie ein Aufbaudeck von der Achterkante Schornstein bis zum Heck errichtet. Ein ebenfalls neu installierter großer Radom für die Erfassungsantennen gab der »Oste« ihr charakteristisches und unverwechselbares Aussehen.

Messboot »Oste« im ersten Aussehen. (Foto: Bibliothek für Zeitgeschichte)

Flottendienstboot »Oste«			
Bordnummer	A 52		
Typbezeichnung	Klasse 419, Klasse 753, Klasse 422A		
Bauwerft	Akers Mekaniske, Oslo, Norwegen		
Baudaten	Kiellegung	Stapellauf	in Dienst
	?	21.10.42	29.02.43 21.01.57
Verdrängung	940 t		
Länge x Breite x Tiefgang	49,39 x 9,03 x 5,41 m		
Besatzungsstärke	45 (Stammpersonal), 35 (Erfassungspersonal)		
Antrieb	2 x Dieselmotor		
Antriebsleistung	2 x 800 PS		
Wellen / Ruder	1 / 1		
Geschwindigkeit	12 kn		
Fahrstrecke	unbekannt		
Rohrwaffen	2 x 20-mm-Geschütz (als Tender)		
Elektronik	Radar, Navigations- und Fernmeldeanlagen, umfangreiche Erfassungsanlagen		
Verbleib	am 12.06.87 außer Dienst gestellt, 1988 Verkauf an privat, 1990 Abbruch		

Flottendienstboot »Oste«. (Foto: Autor)

Die erneute Indienststellung als Messboot erfolgte am 8. August 1967. Sie unterstand nun truppendienstlich dem Minenlegergeschwader in Flensburg und nach dessen Auflösung ab dem Januar 1972 dem Flottendienstgeschwader. Wie das Messboot »Trave« wurde auch die »Oste« einsatzmäßig direkt vom Flottenkommando geführt und kam in der fernmelde-elektronischen Aufklärung des Warschauer Paktes nun ausschließlich in der mittleren und östlichen Ostsee zum Einsatz. Sie war wichtiger Teil der schwimmenden Aufklärungskomponente sowohl der Bundesmarine wie auch der NATO.

Durch einen größeren Umbau, der unter anderem das äußere Erscheinungsbild deutlich veränderte und Mitte 1976 abgeschlossen war, erhielt das Messboot einen neuen Brückenaufbau und einen neuen Radom. Der bisherige Pfahlmast wurde durch einen Dreibeinmast ersetzt.

Am 1. Juli 1980 kam die Umklassifizierung zum Flottendienstboot Klasse 422A. Die Außerdienststellung der »Oste« vollzog sich am 12. Juni 1987. Nach dem Verkauf an einen Privatmann sollte sie als Restaurantschiff in Husum weiter erhalten bleiben. Dieser Plan ließ sich dann aber doch nicht verwirklichen und das Schiff wurde 1989 verschrottet.

Messboot, später Flottendienstboot, »Oste« mit neuem Radom, neuer Brücke und Dreibeinmast. (Foto: Bibliothek für Zeitgeschichte)

15.3 »ALSTER« UND »OKER«

Nach »Trave« und »Oste« bildeten die beiden Schwesterschiffe »Alster« und »Oker« die dritte Generation von Aufklärungsschiffen in der Bundesmarine. Als Messboot Klasse 753B hatten sie, wie auch die beiden Vorgängerinnen, Namen nach kleinen norddeutschen Flüssen.

Sie entstanden 1969 / 1970 als Umbauten aus den Hochsee-Fischtrawlern und Seitenfängern »Mellum« und »Hoheweg«. Dies waren zwei Schiffe, die bei der Schiffbau-Gesellschaft Unterweser in Bremerhaven gebaut wurden und in den Jahren 1960 bis 1966 in der deutschen Hochseefischerei beschäftigt waren. Im Jahr 1967 hatte das Verteidigungsministerium die Schiffe angekauft.

»Alster« und »Oker« waren Stahlbauten mit Leichtmetallaufbauten. Sie waren als Fischereifahrzeuge für die rauen nordatlantischen Gewässer ausgelegt und somit sehr seetüchtige und wetterfeste Schiffe mit einer Verdrängung von rund 1500 t.

Der Antrieb war als »Vater & Sohn«-Anlage aufgebaut und war sowohl diesel-mechanisch (Normalfahrt) wie auch diesel-elektrisch (Fangfahrt, Patrouillenfahrt) oder in Kombination möglich. Er bestand aus zwei Klöckner-Humboldt-Deutz Dieselmotoren mit Leistungen von 1800 PS und 545 PS sowie einem Elektro-Fahrmotor von 294 kW. Der größere Dieselmotor (»Vatermotor«) war für die Normalfahrt gedacht. Für die Fangfahrt mit Netz kam früher der kleinere Dieselmotor (»Sohnmotor«) im diesel-elektrischen Betrieb mit dem Elektro-Fahrmotor zum Einsatz. Als Messboot wurde diese Schaltung für die Patrouillenfahrt im Einsatzgebiet genutzt. Damit war eine Fahrt von 7 kn möglich. Mit beiden Motoren auf die Welle gekuppelt, erreichten die Schiffe 17 kn.

»Alster« und »Oker« waren, mit Ausnahme von Handwaffen, unbewaffnet. Die umfangreiche elektronische Ausrüstung war auf den Aufgabenbereich der fernmelde-elektronische Aufklärung abgestimmt und ausgerichtet.

Beim Umbau vom Fischtrawler zum Messboot wurden aus den früheren Laderäumen Unterkünfte für die Besatzung und Betriebsräume für das Erfassungspersonal. Der als Brückenaufbau vorhandene große konische Schornsteinkomplex ist in Wirklichkeit ein Radom zur Verkleidung der umfangreichen Antennenausrüstung. Die Abgasabführung verläuft über einen achtern angeordneten Schornsteinmast. Auf dem Hauptdeck blieb

Flottendienstboot »Alster«. (Foto: Bibliothek für Zeitgeschichte)

Flottendienstboote »Alster« und »Oker«	
Typbezeichnung	Klasse 753B, Klasse 422B
Verdrängung	1466 t (»Oker«), 1525 (»Alster«)
Länge x Breite x Tiefgang	72,83 x 10,52 x 5,06 m
Besatzungsstärke	55 (Stammpersonal), 35 (Erfassungspersonal)
Antrieb	2 x Dieselmotor, 1 x Elektro-Fahrmotor
Antriebsleistung	1 x 1800 PS 1 x 545 PS 1 x 294 kW
Wellen / Ruder	2 / 2
Geschwindigkeit	17 kn
Fahrstrecke	unbekannt
Elektronik	Radar, Navigations- und Fernmeldeanlagen, umfangreiche Erfassungsanlagen

Flottendienstboot »Alster«			
Bord-Nr.	A 50		
Bauwerft	Schiffbau-Gesellschaft Unterweser, Bremerhaven		
Baudaten	Kiellegung	Stapellauf	in Dienst
	?	21.11.60	21.03.61 19.10.71
Verbleib	am 15.11.88 außer Dienst gestellt, 1988 an die Türkei, »Yunus«, 2000 außer Dienst gestellt, Verbleib nicht bekannt		

Flottendienstboot »Oker«			
Bord-Nr.	A 53		
Bauwerft	Schiffbau-Gesellschaft Unterweser, Bremerhaven		
Baudaten	Kiellegung	Stapellauf	in Dienst
	?	29.08.60	19.10.60 11.02.72
Verbleib	am 04.12.87 außer Dienst gestellt, am 08.02. 88 erneut in Dienst gestellt, Verlegung nach Kreta, 29.02.88 außer Dienst gestellt, 1988 an Griechenland, »Hermis«, 2002 außer Dienst gestellt, Verbleib nicht bekannt		

an Steuerbordseite mit der dort vorhanden Aussparung in den Aufbauten das charakteristische Aussehen eines Fischereifahrzeuges und Seitenfängers erhalten.

Die Indienststellungen als Messboote »Alster« und »Oker« erfolgten am 19. Oktober 1971 und am 11. Februar 1972. Genau wie die »Oste« wurden auch diese beiden Messboote am 1. Juli 1980 in Flottendienstboot Klasse 422B umklassifiziert.

Rund 15 Jahre waren die beiden Aufklärungsschiffe in der fernmelde-elektronischen Aufklärung des Warschauer Paktes in der mittleren und östlichen Ostsee im Einsatz. Mit den im Bau befindlichen und speziell als Aufklärungsschiffe entwickelten drei Flottendienstbooten der »Oste«-Klasse zeichnete sich Ende der 1980er Jahre auch das Ende ihrer Indiensthaltung ab.

Die »Oker« ging am 4. Dezember 1987 außer Dienst. Nach erneuter Indienststellung am 8. Februar 1988 verlegte das Schiff in die Soudabay nach Kreta. Dort wurde es am 29. Februar als »Hermis« von der griechischen Marine übernommen. Die »Alster« fand nach ihrer Außerdienststellung eine weitere Verwendung in der Türkei. Ab Oktober 1988 nach Izmir überführt, setzte sie am 15. November 1988 als »Yunus« die türkische Flagge.

In den Jahren 2000 und 2002 stellten die ehemaligen deutschen Flottendienstboote »Alster« und »Oker« auch bei der türkischen und der griechischen Marine endgültig außer Dienst. Über den weiteren Verbleib der Schiffe liegen dem Autor keine Erkenntnisse vor.

Flottendienstboot »Oker«. (Foto: Bibliothek für Zeitgeschichte)

15.4 »OSTE«-KLASSE

In den Jahren 1988 / 1989 stellten als Ersatz für die Abgänge der Messboote / Flottendienstboote »Oste«, »Oker« und »Alster« drei Neubauten mit den Namen ihrer Vorgänger in Dienst. Die neue von Anfang an als Flottendienstboot konzipierte »Oste«-Klasse – amtsintern Flottendienstboot Klasse 423 – wurde nach Handelsschiffstandard gebaut und hat wesentlich komfortablere Unterkünfte für die Besatzung als ihre Vorgänger. Sie entstanden bei der Flensburger Schiffbaugesellschaft in Flensburg.
Die Flottendienstboote der »Oste«-Klasse haben einen hohen stählernen Schiffskörper mit acht Abteilungen. Die Aufbauten sind in der vorderen Schiffshälfte angeordnet. Kurz hinter dem Brückenbereich befindet sich ein großer flacher Radom mit einem zusätzlich aufgesetzten kugelförmigen Radom. Ein Dreibeinmast ist hinter den Aufbauten angeordnet. Ein weiterer kleinerer Aufbautenkomplex befindet sich in der hinteren Schiffshälfte, der 2375 t verdrängenden Flottendienstboote.
Der Antrieb der Zwei-Wellen-Schiffe erfolgt durch zwei Deutz-MWM Dieselmotoren, die jeweils 4427 PS an Leistung vorweisen können und mechanisch auf die Wellen wirken. Im diesel-elektrischen Betrieb lassen sich für Schleichfahrt zwei Elektro-Fahrmotoren mit jeweils 600 kW auf die Wellen schalten. Der Geschwindigkeitsbereich im diesel-mechanischen Betrieb reicht von 6 kn bis 20 kn. Für geringere Fahrtstufen – zum Beispiel bei der akustischen Aufklärung im Unterwasserbereich – muss mit der leisen diesel-elektrischen Antriebsvariante gefahren werden.
Die Flottendienstboote der »Oste«-Klasse sind nur mit Handwaffen ausgerüstet. Sie besitzen für ihren Aufgabenbereich der fernmelde-elektronischen Aufklärung eine sehr umfangreiche moderne elektronische Ausrüstung.
Nach Auflösung des Flottendienstgeschwaders erfolgte im Januar 1993 für die drei Flottendienstboote ein Unterstellungswechsel zum Marinefernmeldestab 70. Zunächst noch ausschließlich im alten Szenario eingesetzt, kamen ab Mitte der 1990er Jahre weitere Aufgaben auf die sowohl auf sich allein gestellt als auch im Wirk- und Kommunikationsverbund mit anderen Einheiten einsetzbaren Boote hinzu.
Auch im internationalen Krisenmanagement nehmen Auf-

Flottendienstboot »Oker«. (Foto: Deutsche Marine)

klärung und Früherkennung eine bedeutende Rolle ein. Unter den geänderten Einsatzbedingungen der asymmetrischen Bedrohungslage sind sie daher als hocheffiziente Frühwarn-, Fernmelde- und Aufklärungseinheiten gefragt.
In den letzten Jahren wurden die Flottendienstboote bereits mehrfach mit großem Erfolg für Aufgaben der Informationsgewinnung in Krisengebieten eingesetzt. Ihr Fahrbereich von 5000 sm ermöglicht sowohl Aufklärungseinsätze in geografisch weit entfernten Seegebieten als auch bei lang andauernden Operationen.
Mit ihren hochmodernen, elektro-magnetischen, hydroakustischen und elektro-optischen Ortungsgeräten überwachen sie alle gängigen Frequenzbänder und Übertragungsarten. Im Einzelnen lassen sich unter anderem folgende Aufklärungsverfahren durchführen:

- Radaraufklärung (RADINT, radar intelligence)
- Fernmeldeaufklärung (COMINT, communication intelligence)
- Optronische Aufklärung (OPTRINT, optronic intelligence))
- Akustische Aufklärung (ACINT, acoustic intelligence)
- Optische Aufklärung (VISINT, visual intelligence)

Die Flottendienstboote beobachten alle Aktivitäten und Übungen fremder Seestreitkräfte, sowohl auf und unter dem Wasser wie auch in der Luft. Alle schiffs-, luft- und landgestützte Ausstrahlungen – nach Möglichkeit mit einer direkten Zuordnung der Quelle respektive der Plattform – werden aufgezeichnet und ausgewertet.
Die Flottendienstboote der »Oste«-Klasse unterstehen mittlerweile dem Kommando Strategische Aufklärung der Bundeswehr, werden von der Marine betrieben und sind administrativ dem 1. U-Bootgeschwader angegliedert. Nach Auflösung des Marinestützpunktes Flensburg und nach vorübergehender Zwischenstation in Kiel sind »Oste«, »Oker« und »Alster« seit 2002 in Eckernförde stationiert.
Im Laufe ihrer Indiensthaltung wurden die Flottendienstboote der »Oste«-Klasse technologisch auf dem neuesten Stand gehalten und zwischendurch auch umfassend modernisiert. Ihre Notwendigkeit für die strategische Informationsgewinnung ist unbestritten. Seit nunmehr 30 Jahren im Dienst, liegt aber auch das Ende ihrer Verwendungsdauer in nicht allzu großer Ferne und eine Ersatzbeschaffung wird erforderlich. Doch darüber – wie könnte es bei diesen speziellen und geheimnisumwitterten Schiffen auch anders sein – schweigt die Marine.

Flottendienstboote der »Oste«-Klasse			
Bootsnamen	»Oste«, »Oker«, »Alster«		
Bordnummer	A 52, A 53, A 50		
Typbezeichnung	Klasse 423		
Bauwerft	Flensburger Schiffbaugesellschaft, Flensburg		
Baudaten	Kiellegung	Stapellauf	in Dienst
»Oste«	21.11.86	15.05.87	30.06.88
»Oker«	15.12.86	24.09.87	24.11.88
»Alster«	14.03.88	03.11.88	05.10.89
Verdrängung	2375 t		
Länge x Breite x Tiefgang	83,35 x 14,60 x 6,20 m		
Besatzungsstärke	42 (Stammpersonal), 30 (Erfassungspersonal)		
Antrieb	2 x Dieselmotor, 2 x Elektro-Fahrmotor		
Antriebsleistung	2 x 4427 PS, 2 x 600 kW		
Wellen / Ruder	2 / 2		
Geschwindigkeit	20 kn		
Fahrstrecke	5000 sm bei 18 kn		
Elektronik	Radar, Navigations- und Fernmeldeanlagen, umfangreiche Erfassungsanlagen		

Flottendienstboot »Oste«. (Foto: Deutsche Marine)

16. SPEZIALSCHIFFE

16.1 »EMS«

Von der Kriegsmarine beauftragt, wurde die »Ems« als Wassertanker »Harle« auf der Werft D.W. Kremer in Elmshorn gebaut Das Kriegsmarinefahrzeug kam dann hauptsächlich als Schwerwassertanker im norwegischen Raum zum Einsatz. Nach Kriegsende ging es als Kriegsbeute an die zur amerikanischen Marine gehörende Labour Service Unit (B) (LSU (B)). Über die OMGUS (Office of Military Government for Germany, Amt der Militärregierung für Deutschland) wurde das Schiff an den Norddeutschen Lloyd verchartert. Nach einem Umbau fuhr es dort als Schlepper »Harle«.
Im Jahre 1951 erfolgte dann die Rückgabe an die LSU (B) und dann die weitere Verwendung unter gleichem Namen. Als Tender der Klasse 419 »Ems« übernahm 1956 die im Aufbau befindliche Bundesmarine das Schiff.
Der Stahlbau hatte neun Abteilungen und eine Verdrängung von 1350 t. Als Antrieb diente dem Ein-Wellen-Schiff ein Sulzer Dieselmotor mit 900 PS Leistung. Damit konnte es eine Geschwindigkeit von 13,5 kn erreichen.
Als Tender beim 3. Minensuchgeschwader in Wilhelmshaven und ab August 1958 in Kiel eingesetzt, war die »Ems« mit zwei 20-mm-Zwillings-Geschützen bewaffnet.
Im Mai 1964 endete die Verwendung als Tender. Es kam zur Unterstellung bei der Lehrgruppe für Schiffssicherung in Neustadt / Holstein sowie zum Umbau als Taucherschulschiff Klasse 754. Die »Ems« bekam hierbei einen zusätzlichen Heckanker. Entsprechend dem zugedachten neuen Verwendungszweck wurden eine Taucherdruckkammer eingebaut und Taucherunterkünfte eingerichtet. Außerdem erhielt das Schiff an der Bugspitze eine Bergerolle. Die Bewaffnung kam von Bord.
In der Funktion als Taucherschulboot blieb die »Ems« bis zum 10. März 1978 im Dienst. Nach einigen Jahren als Auflieger im Marinearsenal Wilhelmshaven erfolgte im Dezember 1982 der Verkauf an einen Eigner in Griechenland. Als »Puddefjord« kam die »Ems« wieder erneut in Fahrt. Der weitere Verbleib ist dem Autor nicht bekannt.

Taucherschulboot »Ems«			
Bordnummer	A 53, Y 1662		
Typbezeichnung	Klasse 419, Klasse 754		
Bauwerft	D.W. Kremer & Sohn, Elmshorn		
Baudaten	Kiellegung	Stapellauf	in Dienst
	?	?	15.05.42 11.12.56
Verdrängung	1350 t		
Länge x Breite x Tiefgang	56,90 x 8,80 x 4,70 m		
Besatzungsstärke	25		
Antrieb	1 x Dieselmotor		
Antriebsleistung	1 x 900 PS		
Wellen / Ruder	1 / 1		
Geschwindigkeit	13,5 kn		
Fahrstrecke	2400 sm bei 12 kn		
Rohrwaffen	2 x 20-mm-Zwillings-Geschütz		
Elektronik	Radar, Navigations- und Fernmeldeanlagen		
Verbleib	am 10.03.78 außer Dienst gestellt, 1982 Verkauf , »Puddefjord« Verbleib nicht bekannt		

Tender »Ems«. (Foto: Deutscher Marinebund)

16.2 »WIELAND«, »ODIN« UND »WOTAN«

WERKSTATTSCHIFF »WIELAND«

Am 1. April 1942 lief das Werkstattschiff »Wieland« als marineeigener Neubau für die Kriegsmarine vom Stapel. Der Bau des von Anfang an für diese Verwendung geplanten und nach einer nordischen Sagengestalt benannten Schiffes erfolgte auf der Rheinwerft in Walsum. Die Endausrüstung der »Wieland« fand anschließend bei der Deschimag in Bremen statt.

Das Werkstattschiff wurde 1945 amerikanische Kriegsbeute und blieb über die OMGUS (Office of Military Government for Germany, Amt der Militärregierung für Deutschland) in Charter für die Bremer Maschinenbau- und Dockbetriebe in Fahrt.

Als Stationäre Schwimmwerkstatt Klasse 727 wurde die »Wieland« 1956 von der Bundesmarine übernommen und dem Marinearsenal Wilhelmshaven zugeteilt.

Die »Wieland« war ein Stahlbau und verdrängte 270 t. Ein Deutz Dieselmotor mit 480 PS Leistung diente als Antrieb des Ein-Wellen-Schiffes. Er verlieh dem Werkstattschiff eine Geschwindigkeit von 6 kn. In der Bundesmarine hatte die Einheit jedoch keine Fahrerlaubnis und blieb mit zivilem Werkstattpersonal bis zu ihrer Außerdienststellung am 1. September 1971 stationär in Wilhelmshaven in Verwendung.

Im Jahr 1972 erfolgte der Verkauf der »Wieland« an eine private Firma. Über Zwischenstationen gelangte sie 1974 als »Ifestos« nach Griechenland. Der weitere Verbleib ist nicht bekannt.

WERKSTATTSCHIFFE »ODIN« UND »WOTAN«

Unter den 1958 von der amerikanischen Marine angekauften Landungsschiffen (siehe Kapitel »Eidechse«-Klasse) wurden »LST 967« und »LST 1119« nach entsprechenden Umbauten zum Kleinen Werkstattschiff Klasse 726 als »Odin« und »Wotan« am 8. März und 20. Januar 1966 beim Kommando der Trossschiffe in Dienst gestellt. Ein geplantes Projekt Großes Werkstattschiff wurde nicht mehr umgesetzt. Die Namensgebung der beiden Einheiten geht zurück auf nordische Sagengestalten.

»Odin« und »Wotan« waren kastenförmig aussehende Stahlschiffe mit 14 wasserdichten Abteilungen und einem Spiegelheck. Sie verdrängten 3638 t. Beim Umbau zu Werkstattschiffen wurde die Bugrampe ausgebaut und das Bugflügeltor zugeschweißt. Zwei General Motors Dieselmotoren von jeweils 900 PS wirkten auf je eine Welle und ermöglichten eine Geschwindigkeit von 9 kn.

Mehrere Dieselgeneratoren unterschiedlicher Stärke und Leistung standen für den Bordbetrieb zur Verfügung. Zur technischen Ausrüstung der unbewaffneten Werkstattschiffe gehörte ein 10-t-Kran, der an Oberdeck auf Gleisen verfahrbar war. Der Decksbereich vor den Brückenaufbauten konnte als Start- und Landeplatz von Hubschraubern genutzt werden.

Der Heimathafen von »Odin« und »Wotan« war zunächst Cuxhaven. Die Schiffe waren gemischt militärisch und zivil besetzt. Die Besatzung bestand aus 44 Soldaten und 158 Personen an zivilem Werkstattpersonal.

Am 1. Oktober 1967 wechselten die beiden Werkstattschiffe ihre Unterstellung zum 1. Versorgungsgeschwader (»Odin«) in Kiel und dem 2. Versorgungsgeschwader (»Wotan«) in Wilhelmshaven. Dabei änderte sich die Besatzung in rein ziviles Personal von 107 Mann, wobei hiervon wiederum zwölf Besatzungsmitglieder den seemännischen Anteil bildeten.

Sieben Jahre später, im April 1974, traten erneut Änderungen in Kraft. Die zivile Besatzung wurde in ihrer Stärke reduziert und die Werkstattschiffe dem Marinearsenal zugeteilt. Während »Odin« als Außenstelle des Marinearsenals Kiel im Marinestützpunkt Olpenitz zum Einsatz kam, verblieb »Wotan« im Wilhelmshavener Arsenalbetrieb. Im April 1975 wurden beide Schiffe als Geräteeinheiten herabgestuft.

Bis 1991 sollte sich dann bis auf die Umänderung auf Y-Bordnummern nichts mehr ändern. Die beiden Werkstattschiffe waren an ihren Standorten – und in den ersten Jahren ihrer Verwendung auch auf See – kompetente und fachlich versierte Ansprechpartner und Helfer, wenn bei der Flotte irgendetwas kaputt ging und schnell für den Manövereinsatz repariert werden musste.

Als erste Einheit des Duos ging das Werkstattschiff »Wotan« am 23. August 1991 außer Dienst. »Odin« folgte am 20. Dezember des gleichen Jahres. Danach wurden die Schiffe verkauft. Bei »Odin« kam es 1993 zur Verschrottung. Über das Endschicksal von »Wotan« liegen dem Autor keine weiteren Erkenntnisse vor.

Werkstattschiffe »Wieland«, »Odin« und »Wotan«		
Schiffsnamen	»Wieland«	»Odin«, »Wotan«
Typbezeichnung	Klasse 727	Klasse 726
Verdrängung	270 t	3638 t
Länge x Breite x Tiefgang	37,00 x 6,00 x 2,60 m	101,30 x 15,28 x 3,82 m
Besatzungsstärke	?	siehe Angaben im Text
Antrieb	1 x Dieselmotor	2 x Dieselmotor
Antriebsleistung	1 x 480 PS	2 x 900 PS
Wellen / Ruder	1 / 1	2 / 2
Geschwindigkeit	6 kn	9 kn
Fahrstrecke	unbekannt	13.200 bei 8 kn
Elektronik	ohne	Radar, Navigations- und Fernmeldeanlagen
Ausrüstung	Werkstatteinrichtungen	Werkstatteinrichtungen

Werkstattschiff »Wieland«			
Bord-Nr.	Y 804		
Bauwerft	Rheinwerft, Walsum, Deschimag, Bremen		
Baudaten	Kiellegung	Stapellauf	in Dienst
	?	01.04.42	? 20.08.56
Verbleib	am 01.09.71 außer Dienst gestellt, 1972 Verkauf, 1974 Griechenland		

Stationäres Werkstattschiff »Wieland«. Im Hintergrund sind Küstenminensuchboote der »Lindau«-Klasse zu sehen. (Foto: Deutsche Marine)

Abb. rechts: Das Werkstattschiff »Wotan« bei einer Passage des Nord-Ostsee-Kanals. (Foto: Bibliothek für Zeitgeschichte)

Werkstattschiff »Odin«			
Bord-Nr.	A 512, Y 847		
Bauwerft	Bethlehem Hingham Shipyard, Hingham / Massachusetts, USA		
Baudaten	Kiellegung	Stapellauf	in Dienst
	02.11.44	01.12.44	23.12.44 08.03.66
Verbleib	am 20.12.91 außer Dienst gestellt, 1993 Abbruch		

Werkstattschiff »Wotan«			
Bord-Nr.	A 513, Y 848		
Bauwerft	Chicago Bridge and Iron Company, Seneca / Illinois, USA		
Baudaten	Kiellegung	Stapellauf	in Dienst
	19.10.44	11.01.45	23.06.45 20.01.66
Verbleib	am 23.08.91 außer Dienst gestellt, Verkauf, weiterer Verbleib unbekannt		

Das Werkstattschiff »Odin« besaß vor der Brücke einen Start- und Landeplatz für Hubschrauber. (Foto: Autor)

16.3 »FÖRDE« UND »JADE«

Auf der Deutschen Werft in Hamburg entstanden 1967 in einer recht kurzen Bauzeit von nur knapp einem Jahr zwei Tankreinigungsschiffe Klasse 701. Sie erhielten in Anlehnung an ihre zukünftigen Heimathäfen die Namen »Förde« und »Jade«.
Die beiden Stahlbauten hatten eine typische Tankersilhouette. Der Rumpf war in zehn Abteilungen unterteilt. Entsprechend ihrer zugedachten Verwendung waren die Schiffe mit Einrichtungen für die Entölung von Bilgen- und Ballastwasser sowie zur Bunker- und Tankreinigung ausgerüstet. Bei einer Verdrängung von 1839 t hatten sie eine Ladefähigkeit von 1100 tdw.
Der Antrieb von »Förde« und »Jade« bestand aus einem MWM Dieselmotor, der den beiden Schiffen mit seiner Leistung von 390 PS über eine Welle eine Geschwindigkeit von 9 kn verlieh.
»Förde« und »Jade« waren unbewaffnet und mit einer zivilen Besatzung besetzt. An elektronischer Ausrüstung waren Radar sowie Navigations- und Fernmeldeanlagen an Bord. Außerdem war eine Feuerlöschkanone vorhanden.
Für die Arsenalbetriebe Kiel und Wilhelmshaven kamen sie in den jeweiligen Marinestützpunkten zum Einsatz. Ihre Aufgabe war, ölverschmutztes Ballastwasser zu übernehmen und zu entölen, Doppelbodentanks zu reinigen sowie Kraftstoffe zu Auslagerungszwecken aufzunehmen. In dieser Rolle waren die beiden Schiffe rund 25 Jahre als Dienstleister für die Flotte und im Sinne des Umweltschutzes im Einsatz.
Die »Förde« war bis zum 30. Oktober 1992 im Dienst und wurde im Juni 1993 zum Abbruch verkauft. Ihr Schwesterschiff »Jade« hatte schon ein halbes Jahr früher ihren Dienst beendet und ging ebenfalls im Juni 1993 den Weg der Verschrottung.
Die Aufgaben der Tankreinigungsschiffe wurde von den Ölauffangschiffen »Bottsand« und »Eversand« übernommen.

Tankreinigungsschiffe »Förde« und »Jade«	
Typbezeichnung	Klasse 710
Verdrängung	1830 t
Länge x Breite x Tiefgang	58,60 x 10,42 x 4,11 m
Besatzungsstärke	15
Antrieb	1 x Dieselmotor
Antriebsleistung	1 x 390 PS
Wellen / Ruder	1 / 1
Geschwindigkeit	8 kn
Fahrstrecke	750 sm bei 8 kn
Elektronik	Radar, Navigations- und Fernmeldeanlagen

Tankreinigungsschiff »Förde«			
Bord-Nr.	Y 1641		
Bauwerft	Deutsche Werft, Hamburg		
Baudaten	Kiellegung	Stapellauf	in Dienst
	12.01.67	10.03.67	14.12.67
Verbleib	am 30.10.92 außer Dienst gestellt, 1993 Abbruch		

Tankreinigungsschiff »Jade«			
Bord-Nr.	Y 1642		
Bauwerft	Deutsche Werft, Hamburg		
Baudaten	Kiellegung	Stapellauf	in Dienst
	18.05.67	19.07.67	06.11.67
Verbleib	am 27.05.93 außer Dienst gestellt, 1993 Abbruch		

Das Tankreinigungsschiff »Förde« liegt im Marinearsenal Kiel längsseits am Kleinen Betriebsstofftransporter »Ammersee«.

(Foto: JLKiel / CC-BY-SA 1.0)

16.4 »BOTTSAND« UND »EVERSAND«

Die beiden Ölauffangschiffe Klasse 738 »Bottsand« und »Eversand« sind zwei für die Marine recht ungewöhnliche Schiffe. Sie dienen der Beseitigung von großflächigen Ölverschmutzungen und wurden Mitte der 1980er Jahre auf der C. Lühring Schiffswerft in Brake gebaut. Die Auftragserteilung erging 1983 bzw. 1987 durch die deutschen Küstenländer, das Bundesministerium für Verkehr und das Bundesministerium für Forschung und Technologie. Die 1985 und 1988 in Dienst gestellten Schiffe wurden nach Sandbänken benannt, die der deutschen Küste vorgelagert sind.

Von der Bundesmarine betrieben, erfolgte eine Stationierung in Wilhelmshaven (»Eversand«) und Kiel (»Bottsand«). Die »Bottsand« war nach der deutschen Wiedervereinigung im Marinestützpunkt Warnemünde eingesetzt, hat aber seit 2015 wieder Kiel als Heimathafen. Im Notfall stehen die beiden zivil besetzten Schiffe dem Havariekommando in Cuxhaven jeder Zeit und uneingeschränkt zur Verfügung.

Auf der Internetseite der Deutschen Marine werden die 1332 t verdrängenden und als Doppelrumpf-Mehrzweckschiffe ausgelegten Ölauffangschiffe als Schiffe von besonderer Bauart wie folgt beschrieben:

Ölauffangschiffe »Bottsand« und »Eversand«	
Typbezeichnung	Klasse 738
Verdrängung	1332 t
Länge x Breite x Tiefgang	46,30 x 12,00 x 3,50 m
Besatzungsstärke	6
Antrieb	2 x Dieselmotor, 2 x Dieselmotor
Antriebsleistung	2 x 815 PS, 2 x 204 PS
Wellen / Ruder	Schottelantrieb
Geschwindigkeit	10 kn (zusammengeklappt), 2 kn (auseinandergeklappt)
Fahrstrecke	unbekannt
Elektronik	Radar, Navigations- und Fernmeldeanlagen

»In ihrer Mittelachse sind sie aufklappbar. Ermöglicht wird dies durch eine Gelenkkonstruktion am Heck. Die beiden Rumpfhälften können dadurch soweit auseinandergefahren werden, dass sie ein offenes Dreieck mit einem Öffnungswinkel von

Das Ölauffangschiff »Bottsand« auf der Kieler Förde. (Foto: Autor)

zirka 65 Grad bilden; dadurch entsteht eine Ölauffangfläche von über 650 m². Die in dem Dreieck zusammengeschobene Ölschicht wird mit einer Abschöpfeinrichtung in Verbindung mit einem Wasserabscheidesystem abgesaugt und gelangt in die bordeigenen Sammeltanks. Die Saugleistung liegt bei einer zwei Millimeter dicken Ölschicht und einer Schiffsgeschwindigkeit von einem Knoten bei etwa 2 x 160 Kubikmeter pro Stunde.«

Die Ölauffangschiffe haben ein Fassungsvermögen von insgesamt 790 m³. Ihre Tragfähigkeit wird mit 650 tdw angegeben.

Die diesel-elektrisch angetriebenen Einheiten haben an jeder Rumpfseite am Heck einen Ruderpropeller, so dass in geschlossenem Zustand die Wirkung eines Doppelschraubenschiffes entsteht. Im vorderen Teil jeder Rumpfhälfte befindet sich ein Kegeljet als Querstrahlanlage. Dieser dient zum Auseinander- und Zusammenklappen der beiden Schiffshälften. Die vier unabhängigen Antriebssysteme gewährleisten sowohl im offenen als auch im geschlossenen Zustand eine gute Manövrierfähigkeit. Die Leistungsdaten der Antriebsanlage werden mit 2 x 815 PS und 2 x 204 PS angegeben. Damit erreichen die Schiffe eine maximale Geschwindigkeit von 10 kn bzw. 2 kn.

Bei der Planung und Entwicklung der Schiffe ging man davon aus, dass mit Ölunfällen nur sporadisch zu rechnen ist. Daher können »Bottsand« und »Eversand« auch anderweitig im Rahmen des Umweltschutzes eingesetzt werden Als Entsorgungsschiffe für Marineeinheiten fassen sie 240 m³ Bilgenwasser, 60 m³ Altöl und 80 m³ Schwarz- und Grauwasser.

Die unbewaffneten Ölauffangschiffe sind mit Radar, Navigations- und Fernmeldeanlagen ausgerüstet. Weiterhin ist zum Beseitigen von sperrigem Treibgut ein 2,5-t-Hydraulikkran mit Greifer vorhanden. Auf jeder Rumpfhälfte ist vorne eine Feuerlöschkanone installiert.

Ölauffangschiff »Bottsand«			
Bord-Nr.	Y 1643		
Bauwerft	C. Lühring Schiffswerft, Brake		
Baudaten	Kiellegung	Stapellauf	in Dienst
	14.11.83	22.09.84	24.01.85
Verbleib	im aktiven Dienst der Deutschen Marine		

Ölauffangschiff »Eversand«			
Bord-Nr.	Y1644		
Bauwerft	C. Lühring Schiffswerft, Brake		
Baudaten	Kiellegung	Stapellauf	in Dienst
	18.08.87	30.04.88	11.06.88
Verbleib	im aktiven Dienst der Deutschen Marine		

Die Gelenkkonstruktion am Heck der »Bottsand«. (Foto: Autor)

Das Ölauffangschiff »Eversand« an seinem Liegeplatz im Marinestützpunkt Wilhelmshaven. (Foto: Autor)

16.5 »FW 1«-KLASSE

Mitte der 1960er Jahre ließ die Bundesmarine sechs sogenannte Frischwasserboote Klasse 705 bauen. Sie entstanden auf der Schichau Werft in Bremerhaven, der Jadewerft in Wilhelmshaven und Rankewerft in Hamburg. Die Boote führten die Namen »FW 1« bis »FW 6«.
Die Stahlbauten mit achtern gelegenen Leichtmetallaufbauten hatten zehn Abteilungen. Außerdem verfügten sie über einen ABC-Schutz. Die Frischwasserboote verdrängten 647 t. Als Antrieb diente ein MWM Dieselmotor mit 175 PS Leistung. Über eine Welle erreichten die Boote eine Geschwindigkeit von 9,5 kn. Auf den Schiffen war keine Bewaffnung eingerüstet. Sie waren mit zwölf zivilen Seeleuten besetzt.
Die Frischwasserboote der »FW 1«-Klasse waren den Marinestützpunktkommandos (MStPktKdo) Wilhelmshaven (»FW 1«), Cuxhaven (»FW 2«, ab 1969 in der Reserveflotte einkokoniert), Flensburg (»FW 3«, ab 1969 in der Reserveflotte einkokoniert), Borkum (»FW 4«), Kiel (»FW 5«) und Olpenitz (»FW 6«, ab 1969 in der Reserveflotte einkokoniert, später MStPktKdo Wilhelmshaven, dann Marinearsenal Kiel) zugeteilt. Die anfänglichen Y-Bordnummern wurden im Juni 1987 auf A-Bordnummern umgestellt.

Frischwasserboote der »FW 1«-Klasse – Schiffsdaten	
Bootsnamen	»FW 1« bis »FW 6«
Typbezeichnung	Klasse 705
Verdrängung	647 t
Länge x Breite x Tiefgang	44,05 x 7,82 x 2,85 m
Besatzungsstärke	12
Antrieb	1 x Dieselmotor
Antriebsleistung	1 x 175 PS
Wellen / Ruder	1 / 1
Geschwindigkeit	9,5 kn
Fahrstrecke	2150 sm bei 9 kn
Elektronik	Radar, Navigations- und Fernmeldeanlagen

Frischwasserboot »FW 3«. (Foto: Archiv Autor)

Die sechs Boote verrichteten im allgemeinen von der Öffentlichkeit unbemerkt und unauffällig ihren Dienst. Sie versorgten die Dampfschiffe der Marine mit Kesselspeisewasser und bei Bedarf auch mit Frischwasser. Zwar konnten die Zerstörer diese beiden Wassersorten auch selbst herstellen, doch in Küstennähe oder im Hafen war dies nicht gestattet. Zum einen war dort das Wasser zu schmutzig und zum anderen war die Umweltbelastung durch das Außenbordpumpen der anfallenden salzhaltigen Aufbereitungsstoffe zu groß.
Um diesen Problemen zu begegnen, mussten die Frischwasserboote diese Versorgung sicherstellen. Sie selbst konnten kein Wasser aufbereiten, sondern übernahmen es in den Stützpunkten oder von anderen Abgabestellen. Rund 160 t Kesselspeisewasser sowie 200 t Trinkwasser konnten sie fassen und per Schlauchverbindung abgeben.
Die beiden Boote »FW 2« und »FW 3« gingen schon 1968 außer Dienst und stellten bei der türkischen Marine als »Sögüt« und der griechischen Marine als »Kerkini« erneut in Dienst. Die anderen Frischwasserboote blieben bis in die 1990 Jahre bei der Bundesmarine / Deutschen Marine in Fahrt. Mit Ausnahme von auf »FW 5« folgten auch sie ihren Schwesterschiffen in die Türkei und nach Griechenland. In dem französischen Flottenhandbuch Flottes de Combat 2016 sind die Einheiten noch als aktive Schiffe der beiden Marinen aufgeführt. In der Ausgabe 2018 jedoch nur noch die zwei griechischen Frischwasserboote. »FW 5« wurde verkauft und 2006 abgebrochen.

Frischwasserboote der »FW 1«-Klasse – Baudaten und Verbleib

Name	Bord-Nr.	Bauwerft	Kiellegung	Stapellauf	in Dienst	außer Dienst	Verbleib
»FW 1«	Y 864, A 1403	SW	05.04.63	22.07.63	30.11.63	21.01.94	Türkei
»FW 2«	Y 865	SW	05.04.63	03.09.63	04.01.64	16.08.68	Türkei
»FW 3«	Y 866	JW	14.06.63	15.10.63	11.05.64	30.08.68	Griechenland
»FW 4«	Y 867, A 1404	JW	14.06.63	14.03.64	28.07.64	12.04.91	Türkei
»FW 5«	Y 868, A 1405	RW	26.07.63	26.11.63	21.02.64	14.12.00	Abbruch
»FW 6«	Y 869, A 1406	RW	04.11.63	25.02.64	19.06.64	05.07.90	Griechenland

Bauwerften: JW = Jadewerft, Wilhelmshaven, RW = Rankewerft, Hamburg, SW = Schichau Werft, Bremerhaven

Frischwasserboot »FW 1«. (Foto: Deutscher Marinebund)

16.6 »HIEV« UND »GRIEP«

Die beiden Schwimmkräne Klasse 711 »Hiev« und »Griep« wurden in den Jahren 1960 bis 1963 auf der Rheinwerft in Walsum gebaut. Sie wurden als Schwimmendes Gerät eingestuft. Die Namensgebung nimmt Bezug auf ihre Aufgabe. Die plattdeutschen Ausdrücke bedeuten im Hochdeutschen Heben und Greifen.

Die Stahlbauten haben eine Pontonform mit einem am Heck aufgesetzten und um 360° drehbaren Kran. Seine Hubleistung beträgt 100 t bei einer Auslage von 16 m und 50 t bei 28 m. Die maximale Hakenhöhe des Krans liegt 37 m über der Wasserlinie. Die Bauhöhe beläuft sich auf 60 m – bei niedergelegten Kran auf 28 m. Auf dem Deck der Schwimmkräne können Lasten von bis zu 400 t respektive von 9 t/m² abgelegt werden. Ihre Verdrängung beträgt 1837 t.

Der diesel-elektrische Antrieb der beiden Kolosse besteht aus drei MWM Dieselmotoren, die jeweils eine Leistung von 600 PS aufweisen und die drei 350 kW starken Elektro-Fahrmotoren über Generatoren mit Strom versorgen. Der Vortrieb erfolgt mittels dreier Voith-Schneider-Propeller. Einer der Propeller befindet sich im Bug- und die anderen beiden im Heckbereich.

Schwimmkräne »Hiev« und »Griep«	
Typbezeichnung	Klasse 711
Verdrängung	1837 t
Länge x Breite x Tiefgang	52,49 x 21,09 x 2,10 m
Besatzungsstärke	12
Antrieb	3 x Dieselmotor, 3 x Elektro-Fahrmotor
Antriebsleistung	3 x 600 PS, 3 x 350 kW
Wellen / Ruder	3 x Voith-Schneider-Propeller
Geschwindigkeit	6 kn
Fahrstrecke	unbekannt
Elektronik	Radar, Navigations- und Fernmeldeanlagen

Der havarierte Schwimmkran »Jade Hiev« im September 2017 beim Umbau zum selbstfahrenden Ponton. (Foto: Ein Dahmer / CC-BY-SA 4.0)

Mit diesem Antrieb sind die Schwimmkräne äußerst manövrierfähig. Sie erreichen damit eine Geschwindigkeit von 6 kn. »Hiev« und »Griep« sind unbewaffnet. An elektronischer Ausrüstung sind ein Radar sowie Navigations- und Fernmeldeanlage an Bord. Sie kommen in den Marinearsenalbetrieben Kiel (»Hiev«) und Wilhelmshaven (»Griep«) zum Einsatz. In Amtshilfe waren sie zuweilen auch schon Mal für die Wasser- und Schifffahrtsämter tätig. Eine Kombüse, Wohnräume für zwölf Personen und Werkstätten erlauben einen Seeeinsatz von bis zu zehn Tagen.

Der Schwimmkran »Hiev« blieb bis zur Auflösung des Marinearsenalbetriebes Kiel in Verwendung. Am 31. Dezember 2014 stellte er außer Dienst, obwohl von 2009 bis 2012 eine Grundüberholung durchgeführt worden war. Der Jade-Dienst in Wilhelmshaven erwarb den Schwimmkran und hat ihn als »Jade Hiev« wieder in Betrieb genommen. Nach einem technischen Defekt stürzte im Februar 2017 der Kranausleger auf das Deck, wurde dadurch zum Totalschaden und dann in Folge demontiert. Der Rest des Schwimmkrans wurde zu einem selbstfahrenden Mehrzweckponton umgebaut.

Die »Griep« ist noch weiterhin beim Marinearsenal in Wilhelmshaven im Einsatz.

Schwimmkran »Hiev«			
Bord-Nr.	Y 875		
Bauwerft	Rheinwerft, Walsum		
Baudaten	Kiellegung	Stapellauf	in Dienst
	24.11.60	27.01.62	02.10.62
Verbleib	am 31.12.14 außer Dienst gestellt, Verkauf, »Jade Hiev«, 2017 nach Kran-Havarie Umbau zu einem fahrfähigen Mehrzweckponton		

Schwimmkran »Griep«			
Bord-Nr.	Y 876		
Bauwerft	Rheinwerft, Walsum		
Baudaten	Kiellegung	Stapellauf	in Dienst
	24.11.60	05.05.62	15.05.63
Verbleib	im aktiven Dienst der Deutschen Marine		

Der Schwimmkran »Hiev« auf der Kieler Förde. (Foto: Autor)

Schwimmkran »Griep«. (Foto: Ein Dahmer / CC-BY-SA 3.0)

17. SCHIFFE UND BOOTE DER DEUTSCHEN MARINE

Die politischen Umwälzungen der 1990er Jahre brachten auch für die Bundesmarine gewaltige Veränderungen mit sich und die zeigten sich nicht nur bei dem neuen Namen Deutsche Marine. Hatte sich die Bundesmarine bis 1990 noch ausschließlich auf die Landes- und Bündnisverteidigung konzentriert, so wurde jetzt die Deutsche Marine konzeptionell neu ausgerichtet. Im Rahmen von NATO-, EU- und UN-Missionen kommt sie nun überwiegend in den sogenannten neuen Seekriegsszenarien bei der Abwehr von Piraterie und maritimen Terrorismus sowie bei der Konfliktverhütung und Krisenbewältigung zum Einsatz. Die Hauptlast dieser Einsätze trugen naturgemäß die großen Einheiten.

Im Rahmen der deutschen Wiedervereinigung musste die Flotte, trotz des neuen Aufgabenspektrums, zahlenmäßig reduziert werden. Der schon begonnene Wechsel im Schiffs- und Bootsbestand der Bundesmarine setzte sich jetzt bei der Deutschen Marine fort. Von den alten Einheiten der ersten Aufbaujahre waren, von wenigen Ausnahmen abgesehen, zur Jahrtausendwende keine Schiffe und Boote mehr vorhanden. Die Neubauten aus den 1980er Jahren – wie zum Beispiel die Minenjagdboote der »Frankenthal«-Klasse, die Tender der »Elbe«-Klasse oder die Flottendienstboote der »Oste«-Klasse – stehen nach wie vor im Dienst. Zahlreiche Neubauprogramme, die teilweise schon zu Zeiten der Bundesmarine angestoßen und geplant worden waren, wurden in der Deutschen Marine nach und nach umgesetzt. Sie werden nachfolgend vorgestellt.

17.1 U-BOOTE KLASSE 212A – »U 31«- UND »U 35«-KLASSE

Die zur Klasse 206A umgebauten U-Boote waren zunächst technologisch und waffeneinsatzmäßig auf dem aktuellen Stand der U-Bootentwicklung. Parallel lief jedoch auch schon die Planung für ihren Ersatz.

Bereits 1987 wurde die Taktische Forderung U 212 verabschie-

Die U-Boote »U 32« (li) und »U 31« (re) in ihrem Stützpunkt Eckernförde. (Foto: Autor)

det und 1990 waren die endgültigen Spezifikationen erstellt, wobei Schwerortbarkeit, Unterwasserausdauer, Kampfkraft und Eigenschutz die vorgegeben Prioritäten für den Konstruktionsentwurf waren. Die Weiterentwicklung der Ortungstechnik und die zunehmende Zahl von U-Jagdmitteln hatten die Entwicklung einer neuen U-Bootsgeneration notwendig gemacht.

Mit den dann in Klasse 212A umbenannten U-Booten wurde ein Quantensprung im konventionellen U-Bootbau erreicht. Durch die Einführung zahlreicher innovativer Technologien erlangt die Bootsklasse außergewöhnliche Fähigkeiten, die für ein konventionelles, das heißt nicht nukleares U-Boot, bislang unerreichbar schienen. Die signifikante Neuerung dieser Klasse ist die als Hybrid-System ausgelegte Antriebsanlage. Sie ist die Kombination von Dieselgeneratoranlage und Fahrbatterie mit einer Brennstoffzellenanlage als außenluftunabhängiges Antriebssystem.

Die in amagnetischer Bauweise hergestellten Boote gehören zu den modernsten konventionellen U-Booten der Welt. Ihr Schwerpunkt liegt in den klassischen Bereichen der Unterwasser- und Überwasserseezielbekämpfung sowohl als Einzelfahrer als auch im Verbund mit maritimen Verbänden. Sie sind für den weltweiten Einsatz konzipiert, jedoch aufgrund ihrer verhältnismäßig geringen Größe, ihrer amagnetischen Bauweise, ihrer geringen Signatur und ihren herausragenden Manövriereigenschaften auch im Küstenvorfeld und in geringer Wassertiefe einsetzbar.

Die U-Boote haben eine Länge von 55,90 m, eine Breite von 6,90 m und einen Tiefgang von 5,75 m. Ihre Tauchtiefe wird mit 300 m angegeben. Die ↑/↓-Verdrängung beträgt 1450 t / 1830 t. Ein MTU Dieselmotor von 1415 PS ist mit einem Generator verbunden und dient der Aufladung der Batterie. Ein Elektro-Fahrmotor von 2850 kW Leistung ermöglicht eine ↑/↓-Geschwindigkeit von 12 kn / 20 kn. Neun Brennstoffzellen-Module erbringen eine Leistung von jeweils 30 kW bis 40 kW. Aus den sechs Torpedorohren kommen Schwergewichtstorpedos DM 2A4 SEEHECHT zum Einsatz. Die Besatzungsstärke der Boote umfasst 28 Personen.

Neben den vier von 2005 bis 2007 in Dienst gestellten U-Booten erhielt die Deutsche Marine 2015 / 2016 zwei weitere modifizierte Einheiten. Sie sind mit 57,20 m länger und haben eine größere ↑/↓-Verdrängung von 1700 t / 1980 t als ihre Vorgänger.

Die beiden U-Boote bauen auf dem bereits bewährten Gesamtentwurf der ersten vier Einheiten auf. Mit neueren Technologien weisen sie einige Verbesserungen auf. So erlauben moderne Kommunikationsmittel und Führungssysteme die Teilnahme an vernetzter Operationsführung. Der Einbau einer Vier-Personen-Schleuse im Turm ermöglicht das verdeckte Absetzen von Spezialkräften. Die Tropikalisierung erlaubt den uneingeschränkten weltweiten Einsatz.

Die U-Boote der Klasse 212A stehen auch mit sechs Einheiten bei der italienischen Marine, mit der eine enge Zusammenarbeit stattfindet, im Dienst. Weiterhin ist für die Zukunft zusammen mit Norwegen eine Weiterentwicklung geplant. Vier U-Boote sollen bis 2030 nach dort ausgeliefert werden. Auch die Deutsche Marine wird zwei typgleiche Boote beschaffen. Die neuen U-Boote – zunächst als Klasse 212NG (Next Generation) bezeichnet – haben die Designierung Klasse 212CD (Common Design) erhalten.

Bord-Nr. Name: S 181 »U 31«, S 182 »U 32«, S 183 »U 33«, S 184 »U 34«, S 185 »U 35«, S 186 »U 36«
Indienststellungen: 19.10.05, 19.10.05, 13.06.06, 03.05.07, 23.03.15, 10.10.16

Die Taufe des U-Bootes »U 34« fand am 1. Juli 2005 bei den Nordseewerken in Emden statt. (Foto: Autor)

Das U-Boot »U 36« bei Testfahrten im September 2015 auf der Kieler Förde. (Foto: Autor)

17.2 FREGATTEN KLASSE 123 – »BRANDENBURG«-KLASSE

Die vier Fregatten der Klasse 123 wurden bereits in den 1980er-Jahren als Ersatz für die veralteten Zerstörer der »Hamburg«-Klasse geplant. Sie basieren auf den Erfahrungen mit der »Bremen«-Klasse. Als Hauptaufgabe ist die U-Jagd vorgesehen. Hierzu können auch zwei Hubschrauber des Typs SEA LYNX eingeschifft werden. Des Weiteren sind sie mit Waffensystemen zur Seezielbekämpfung und zur Flugabwehr ausgerüstet. Sie verfügen über leistungsfähige Radaranlagen zur See- und Luftraumüberwachung, zur Navigation sowie zur Feuerleitung. Modernste elektronische und fernmelde-technische Anlagen lassen auch die Wahrnehmung von Führungsschiffaufgaben zu. Die Fregatten der »Brandeburg«-Klasse verdrängen 4900 t und haben 138,85 m Länge, 16,70 m Breite sowie einen Tiefgang von 6,30 m. Sie sind mit einem CODOG-Antrieb (Combined Diesel or Gasturbine, Nutzung der Dieselmotoren für die Marschfahrt und der Gasturbinen für die Höchstfahrt) ausgerüstet. Die beiden GE LM 2500 Gasturbinen haben eine Leistung von jeweils 25.830 PS und die zwei MTU Dieselmotoren verfügen jeweils über 5190 PS. Damit erreichen die Schiffe über zwei Wellen eine Geschwindigkeit von 29 kn. Die Besatzungsstärke umfasst 236 Personen.

Die Fregatten sind ausgerüstet mit vier Schiff-Schiff-Flugkörper EXOCET MM 38. Für die Flugabwehr sind in 16 Vertikalstarteranlagen die Schiff-Luft-Flugkörper SEA SPARROW eingerüstet. Außerdem sind zwei RAM-Starter vorhanden. Als Rohrbewaffnung war ursprünglich nur ein 76-mm-Turm an Bord. Zwischenzeitlich wurden die Fregatten auch mit dem Marineleichtgeschütz MLG 27 ausgerüstet. Für die U-Jagd sind neben den Hubschraubern auch 324-mm-Torpedorohre und ein Bugsonar an Bord vorhanden.

Fregatte »Brandenburg«. (Foto: Deutsche Marine)

Die Radare LW 08 und SMART-S dienen der Luftraumüberwachung. Für die Waffenleitung steht das STIR zur Verfügung. Die elektronische Kampfführung wird mit der FL 1800 durchgeführt. In den letzten Jahren erhielten die Fregatten der »Brandenburg«-Klasse eine umfassende Modernisierung und Fähigkeitsanpassung mit dem Ziel des Erhalts der Einsatzreife bis in das Jahr 2030.

Bord-Nr. Name: F 215 »Brandenburg, F 216 »Schleswig-Holstein«, F 217 »Bayern«, F 218 »Mecklenburg-Vorpommern«
Indienststellungen: 14.10.94, 24.11.95, 15.06.96, 06.12.96

Fregatte »Mecklenburg-Vorpommern«. (Foto: Deutsche Marine)

17.3 FREGATTEN KLASSE 124 – »SACHSEN«-KLASSE

Bereits in den 1980er Jahren beteiligten sich acht NATO-Marinen an der multinationalen NATO-Planung NFR 90 (NATO Frigate Replacement for the 1990s), von der jedoch nach und nach alle beteiligten Nationen wieder Abstand nahmen, weil sie keinen gemeinsamen Nenner finden konnten. Zusammen mit der niederländischen Marine blieb die Bundesmarine aber weiter am Ball. Das Ergebnis der gemeinsamen Entwicklungsarbeit ist auf niederländischer Seite die »De Zeven Provincien«-Klasse und auf deutscher Seite die »Sachsen«-Klasse. Nach der »Bremen«- und »Kortenär«-Klasse war dies die zweite intensive deutsch-niederländische Zusammenarbeit im Fregattenbau.
Die Einheiten der »Sachsen«-Klasse sind als Mehrzweckfregatten mit Bordhubschrauber für Geleitschutz und Gebietssicherung konzipiert und der Ersatz für die Zerstörer der »Lütjens«-Klasse. Die Hauptaufgaben der Schiffe ist die Verbandsführung und die Verbandsflugabwehr. Zwei Hubschrauber des Typs SEA LYNX sind eingerüstet.
Die Fregatten der »Sachsen«-Klasse, die mit 143,00 m Länge, 17,44 m Breite und einem Tiefgang von 6,00 m eine Verdrängung von 5800 t haben, waren bei ihren Indienststellungen die größten Kampfeinheiten der Deutschen Marine.
Der Antrieb erfolgt über eine CODAG-Anlage (Combined Diesel and Gasturbine, Nutzung der Dieselmotoren für Marschfahrt und zusammen mit der Gasturbine für Höchstfahrt). Die beiden MTU Dieselmotoren haben jeweils eine Leistung von 10.060 PS und die Gasturbine von 31.950 PS. Über zwei Wellen erreichen die Schiffe eine Geschwindigkeit von 29 kn. Die Kojenplatzkapazität ist für insgesamt 255 Personen ausgelegt.
Die Bewaffnung der »Brandenburg«-Klasse setzt sich zusammen aus einer Vertikalstarteranlage (VLS) mit 32 Starterschächten für die Schiff-Luft-Flugkörper EVOLVED SEA SPARROW MISSILE (ESSM) und STANDARD MISSILE 2 (SM 2). Weiterhin sind zur Flugabwehr zwei RAM-Starter vorhanden. Für die Seezielbekämpfung stehen zwei Vierfach-Starter für die

Die Fregatte »Sachsen« schießt einen Schiff-Luft-Flugkörper. (Foto: Deutsche Marine)

Schiff-Schiff-Flugkörper HARPOON zur Verfügung. Als Rohrwaffe ist auf der Back ein 76-mm-Turm aufgestellt. Zwei Marineleichtgeschütze MLG 27 wurden in den letzten Jahren nachgerüstet. Für die U-Jagd sind zwei 324-mm-Drillingsrohrsätze für U-Jagdtorpedos vorhanden. Aufwuchsfähigkeit besteht in der Bewaffnung für ein Towed Array Sonar, ASROC in VLS-Version und einem 5-inch-Turm sowie für Ballistic Missile Defense.

Die Fregatten sind mit dem in deutsch-niederländischer Zusammenarbeit entwickelten Multifunktionsradar APAR und dem Weitbereichsradar SMART-L ausgestattet. Eine weitere Neuheit in der Deutschen Marine stellt das modulare Führungs- und Waffeneinsatzsystem dar, das sich durch eine dezentrale Computeraufstellung mit insgesamt 17 Rechnerkonsolen an Bord auszeichnet. Durch die Art der Datenübertragung über im Schiff verlegte Lichtwellenkabel wird einerseits die Redundanz erheblich gesteigert und andererseits der Schiffsführung eine Lageplanung in Echtzeit ermöglicht.

Fregatte »Hamburg«. (Foto: Deutsche Marine)

Die Fregatten der Klasse 124 gehören weltweit zu den modernsten und leistungsfähigsten Schiffen ihrer Art. Mit ihnen verfügt die Deutsche Marine über Einheiten, die speziell für Aufgaben in der integrierten Luftverteidigung sowie zur Verbandsflugabwehr und für Führungsaufgaben geeignet sind. Sie sind ausgerüstet mit weitreichenden Flugkörpern, Radarsystemen zur dreidimensionalen Überwachung des Luftraums sowie Radaranlagen zur phasengesteuerten Zielauffassung und Zielverfolgung. Mehr als 1000 Luftziele können gleichzeitig bis zu einer Reichweite von ca. 400 km erfasst werden. Die Bekämpfung ist auf eine Entfernung von mehr als 100 km möglich. Umfangreiche elektronische Kommunikationseinrichtungen gestatten die Verwendung als Führungsschiff in internationalen Flottenverbänden. Mehrfach waren die Einheiten in Flugzeugträgerverbänden der amerikanischen Marine integriert.

Mittlerweile sind die Fregatten aber auch in die Jahre gekommen. Um ihre Leistungsfähigkeit zu erhalten und um sie für zukünftige Szenarien anzupassen, sind in den nächsten Jahren umfangreiche Modernisierungsmaßnahmen vorgesehen.

Fregatte »Hessen«. (Foto: Deutsche Marine)

Bord-Nr. Name: F 219 »Sachsen«, F 220 »Hamburg«, F 221 »Hessen«

Indienststellungen: 04.11.04, 13.12.04, 21.04.06

17.4 FREGATTEN KLASSE 125 – »BADEN-WÜRTTEMBERG«-KLASSE

Die Fregatte Klasse 125 ist noch im Zulauf und zählt auf Grund ihrer Konstruktion, Ausstattung und Verwendungsprofils für Einsätze in der Bündnisverteidigung und Krisenprävention sowie für humanitäre Rettungsmissionen, Terrorismusbekämpfung und Abwehr asymmetrischer Bedrohungen mit zu den modernsten Fregatten der Welt.

Neben dieser Missionsflexibilität waren die Forderungen nach einer Steigerung der Verfügbarkeit im Einsatzgebiet, die konsequente technische Umsetzung des Prinzips der Intensivnutzung sowie die Einsatzfähigkeit bei deutlich reduzierter Besatzungsstärke unter Berücksichtigung eines Mehrbesatzungskonzeptes bei der Entwicklung und Konstruktion entwurfsbestimmend. Dank des hohen Automatisierungsgrads können die Schiffe mit einer geringen Besatzungsstärke zur See fahren.

Die moderne und innovative Fregatte Klasse 125 ist in ihrer speziellen und konsequenten Ausrichtung auf Stabilisierungsoperationen ein vollkommen neuer Schiffstyp. Neben der traditionellen Landes- und Bündnisverteidigung ist sie ausgelegt für multinationale und streitkräftegemeinsame militärische Operationen von niedriger und mittlerer Intensität. Einsätze im Rahmen der internationalen Konfliktverhütung und Krisenbewältigung sowie Eingreif- und Stabilisierungsoperationen gehören zu ihren Aufgaben. Mit den technologischen und betrieblichen Neuerungen schließen die Fregatten der »Baden-Württemberg«-Klasse eine Fähigkeitslücke der Deutschen Marine. Operationen an Land können durch Führungsfähigkeit und Wirkmöglichkeiten unterstützt werden. Mit den eingeschifften Marinehubschraubern sind sie zudem in der Lage, in einen modernen U-Jagdverband eingebunden zu werden. Durch ihre großzügigen Einschiffungskapazitäten eignen sich die Schiffe auch gut zur Verbandsführung. Neben der 120-köpfigen Besatzung besteht Einschiffungskapazität für weitere 70 Personen.

Die Fregatte »Baden-Württemberg« am Tag ihrer Indienststellung im Marinestützpunkt Wilhelmshaven. Noch ist die Dienstflagge der Seestreitkräfte nicht gesetzt. (Foto: Autor)

Die Fregatten der »Baden-Württemberg«-Klasse verdrängen 7100 t und haben eine Länge von 149,60 m, eine Breite von 18,80 m und einen Tiefgang von 5,40 m. Sie werden über eine CODLAG-Anlage (Combined Diesel Electric and Gasturbine, Nutzung des dieselelektrischen Antriebes für Marschfahrt und Zuschaltung der Gasturbine für Höchstfahrt) angetrieben und erreichen mit diesem innovativen Antriebssystem über zwei Wellen eine Geschwindigkeit von 26 kn.
Die vier MTU Dieselmotoren haben eine Leistung von jeweils 4100 PS. Über Generatoren versorgen sie die beiden Elektro-Fahrmotoren, deren Leistung jeweils 4500 kW beträgt, mit Strom. Die GE LM 2500 Gasturbine leistet 27.190 PS.
Die Bewaffnung der Fregatten der »Baden-Württemberg«-Klasse setzt sich zusammen aus:

- 1 x 127-mm-Turm zur See- und Landzielbekämpfung
- 2 x 27-mm-Marineleichtgeschütz MLG 27
- 2 x Vierfachstarter für den Schiff-Schiff-Flugkörper HARPOON
- 2 x RAM-Starter.

Die wichtigsten Sensoren auf der Fregatte der »Baden-Württemberg«-Klasse sind:

- ein 3D-Multifunktionsradar mit vier fest montierten Antennenfeldern
- Freund-Feind-Erkennung (IFF)
- Elektronische Unterstützungsmaßnahmen(EloUM)
- Elektro-optische Geräte zur Zielerkennung.

Das Konzept der Intensivnutzung und das Mehrbesatzungsmodell der Fregatten der »Baden-Württemberg«-Klasse erlauben eine weltweite und lang andauernde operationelle Verfügbarkeit im Einsatzgebiet. Die Anzahl der sonst sehr langen Transitfahrten kann dadurch erheblich reduziert werden. Die Nutzungsdauer der Schiffe ist auf 25 Jahre ausgelegt.

Bord-Nr. Name: F 222 »Baden-Württemberg«, F 223 »Nordrhein-Westfalen«, F 224 »Sachsen-Anhalt«, F 225 »Rheinland-Pfalz«

Indienststellungen: 17.06.19, Anfang 2020, Ende 2020, Anfang 2021

Die Fregatte »Nordrhein-Westfalen« im Sommer 2018 bei ihren ersten Seeerprobungen. Sie führt noch die Bundesdienstflagge. (Foto: Autor)

17.5 MEHRZWECKKAMPFSCHIFF MKS 180

Das Mehrzweckkampfschiff MKS 180 ist noch in der Beschaffungsphase. Das Projekt wurde europaweit ausgeschrieben. Geplant ist der Bau von zunächst vier Schiffen. Mit der Entscheidung über die Vergabe wird Ende 2019 gerechnet.
Das MKS 180 ist als eine Art von »Allzweckwaffe« gedacht. Austauschbare Einbaumodule, die auf spezifische militärische Missionen ausgelegt sind, sollen dies gewährleisten.
Das Schiff soll einerseits in der Lage sein, überall auf der Welt lange Zeit in großen Seeräumen zu patrouillieren, Embargos zu überwachen und notfalls deutsche Staatsbürger aus Krisengebieten zu evakuieren und andererseits soll es sich notfalls im Seegefecht gegen andere Kriegsschiffe durchsetzen können. Der Einsatz in den Tropen wie auch in polaren Gewässern soll möglich sein.
In der Grundvariante ist das MKS 180 ein vollwertiges Kampfschiff. An ergänzenden missionsspezifischen Modulen sind vorgesehen:
Das Modul ASW-Lagebild ermöglicht mit den eigenen Bordhubschraubern und im Verbund mit anderen U-Jagdeinheiten die Durchführung einer umfassenden U-Bootbekämpfung.
Das Modul Gewahrsam ist für den Einsatz in Anti-Piraterie-Operationen gedacht. Mehrere Zellenräume erlauben es, Personen vorübergehend in Gewahrsam zu nehmen. Eine zusätzliche Sanitätsstation macht ärztliche Untersuchungen unter Quarantänebedingungen möglich.
Neben diesen beiden plant die Deutsche Marine weitere Mo-

Im Beisein zahlreicher Ehrengäste aus Politik, Marine und Wirtschaft fand am 19. April 2006 die Taufe der Korvette »Braunschweig« im Baudock der Hamburger Werft Blohm+Voss statt. (Foto: Autor)

dule. Eines davon ist unter anderem mit einer Taucherkammer und weiterer Spezialausrüstung für die Minenjagd ausgerüstet. In der Deutschen Marine geht man davon aus, dass das MKS 180 eine Länge von rund 155 m und eine Verdrängung von bis zu 9000 t haben könnte und damit größer als die Fregatten der »Baden-Württemberg«-Klasse wird. Die Kojenkapazität ist für 110 Personen Stammbesatzung und 70 Personen Einschiffungskontingent vorgegeben.

Automatisierung und geringer Wartungsaufwand der technischen Anlagen sowie das Mehrbesatzungskonzept erlaubt eine bis zu zweijährige Abwesenheit. Die Besatzung wird während des Einsatzes im viermonatigen Rhythmus ausgetauscht. Die Nutzungsdauer des MKS 180 ist auf 30 Jahre veranschlagt.

17.6 KORVETTEN KLASSE 130 – »BRAUNSCHWEIG«- UND »KÖLN«-KLASSE

Das erweiterte Aufgabenspektrum der Deutschen Marine in küstennahen Gewässern und in multinationalen Einsätzen sowie in der Krisenreaktion erforderte ab Anfang der 1990er Jahre eine Ergänzung der vorhandenen Seekriegsmittel. Die Schnellbootkomponente der deutschen Flotte, einst bedrohungs- und auftragsgerecht für die westliche Ostsee konzipiert und aufgebaut, war für das neue Einsatzspektrum nicht mehr das opti-

Der Wegfall der Schornsteine senkt entscheidend die Infrarot-Signatur. Der Ausstoß der Abgase geschieht jetzt über eine horizontale Ableitung direkt über der Wasserlinie, was allerdings, wie auf der Abbildung der Korvette »Erfurt« deutlich zu sehen ist, zu einer starken Verschmutzung der Bordwand führt. (Foto: Autor)

Korvette »Ludwigshafen am Rhein«. (Foto: Deutsche Marine)

male Seekriegsmittel, zumal die Boote auch allmählich in die Jahre kamen. Durch den Bau von größeren Korvetten sollten sie ersetzt und dadurch diese Fähigkeitslücke geschlossen werden. Mit dem Werkstattbeginn für die erste Einheit, der Korvette »Braunschweig«, lief am 19. Juli 2004 dieses Beschaffungsprogramm mit fünf Einheiten der Korvette Klasse 130 an. Die ersten Planungen und Forderungen der Marine sahen für diesen neuen Schiffstyp noch 15 Schiffe vor, was aber aus finanziellen Gründen nicht zur Umsetzung kam.
Die Korvetten sind ausgelegt für den weltweiten Einsatz und ergänzen die vorhandenen Fähigkeiten der Fregatten. Sie sind für die Aufgaben in der Überwasserseekriegführung, insbesondere in Randmeeren und Küstengewässern, optimiert.
Zu ihren Hauptaufgaben zählen Aufklärung der Überwasserlage und Seezielbekämpfung. Hohe Beweglichkeit, Kampfkraft, Standfestigkeit, Durchhaltefähigkeit und Seeausdauer sowie Hochseeverlegefähigkeit und die mögliche Unterstützung streitkräftegemeinsamer Operationen mit Waffenwirkung an Land befähigen sie auch in entfernten Seegebieten zum Einsatz im Aufgabenbereich Konfliktverhütung und Krisenbewältigung.
Ohne Tender-Unterstützung haben die Korvetten eine Einsatzdauer von sieben Tagen, mit Tender-Unterstützung kommen sie auf die dreifache Zeitdauer. Dank ihres hohen Automatisierungsgrades benötigen die Schiffe nur eine 61-köpfige Besatzung.
Die 89,12 m langen, 13,28 m breiten und 1840 t verdrängenden Korvetten der »Braunschweig«-Klasse haben einen Tiefgang von 3,40 m und werden von zwei MTU Dieselmotoren mit zusammen 20.130 PS Leistung angetrieben. Der Vortrieb erfolgt über zwei Wellen. Die Höchstgeschwindigkeit beträgt 26 kn. Die Besatzungsstärke umfasst 61 Personen.
An Bewaffnung ist ein 76-mm-Turm eingerüstet. Ferner verfügen sie über zwei Marineleichtgeschütze MLG 27. Das MLG 27 wird von einer abgesetzten Bedieneinheit gesteuert und ist mit einer tag- und nachtsichtfähigen elektro-optischen Zielfolgesensorik ausgerüstet. Diese erlaubt sowohl eine automatische Zielverfolgung als auch eine manuelle Kontrolle des Systems und ermöglicht einen präzisen Waffeneinsatz bei Tag und Nacht. Die effektive Einsatzreichweite des MLG 27 liegt bei 100 bis 4000 m. Seine Kadenz beträgt 1700 Schuss / Minute.

Bei der Flugkörperbewaffnung sind zwei RAM-Starter sowie vier landzielfähige Flugkörper RBS 15 Mk3 vorhanden. Der 4,35 m lange und mit Booster 800 kg schwere Flugkörper hat eine Reichweite von mehr als 200 km. Er hat eine Über-Land-Flugfähigkeit und kann operativ-taktisch über vorgegebene Wegepunkte gelenkt werden. Eine extrem niedrige Flughöhe und ein beschleunigter Endanflug am Ziel machen ihn zu einer schwer abwehrbaren Bedrohung.

Der wichtigste Sensor auf den Korvetten der »Braunschweig«-Klasse ist ein 3D-Multifunktionsradar. Mittelfristig soll eine Hubschrauber-Drohne an Bord kommen. Sie wird dann jenseits des optischen Horizonts zur Aufklärung und Identifikation eingesetzt werden.

Seit Ende 2016 läuft der Beschaffungsgang einer zweiten Bauserie von fünf weiteren Korvetten. Schon im September 2017 beauftragt, konnte bereits am 25. April 2019 die Kiellegung der ersten Einheit – sie wird den Namen »Köln« erhalten – durchgeführt werden. Ab 2022 sollen die Einheiten nach und nach der Flotte zulaufen. Sie werden die Namen der ehemaligen Fregatten der »Köln«-Klasse übernehmen.

Um dem aktuellen Stand von Gesetzen und Vorschriften Rechnung zu tragen und dem Fortschritt der Technik zu entsprechen, wurden punktuelle Änderungen an den ursprünglichen Entwürfen des ersten Bauloses vorgenommen. Die neuen Korvetten sind also kein reiner Nachbau, sondern ein modifizierter Folgebau.

Bord-Nr. Name: F 260 »Braunschweig«, F 261 »Magdeburg«, F 262 »Erfurt«, F 263 »Oldenburg«, F 264 »Ludwigshafen am Rhein«

Indienststellungen: 16.04.08, 22.09.08, 28.02.13, 21.01.13, 21.03.13

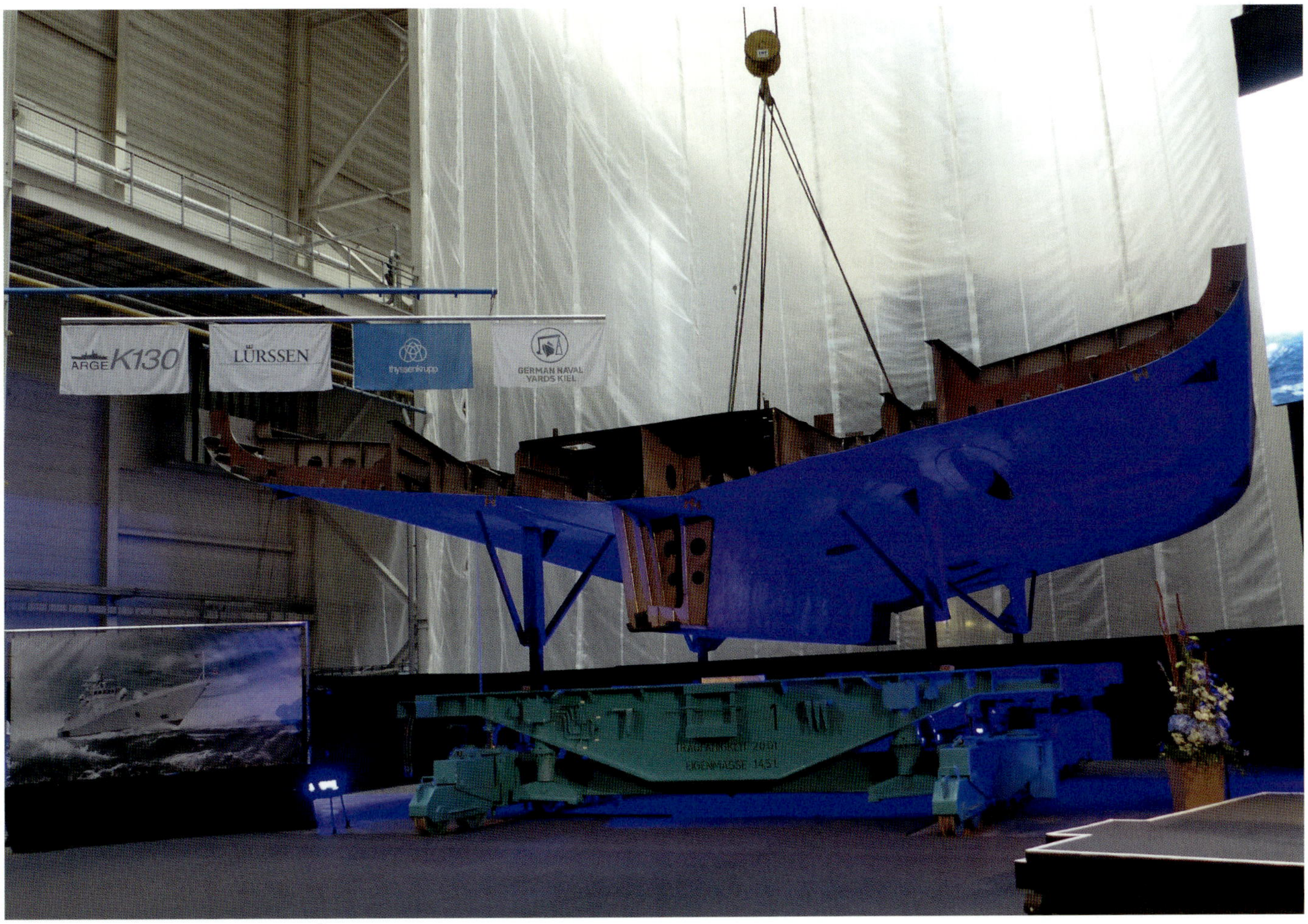

In der festlich geschmückten Werfthalle der zur Lürssen-Gruppe gehörenden Peenewerft in Wolgast wurde am 25. April 2019 eine eindrucksvoll in Marineblau angestrahlte, 24 t schwere stählerne Kielsektion auf die Pallung aufgelegt und damit die Kiellegung vollzogen. (Foto: Autor)

17.7 EINSATZGRUPPEN-VERSORGER KLASSE 702 – »BERLIN«-KLASSE

Die Forderung der Marine nach großen Versorgungsschiffen reicht streng genommen bis in die 1960er Jahre zurück und wurde im Jahre 1993 wieder neu belebt, da die im Dienst befindlichen Einheiten nicht mehr den Anforderungen der Marine entsprachen. Die Kleinen Versorger der »Lüneburg«-Klasse waren zu klein, überaltert und im Betrieb unwirtschaftlich geworden. Im Oktober 1997 erfolgte dann die Unterzeichnung des Bauvertrages für eine neue Klasse, den Einsatzgruppenversorger Klasse 702 – die spätere »Berlin«-Klasse.

Die Einsatzgruppenversorger (EGV) sind Versorgungsschiffe der Deutschen Marine, die die Aufgabe haben, die Kampfschiffe einer Marineeinsatzgruppe auf See unabhängig von einem Hafen mit allen erforderlichen Nachschubgütern zu versorgen und die sanitätsdienstliche Versorgung des Einsatzverbandes sicher zu stellen.

Die Aufgabe der Schiffe der »Berlin«-Klasse ist die unmittelbare, einsatzdirekte, weltweite, logistische und sanitätsdienstliche Unterstützung von schwimmenden Verbänden der Deutschen Marine zur Erhöhung ihrer Seeausdauer. Durch die Leistungsfähigkeit des EGV kann diese auf 45 Seetage deutlich erweitert werden, ohne dass eine Abstützung auf landgebundene logistische Einrichtungen notwendig wird. Dadurch steigert sich die Durchhaltefähigkeit einer Einsatzgruppe der Marine nachhaltig. Auf den insgesamt 78 Container-Stellplätzen kann der EGV auch ein 26 Container umfassendes Marineeinsatzrettungszentrum (MERZ) mit sich führen, dessen Behandlungskapazität primär darauf ausgelegt ist, in See befindliche Einsatzgruppen

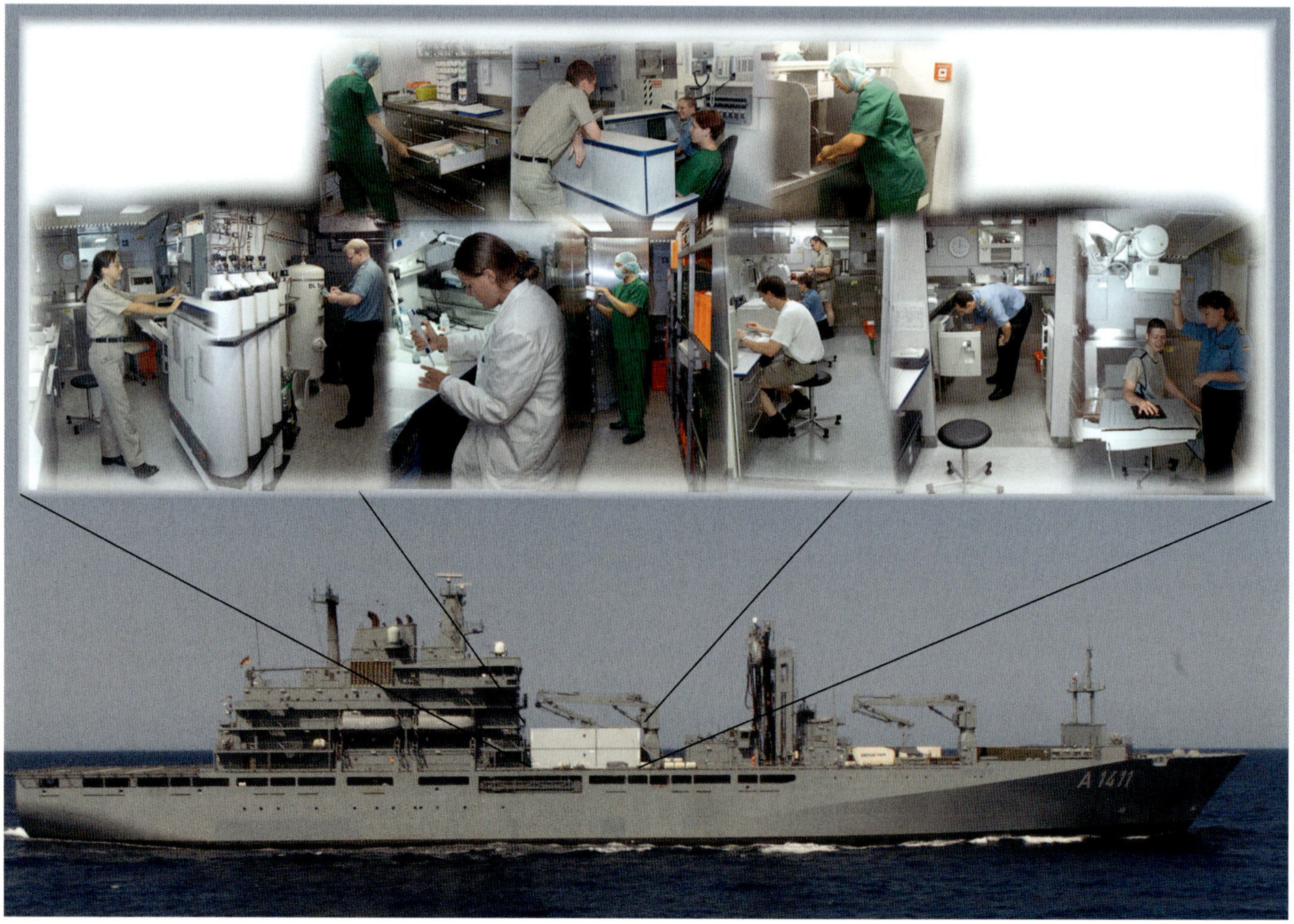

Der Einsatzgruppenversorger »Berlin« mit einem eingeschifften MERZ. (Foto: Deutsche Marine)

Der Einsatzgruppenversorger »Frankfurt am Main« mit MERZ und weiteren Containern an Oberdeck. (Foto: Deutsche Marine)

der Marine medizinisch zu versorgen. Es schließt die Lücke zwischen der sanitätsdienstlichen Erstversorgung an Bord und der abschließenden klinischen Versorgung an Land. Die mit dem MERZ vorhandenen sanitätsdienstlichen Fähigkeiten können aber auch bei humanitärer Hilfeleistung wertvolle Dienste leisten.
Neben den erwähnten Aufgaben besitzen die EGV der »Berlin«-Klasse auch die Möglichkeit einen Führungsstab an Bord aufnehmen zu können. Entsprechende Kommunikations- und Führungssysteme sind eingerüstet. Für 74 Personen besteht Einschiffungskapazität. Die Besatzung selbst umfasst 159 Personen.
Die Einsatzgruppenversorger der »Berlin«-Klasse sind mit einer Länge von 173,70 m, einer Breite von 24,00 m und einem Tiefgang von 7,40 m sowie einer Verdrängung von 20.240 t die größten Schiffe der Deutschen Marine. Als Doppelhüllenschiff konzipiert, erfüllen sie die neuesten Vorschriften zur Verhinderung von Meeresverschmutzung durch Öl im Falle einer Kollision, Havarie oder Strandung.
Die Antriebsanlage besteht aus zwei MAN Dieselmotoren, die zusammen eine Leistung von 14.357 PS erbringen und dem Zwei-Wellen-Schiff eine Geschwindigkeit von 20 kn verleihen. Die gesamte Schiffstechnik ist weitestgehend nach handelsüblichen Standards ausgelegt und ermöglicht einen 24 Stunden wachfreien Betrieb.
Sämtliche Versorgungsgüter können auf See in Fahrt mittels speziellem Seeversorgungsgeschirr an andere Einheiten übergeben werden (RAS, Replenishment at Sea). Dies kann gleichzeitig auf beiden Seiten des EGV geschehen. Darüber hinaus können Hubschrauber im Vertical-Replenishment-Verfahren (VERTREP) für die Versorgung in See eingesetzt werden. Zwei Hubschrauber des Typs SEA KING finden im Hangar des EGV Platz. Die Schiffe verfügen zudem über eigenes Ladegeschirr, damit auch im Hafen der Umschlag von Gütern unabhängig von einer Hafeninfrastruktur abgewickelt werden kann.
Der EGV hat unter anderem eine Versorgungskapazität von 9000 t Kraftstoff, 505 t Flugbenzin, 105 t Frischwasser und 220 t Proviant, 100 t Verbrauchsgüter sowie 225 t Munition. Es besteht ferner die Möglichkeit der Entsorgung von Schmutzwasser, Bilgenwasser und Altöl.
Für den Eigenschutz sind die Einsatzgruppenversorger mit vier Marineleichtgeschützen MLG 27 bewaffnet.
In seiner Sitzung vom 17. Dezember 2008 billigte der Haushaltsausschuss des Deutschen Bundestages ein drittes Schiff. Es ist eine technische Fortschreibung der beiden ersten Einheiten. Erforderlich waren Ergänzungen und Modifikationen des bestehenden EGV-Entwurfs zur Anpassung an den aktuellen technologischen Stand sowie an die geänderten zivilen und bundeswehrspezifischen Bestimmungen und Vorschriften beim Umweltschutz, der Arbeitssicherheit und der Auslegung der Rettungsmittel. Schiffskörper und Hubschrauberlandedeck wurden nach neuen Standards dimensioniert. Die Erfahrungen aus Betrieb, Einsatz und Materialerhaltung der beiden ersten Schiffe fanden Berücksichtigung.

Bord-Nr. Name: A 1411 »Berlin«, A 1412 »Frankfurt am Main«, A 1413 »Bonn«

Indienststellungen: 11.04.01, 27.05.02, 13.09.13

Der Einsatzgruppenversorger »Bonn« am Tag seiner Indienststellung, die in Wilhelmshaven am 13. September 2013 stattfand. (Foto: Autor)

18. WAFFENSYSTEME DER BUNDESMARINE

18.1 FLUGKÖRPER

Als Lenkflugkörper (LFK) oder auch nur kurz als Flugkörper (FK) werden im militärischen Sprachgebrauch Waffen mit eigenem Antrieb bezeichnet, die während des Fluges gelenkt oder selbstständig mit eingebauter Sensorik ins Ziel gesteuert werden. Im Gegensatz hierzu stehen die Raketen, die einmal gestartet in ihrer Flugbahn nicht mehr beeinflusst werden können. Der Raketenantrieb ist bei den Flugkörpern kein zwingendes Merkmal. Es gibt auch Flugkörper mit außenluftabhängigen Triebwerken.
Weiterhin unterscheidet man bei den Flugkörpern nach dem Zielobjekt, das sich am Boden, in See und in der Luft befinden kann. Sie werden als Marschflugkörper, Schiff-Schiff-Flugkörper und Schiff-Luft-Flugkörper bezeichnet. Die über große Distanzen weit reichenden und über ein einprogrammiertes Flugprofil gelenkten Marschflugkörper waren allerdings bei der Bundesmarine nicht eingeführt. Nachfolgend in Kurzform eine Übersicht der in der Bundesmarine genutzten Flugkörpersysteme.

Abschuss eines Schiff-Luft-Flugkörpers TARTAR von einem amerikanischen Kreuzer. (Foto: US Navy)

SCHIFF-LUFT-FLUGKÖRPER

Der erste Flugkörper war der auf den Zerstörern der »Lütjens«-Klasse eingerüstete Schiff-Luft-Flugkörper TARTAR. Er war gegen Luftziele in kurzer und mittlerer Distanz ausgelegt, konnte aber auch gegen Schiffsziele eingesetzt werden. Für die Lenkung musste das Schiff ein Ziel mit dem Radar anstrahlen. Um sein Ziel zu erreichen orientierte sich der Flugkörper an den zurückgeworfenen Radarwellen. Der Vorrat an Flugkörpern betrug 40 Stück. Sie wurden aus dem achtern auf dem Aufbaudeck stehenden Einzelstarter eingesetzt.

In den 1970er Jahren wurden die TARTAR-Flugkörper auf den Zerstörern der »Lütjens«-Klasse gegen den Schiff-Luft-Flugkörper STANDARD MISSILE 1 (SM 1) ausgetauscht. Diese verbesserte Nachfolgeentwicklung des TARTAR war ebenfalls radargelenkt. Der SM 1 konnte eine größere Fluggeschwindigkeit erreichen. Sie lag bei 1,25 bis 3,5 Mach. Ein Flugkörpervorrat von 40 FK war an Bord vorhanden. Der Einsatz erfolgte aus dem gleichen Starter wie die TARTAR-Flugkörper.

Schiff-Luft-Flugkörper STANDARD MISSILE 1 auf dem Zerstörer und Museumsschiff »Mölders«. (Fotos: Autor)

Mit den Fregatten der »Bremen«-Klasse erhielt die Bundesmarine den Schiff-Luft-Flugkörper SEA SPARROW, der auch als NATO SEA SPARROW MISSILE (NSSM) bezeichnet wird. Er ist ein radargesteuertes Flugabwehrsystem mittlerer Reichweite, das bei fast allen NATO-Marinen im Einsatz ist. Vor der Brücke der Fregatten stand ein Starter mit acht Flugkörpern.

Der Starter für die Schiff-Luft-Flugkörper SEA SPARROW war auf den Fregatten der »Bremen«-Klasse vor der Brücke aufgestellt. (Foto: Autor)

Das Schiff-Luft-Flugkörpersystem RAM (Rolling Airframe Missile) ist für die Abwehr von Flugobjekten im Nah- und Nächstbereich ausgelegt. Es wurde mit den Schnellbooten der »Gepard«-Klasse in der Bundesmarine eingeführt und dann auf den Zerstörern der »Lütjens«-Klasse und den Fregatten der »Bremen«-Klasse nachgerüstet. In der Deutschen Marine ist RAM auf allen größeren Einheit vorhanden. Die bilaterale Kooperation zwischen der amerikanischen Marine und der Bundesmarine bei der RAM-Entwicklung begann bereits Ende der 1970er Jahre und zählt heute zu den erfolgreichsten gemeinsamen transatlantischen Vorhaben. Als Generalunternehmer für die Produktion des deutschen Anteils wurde 1985 eigens die RAM System GmbH gegründet. Der Überschall-Lenkflugkörper mit autonomer Zielsuchfunktion, der Schutz gegen Schiff-Schiff-Flugkörper sowie feindliche Flugzeuge und Hubschrauber bietet, zeichnet sich aus durch hohe Feuerkraft und kurze Reaktionszeit und ist eines der zuverlässigsten Waffensysteme für den Eigenschutz. Das Flugkörpersystem RAM ist bei der US Navy und der Deutschen Marine sowie in zahlreichen weiteren Marinen eingeführt.

Abb. unten: Die beiden RAM-Starter auf dem Hubschrauberhangar einer Fregatte der »Bremen«-Klasse. (Foto: Autor)

Der Abschuss eines RAM-Flugkörpers auf der Korvette »Braunschweig« der Deutschen Marine. (Foto: RAM-Systems)

Abschließend sei zu den Schiff-Luft-Flugkörpern noch auf die in der NATO gültigen Entfernungsgrenzen im Rahmen der maritimen Luftverteidigung hingewiesen, an der sich auch die Deutsche Marine orientiert. Sie sind wie folgt definiert:

- Nächstbereich, bis 4 sm (7,5 km), Eigenschutz
- Nahbereich, bis 10 sm (18,5 km), Eigenschutz und eingeschränkter Verbandsschutz
- Mittelbereich, bis 50 sm (92 km), Verbandsschutz
- Weitbereich, über 50 sm (92 km), Verbandsschutz.

SCHIFF-SCHIFF-FLUGKÖRPER

Auf den Schnellbooten der »Tiger«-Klasse fand bei der Bundesmarine erstmals mit dem eingerüsteten EXOCET MM 38 auch ein Schiff-Schiff-Flugkörper Verwendung. Dieser allwetterfähige Seezielflugkörper stammt aus französischer Produktion und ist bis heute einer der weltweit am weitesten verbreiteten Seezielflugkörper. Die nachfolgenden Schnellboote der »Albatros«- und »Gepard«-Klasse waren ebenfalls damit aus-

Zwei der vier Waffencontainer für den Schiff-Schiff-Flugkörper EXOCET MM 38 auf einem Schnellboot der »Gepard«-Klasse. (Foto: Autor)

Die beiden HARPOON-Startcontainer auf der neuesten Fregatte der Deutschen Marine, der Fregatte »Baden-Württemberg«. (Foto: Autor)

Der Start eines HARPOON-Flugkörpers auf einem US-amerikanischen Schiff. (Foto: US Navy)

gestattet. Bei den Zerstörern der »Hamburg«-Klasse wurde das Flugkörpersystem im Austausch gegen einen 100-mm-Turm nachgerüstet. Die EXOCET MM 38 war als Seaskimmer ausgelegt und hatte eine Flughöhe von zwei bis drei Meter über der Wasseroberfläche. Mit diesem Flugprofil reduzierte sich die Entdeckungswahrscheinlichkeit durch das gegnerische Radar. Nach dem Ausbrennen des Marschtriebwerkes nahm die fire-and-forget-Lenkwaffe im Endanflug eine semiballistische Flugbahn ein und erreichte das Ziel in einem steilen Sturzflug.
Mit den Fregatten der »Bremen«-Klasse kam mit dem HARPOON das zweite Muster an Schiff-Schiff-Flugkörpern bei der Bundesmarine in die Nutzung. Auch auf den nachfolgenden Fregatten-Klassen bis hin zur ganz neuen »Baden-Württemberg«-Klasse ist der Flugkörper an Bord. Auf den Zerstörern der »Lütjens«-Klasse wurde der HARPOON Mitte der 1980er Jahre nachgerüstet und kam aus dem schon vorhandenen Starter auf dem Achterdeck zum Einsatz. Als Seaskimmer hat er in der Marschphase eine Flughöhe von zwei bis fünf Metern. Kurz vor dem Ziel steigt er in einem sogenannten Pop-Up-Manöver auf etwa 2000 m und steuert im Endanflug das Ziel von oben an. Der Gefechtskopf zündet zeitverzögert, so dass die Explosion im Schiffsinneren stattfindet und damit erheblich mehr Schaden anrichtet als ein Aufschlagzünder, wie es zum Beispiel beim EXOCET MM 38 der Fall ist.

Flugkörper	Typ	Gewicht Flugkörper (kg)	Gewicht Sprengkopf (kg)	Reichweite (km)	Fluggeschw. (Mach)
TARTAR	Schiff-Luft	594	59	32	1,8
SM 1	Schiff-Luft	562	62	32	> 2,0
NSSM	Schiff-Luft	231	35	25	2,5
RAM	Schiff-Luft	73	2	9	2,4
MM 38	Schiff-Schiff	750	165	42	0,9
HARPOON	Schiff-Schiff	682	222	140	0,85

18.2 ROHRWAFFEN

Rohrwaffen können gegen Luft-, See- und Landziele eingesetzt werden, wobei die kleineren Kaliber in der Regel gegen Luftziele zum Einsatz kommen. Im Gegensatz zum Flugkörper sind sie dosierbar und können eskalationssteigernd genutzt werden. Ein weiterer Vorteil ist der Preis. Ein Artilleriegeschoss ist bei Weitem billiger als ein Flugkörper. Hoher Munitionsvorrat, hohe Feuergeschwindigkeit und einfache Bedienbarkeit sind weitere Pluspunkte. Daher sind Rohrwaffen auch auf modernen Schiffen nicht wegzudenken.

Mit der Übernahme von gebrauchten Einheiten während der ersten Jahre hatte die Bundesmarine eine Vielzahl von unterschiedlichen und zum Teil auch veralteten Rohrwaffen erhalten. Erst mit den Boots- und Schiffsneubauten setzte eine Standardisierung mit modernen Geschütz- und Turmsystemen ein. Im Nachfolgenden werden diese in Kalibergröße abwärts in Kurzdarstellungen vorgestellt. Die Bezeichnung der Waffen erfolgt einheitlich mit der Angabe des Kalibers und der Rohrlänge als Vielfaches davon.

127-MM-TÜRME

Mit den ehemaligen amerikanischen Zerstörern der »Z 1«-Klasse erhielt die Bundesmarine ihr größtes Kaliber von 127 mm (5 inch). An Bord der Schiffe waren vier 127 mm L/38 Türme. Außerdem waren diese Waffen mit jeweils einem Turm auf den Landungsunterstützungsbooten »Otter« und »Natter« vorhanden. Trotz geringer Rohrlänge hatte der Turm eine gute Gefechtsentfernung, war aber gegen Luftziele nur eingeschränkt einsetzbar. Die reine Handbeladung des Turms war seine Schwäche. Die angegebene Kadenz konnte somit nur kurze Zeit durchgehalten werden.

Auf den aus den USA kommenden Zerstören der »Lütjens«-Klasse waren ebenfalls 5-inch-Türme an Bord. Je ein 127 mm L/54 Turm stand vorne und achtern. Die Munition wurde aus

Die beiden vorderen 127 mm L/38 Türme auf einem Zerstörer der »Z 1«-Klasse. (Foto: Deutsche Marine)

Der vordere 127 mm L/54 Turm auf dem Zerstörer und Museumsschiff »Mölders«. (Foto: Autor)

einer unter dem Geschütz liegenden Kammer maschinell gefördert, zugeführt und angesetzt. Der Turm war eine wirkungsvolle Rohrwaffe gegen Luft-, See- und Landziele.

100-MM-TURM

Der französische 100 mm L/55 Turm war auf den Zerstörern der »Hamburg«-Klasse, den Fregatten der »Köln«-Klasse, den Schulfregatten »Gneisenau« und »Scharnhorst« sowie auf allen Schnellboot- und Minensuchboottendern eingerüstet. Gegen Luftziele war die Waffe effektiv einzusetzen. Gegen Seeziele war das etwas geringe Kaliber von Nachteil.

Der vordere 100 mm L/55 Turm auf einem Schnellboottender. (Foto: Autor)

76,2-MM-GESCHÜTZ UND 76-MM-TURM

Mit den Zerstörern der »Z 1«-Klasse kam ein 76,2-mm- bzw. 3-inch-Geschütz bei der Bundesmarine in Gebrauch. In Doppellafettenaufstellung waren auf den Zerstörern sechs 76,2 mm L/50 Geschütze an Bord. Die Stärke des Geschützes lag in seiner hohen Kadenz. Nachteilig war bei der offenen Waffe die intensiv notwendige Pflege und Wartung.

Erstmals wurde in Deutschland auf Schnellbooten ein 76-mm-Kaliber eingerüstet. Die »Tiger«-, »Albatros«- und »Gepard«-Klassen waren die Waffenträger. Diese Türme mit der Bezeichnung 76 mm L/62 OTO Melara wurden auch auf allen neuen Kampfschiffen der Bundesmarine zur Standardwaffe und sind es bis heute geblieben. Immer wieder modifiziert und technisch angepasst ist das moderne Geschütz weltweit in den Seestreitkräften verbreitet. Die radargesteuerte Waffe eignet sich für die Bekämpfung von Luft-, See- und Landzielen. Alle mechanischen und hydraulischen Vorgänge werden elektronisch gesteuert. Der Turm selbst benötigt keine Bedienungsmannschaft. In der direkt unter dem Turm gelegenen Munitionskammer sind allerdings zwei Mann für die Munitionszuführung in das Turmfördersystem notwendig.

Der Beladering des 76 mm L/62 OTO Melara-Turms, hier am Beispiel der »Gepard«-Klasse, musste von Hand bestückt werden, ansonsten war die Waffe im Betrieb vollautomatisch. (Foto: Autor)

Abb. links: Das Geschütz 76,2 mm L/50 auf dem amerikanischen Zerstörer und Museumsschiff »The Sullivans«. (Foto: Linsdell / CC-BY-SA 2.0)

40-MM-GESCHÜTZE

Auf allen Booten der Bundesmarine, den Schnellboot- und Minensuchboottendern sowie auf dem Schulschiff »Deutschland« und auf einigen Schulfregatten kam das Geschütz 40 mm L/70 Bofor zum Einbau.

40 mm L/70 Bofor-Geschütz. (Foto: Autor)

Das Geschütz 40 mm L/70 Breda ist die Doppellafettenausführung des 40 mm L/70 Bofor. Es war auf den Zerstörern der »Hamburg«-Klasse, den Fregatten der »Köln«-Klasse und auf einigen Schulfregatten sowie und auf den beiden U-Boottender »Lahn« und »Lech« eingerüstet.

Primär als Flugabwehrgeschütze ausgelegt, hatten beide Waffen eine hohe Kadenz. Der Einsatz konnte auch gegen Seeziele erfolgen. Bei längerem Dauerfeuer musste das Schießen allerdings unterbrochen und das Rohr mit Wasser gekühlt oder ausgetauscht werden.

In der Mitte der 1980er Jahre wurden die Geschütze 40 mm L/70 Bofor auf der »Tiger«-Klasse modifiziert und mit einer Schutzkuppel ausgerüstet. Der Einsatz erfolgte jetzt sowohl manuell wie auch über das Feuerleitradar. Der Richtschütze hielt sich im Geschütz auf. Drei weitere Besatzungsmitglieder mussten die Munition für die automatische Nachladeeinrichtung heranschaffen.

Kurze Pause beim Übungsschießen mit dem Geschütz 40 mm L/70 Bofor. (Foto: Autor)

Das vordere 40 mm L/70 Breda Geschütz auf einem U-Boottender. (Foto: Autor)

Das mit einer Schutzkuppel versehene und modifizierte 40 mm L/70 Geschütz an Bord eines Schnellen Minensuchbootes der »Hameln«-Klasse. (Foto: Lung / CC-BY-SA 2.0)

Kaliber	Reichw. gegen Seeziel (m)	Gipfelhöhe (m)	Patronengewicht (kg)	Geschossgewicht (kg)	Kadenz (Sch. / Min.)
127 mm L/38	16.400	11.300	getrennte Munition	26,1	15–18
127 mm L/54	23.600	14.800	getrennte Munition	31,3	34
100 mm L/55	17.000	11.000	23,2	13,5	60
76 mm L/50	12.600	8900	11	5,9	45
76 mm L/62	16.300	11.800	12,5	6,3	85
40 mm L/70	12.600	8700	2,5	0,96	300

18.3 UNTERWASSERWAFFEN

Die Unterwasserkriegführung spielte von Anfang an bei der Bundesmarine eine große Rolle. Ihr Einsatzgebiet in der westlichen Ostsee, den Ostseezugängen und in der Nordsee waren mit den dort vorhandenen geringen Wassertiefen für diese Art der Seekriegführung geradezu prädestiniert. Dabei spielt sich das Unterwasserszenario in drei großen Kategorien ab, die sich in Teilen überschneiden und gegenseitig beeinflussen. Dies sind:

- die U-Bootkriegführung,
- die U-Bootbekämpfung und
- die Minenkriegführung.

Jeder dieser Bereiche verlangt spezielle und auf die zugedachte Verwendung zugeschnittene Waffensysteme, die nachfolgend kurz beschrieben werden.

TORPEDOS

Die Ende der 1950er Jahre in Dienst gestellten Schnellboote der »Jaguar«-Klasse sowie die später der Flotte zulaufenden Zerstörer der »Hamburg«-Klasse und die U-Boote der »U 4«-Klasse waren mit alten und noch aus dem Zweiten Weltkrieg stammenden Torpedos ausgerüstet. Es handelte sich um die Typen G 7a/e, die aus Frankreich zurückgekauft wurden. Auch der in England beschaffte Mk 8 Torpedo, der als Nachbau auf dem G 7a basierte, kam ebenfalls in Verwendung. Je nach eingestellter Geschwindigkeit (30 kn, 40 kn, 44 kn) hatten sie eine Laufstrecke von 6000 bis 12.500 m. Erst mit den Außerdienststellungen der Schnellboote der »Jaguar«-Klasse sind dann diese Geradeausläufer-Torpedos aus der Bundesmarine verschwunden.

Die erste deutsche Eigenentwicklung war der drahtgelenkte und programmgesteuerte U-Jagdtorpedo DM 1 SEESCHLAN-

Ein noch aus dem Zweiten Weltkrieg stammender Torpedo G 7 a/e als Exponat im Deutschen Marinemuseum in Wilhelmshaven. (Foto: Autor)

GE, der auf den U-Booten der »U 13«-Klasse noch eingeführt wurde, aber dann doch nicht weiter in der Verwendung blieb. Er hatte eine Laufstrecke von bis zu 11 km und erreichte eine Geschwindigkeit von 33 kn. Die maximale Einsatztiefe betrug 200 m.

Der ebenfalls drahtgelenkte und programmgesteuerte DM 2 sollte jedoch Karriere machen. Als Seezieltorpedo DM 2A1 SEAL wurde er auf den U-Booten der »U 13«-Klasse eingeführt. Seine maximale Laufstrecke betrug 25 km und seine Höchstgeschwindigkeit 33 kn. Die Einsatztiefe reichte bis 100 m. Die Lenkung erfolgte über eine sich während des Laufs abspulende Drahtverbindung oder bei Drahtriss durch ein Eigenlenkungsprogramm. Der Torpedo wurde schon bald modifiziert. Er kam dann zusätzlich auch auf den Schnellbooten der »Zobel«- und der »Albatros«-Klasse zum Einsatz. Eine Weiterentwicklung ist der DM 2A3 SEEHECHT, der zusätzliche U-Jagdfähigkeiten hatte und auf den neuesten Stand der Torpedotechnik gebracht wurde. Der Schwergewichtstorpedo kam auf den zur Klasse 206A umgebauten U-Booten zum Einsatz kam.

Die Übernahme der Torpedos – hier ein DM 2A1 – geschah auf den U-Booten der »U 13«-Klasse mittels einer am Bug angehängten Arbeitsbühne über die beiden oberen Torpedorohre. (Foto: Autor)

Als U-Jagdtorpedo stand der Bundesmarine der DM 3 zur Verfügung. Dies war der flachwasseraptierte amerikanische Torpedo Mk 37. In Zweitfunktion konnte der DM 3 auch als Seezieltorpedo genutzt werden. Er kam auf den U-Booten der »U 9«- und der »U 13«-Klasse sowie auf den u-jagdfähigen Überwassereinheiten – den Zerstörern der »Hamburg«-Klasse, den Fregatten der »Köln«-Klasse und den U-Jagdbooten der »Thetis«-Klasse – zum Einsatz. Der Torpedo war programmgesteuert und hatte eine passive wie auch aktive Zielortung. Zunächst auf Kollisionskurs geschossen, verfolgte der Torpedo ein eigenes vor Abschuss eingestelltes Laufprogramm. Kam es nicht zur Zielauffassung oder nach einer Zielerfassung zu einem Zielverlust, so ging der Torpedo in ein Suchlaufprogramm über. Die Auffassreichweite lag je nach Wasserverhältnissen bei 1000 m. Seine Reichweite konnte bis zu 18 km betragen. Die Lauftiefe reichte bis 330 m.

U-Jagdtorpedo DM 3. (Foto: Autor)

U-JAGDWAFFEN

Der U-Jagdpatronenwerfer des Typs Hedgehog war mit je zwei Anlagen auf den Zerstörern der »Z 1«-Klasse eingerüstet. Die Waffe, aus der gegen getauchte U-Boote eine Salve von 24 U-Jagdpatronen abgeschossen werden konnte, stammte noch aus dem Zweiten Weltkrieg. Sie ließ sich nur in den Vorausbereich abfeuern. Der Zerstörer musste dann sofort abdrehen, um nicht in den Explosionsteppich hineinzugeraten. Die Reichweite lag bei 290 m.

Auf den Zerstörern der »Hamburg«-Klasse, den Fregatten der »Köln«-Klasse und den U-Jagdbooten der »Thetis«-Klasse sowie auf dem Schulschiff »Deutschland« waren U-Jagdraketenwerfer eingerüstet. Aus den Vierfachstartern wurde die »Bofor-U-Jagdrakete 375 mm« abgefeuert, deren Reichweite bis zu 1700 m betrug. Ihre Einsatztiefe konnte bis 400 m erfolgen.

Der Hedgehog-Werfer auf dem amerikanischen Zerstörer und Museumsschiff »The Sullivans«. (Foto: Linsdell / CC-BY-SA 2.0)

Die U-Jagdrakete 375 mm als Ausstellungsstück. (Foto: Autor)

Weiter reichte das ASROC-Waffensystem (Anti Submarine Rocket) auf den Zerstörern der »Lütjens«-Klasse. Eine Rakete verbrachte einen 324-mm-Leichtgewichtstorpedo auf einer ballistischen Flugbahn in das berechnete Zielgebiet. Dort wurde der Torpedo abgesprengt, kam an einem Fallschirm schwebend zu Wasser und nahm dann seinen Suchlauf nach dem vermuteten U-Boot auf. Die Reichweite des Waffensystems lag bei etwa 9 km.

Der Backbord-U-Jagdraketenwerfer auf dem Schulschiff »Deutschland«. (Foto: Autor)

Abb. rechts: Die Achtzellige-ASROC-Starteranlage auf dem Zerstörer und Museumsschiff »Mölders«. (Foto: Autor)

Bleibt noch als weitere wichtige U-Jagdwaffe die Wasserbombe. Die zylindrische Form ließ bei der Verwendung ein problemloses Abrollen von einer Ablaufbühne zu. Ihr Einsatz konnte bis zu einer Wassertiefe von 120 m erfolgen. Ausgelöst wurde die Wasserbombe über einen vor dem Abwurf auf eine bestimmte Tiefe eingestellten Wasserdruckzünder.

Wasserbombe DM 11. (Foto: Autor)

SEEMINEN

Die Minenkriegführung war Teil der Operationsführung der Bundesmarine. Die Bedrohung durch Minen engt den Gegner bei der Nutzung bestimmter Seegebiete ein. Es kann ihn veranlassen, Häfen zu schließen oder seinen Seeverkehr umzuleiten. Ein Mineneinsatz soll aber nicht nur den Gegner behindern, sondern auch eigene Operationen unterstützen und ergänzen oder überhaupt erst möglich machen. Man differenziert daher zwischen einem offensiven, defensiven und schützenden Verminen.

Zwei grundsätzliche Arten von Minen gilt es zu unterscheiden: die Ankertaumine und die Grundmine. Beide Arten können mit magnetischen, akustischen und auf Druckunterschiede reagierende Sensoren bestückt werden und so das Zünden der Mine auslösen. Bei der Ankertaumine kommt noch zusätzlich die Zündmethode durch Zusammenstoß hinzu. Durch Uhrwerke und Zählschritte lässt sich auch ein unterschiedliches Scharfmachen der Minenkörper realisieren. Alles zusammen und im Mix ergibt ein kompliziertes System und erschwert das Räumen eines Minenfeldes.
In der Bundesmarine kam die Ankertaumine DM 11 zum Einsatz. Sie konnte in Wassertiefen von 5 bis 250 m verwendet werden und war mit einem Berührungszünder ausgestattet. Die Grundmine Mk 36 hatte dagegen eine Einsatztiefe von 5 bis 120 m. Sie reagierte auf akustische, magnetische und druckbedingte Signale.

Die Schnellboote der »Gepard«-Klasse waren zum Minenverlegen ausgerüstet. Auf dem Museumsschiff »S 71 Gepard« im Deutschen Marinemuseum in Wilhelmshaven sind eine Grundmine (li) und eine Ankertaumine (re) zu sehen. (Foto: Autor)

19. UNIFORMEN

UNIFORMEN, DIENSTGRAD-, LAUFBAHN- UND SONDERAUSBILDUNGSABZEICHEN DER BUNDESMARINE

Die Vielfältigkeit der Ausgeh- und Dienstuniformen sowie der Sonderbekleidungen wird auf dieser Abbildung deutlich.

Dienstgradabzeichen.

Laufbahn- und Sonderausbildungsabzeichen.

Quellennachweis: Die Abbildungen stammen von Werbeprospekten der Bundesmarine aus den späten 1960er Jahren.

20. QUELLENNACHWEIS

Bess, H. H.
Die Marine der Bundesrepublik Deutschland, Herford, 1971

Breyer, Siegfried / **Koop**, Gerhard
Die Schiffe und Fahrzeuge der deutschen Bundesmarine 1956–1976, München, 1978
Die Schiffe, Fahrzeuge und Flugzeuge der deutschen Marine von 1956 bis heute, Bonn, 1996

Ewerth, Hannes
Die U-Flottille der deutschen Marine, Herford, 1988

Friedman, Norman
The Naval Institute Guide to World Naval Weapons Systems, Annapolis, div. Jgg.

Gröner, Erich
Die deutschen Kriegsschiffe 1815–2015 Band 9/1, Berlin, 2017

Harnack, Wolfgang
Die Zerstörerflottille der Deutschen Marine, Hamburg, 2001

Hildebrand, Hans H.. / **Röhr**, Albert. / **Steinmetz**, Hans-Otto
Die deutschen Kriegsschiffe Band 1–4, Ratingen, o.J.
Die deutschen Kriegsschiffe Band 5–7, Ratingen, o.J.

Jeschonnek, Gert
Bundesmarine 1955 bis heute, Koblenz, 1975

Kaack, Ulf
Typenatlas Bundeswehr – Die Schiffe der Bundesmarine 1956 bis 1990, München, 2013
Typenatlas Bundeswehr – Die Schiffe der Deutschen Marine 1990 bis heute, München, 2013

Karr, Hans
Die berühmtesten Schiffe des 20. Jahrhunderts – Die man kennen muss, Stuttgart, 2018
Typenkompass – Deutsche Marine – Die Schiffe der Bundesmarine 1956–1990, Stuttgart, 2015
Typenkompass – Deutsche Uboote seit 1956, Stuttgart, 2014
Typenkompass – Fregatten, Stuttgart, 2013
Typenkompass – Korvetten und Patrouillenschiffe, Stuttgart, 2011
Typenkompass – Museumsschiffe, Stuttgart, 2012

Killi, Hendrik
Minensucher der Deutschen Marine, Hamburg, 2002

Kroschel, Günther / **Steindorff**, Klaus-Jürgen
Die Deutsche Marine 1955–1985 – Schiffe und Flugzeuge, Wilhelmshaven, 1985

Ostertag, Reinhart
Deutsche Minensucher, Herford, 1986

Poske, Fritz
Der Seegrenzschutz 1951–1956, München, 1982

Rahardt, Olaf
Schiff Profile Band 11 – Schnellboote Klasse 143 / 143A, Stengelheim, o.J.

Rhades, Jürgen
Schulschiff DEUTSCHLAND, Koblenz, 1987

Rode, Martin
Schiff Profile Band 5 – Zerstörer ROMMEL, Illertsen, o.J.
Schiff Profile Band 9 – Fregatten Klasse 122, Stengelheim, o.J.
Schiff Profile Band 12 – Schnellboote der Klasse 148, Stengelheim, o.J.
Schiff Profile Band 21 – Zerstörer der HAMBURG-Klasse, Stengelheim, o.J.

Rode, Martin / **Rahardt**, Olaf
Schiff Profile Band 17 – Zerstörer der FLETCHER-Klasse, Stengelheim, o.J.

Rössler, Eberhard
Die neuen deutschen U-Boote, Bonn, 2004
Die U-Bootklasse 206 / 206A der Deutschen Marine, Hamburg, 2012
U-Boottyp XXI, Bonn, 2008
U-Boottyp XXIII, Bonn, 2002

Thomer, Egbert
Z 1 – Das Zerstörerbuch, Koblenz, 1973

Wenzel, Berndt
Die Zerstörer der HAMBURG-Klasse, Gifhorn, 1980

Wessel, Jürgen
Deutsche Marinetechnik zwischen gestern und heute, Stuttgart, 2008

Wetzel, Eckard
U 2540 – Das U-Boot beim Deutschen Schifffahrtsmuseum in Bremerhaven, Erlangen, 1996

Witthöft, Hans Jürgen
Gebaut bei Blohm+Voss, Hamburg, 2004
Lexikon zur deutschen Marinegeschichte Band 1, Herford, 1977
Lexikon zur deutschen Marinegeschichte Band 2, Herford, 1977

Flottenhandbücher

Combat Fleets of the World, Annapolis, div. Jgg.
Flottes de Combat, Rennes, div. Jgg.
Jahrbuch der deutschen Marine, Bremen, div. Jgg.
Jahrbuch der Marine, Bonn, div. Jgg.
Köhlers Flotten-Kalender, Hamburg, div. Jgg.
Weyers Flottentaschenbuch, Bonn, div. Jgg.

Sonstige Quellen

Internet-Lexikon wikipedia (https://www.wikipedia.de/)
Berichte und Meldungen diverser Zeitschriften und Tageszeitungen

Das Flottendienstboot-Trio »Oste«, »Alster« und »Oker« (v.l.n.r.) in ihrem Heimatstützpunkt Eckernförde. (Foto: Autor)

WEITERE INTERESSANTE BÜCHER ZUM THEMA

Dieses Werk stellt alle Klassen und Bootstypen vor, die seit 1904 bei den deutschen Marinen fuhren oder fahren sollten. Typenporträts geben u.a. Auskunft über spezifische Entwicklungen, Indienststellung, technische Details und Besatzungsstärke.
304 Seiten, 324 Abbildungen,
Format 230 x 265 mm
ISBN 978-3-613-03194-4
€ 29,90 / € (A) 30,80

Ursprünglich diente die kaiserliche Marine dem Küstenschutz, doch Kaiser Wilhelm II. machte aus ihr eine der größten Flotten der Welt. Diese Enzyklopädie beschreibt alle großen und mittleren Überwasserschiffstypen der kaiserlichen Reichs- und Kriegsmarine.
304 Seiten, 399 Abbildungen,
Format 230 x 265 mm
ISBN 978-3-613-04017-5
€ 29,90 / € (A) 30,80

Jak P. Mallmann-Showell gibt einen Überblick der Kriegsmarine im Zweiten Weltkrieg: Schlachtschiffe, Panzerschiffe, leichte und schwere Kreuzer, Zerstörer und Torpedoboote werden mit technischen Daten, Fakten und Bildern beschrieben.
160 Seiten, 160 Abbildungen,
Format 230 x 265 mm
ISBN 978-3-613-04151-6
€ 19,95 / € (A) 20,60

Dieser Bildband geht auf die einzelnen Marinen, ihre Rollen im Warschauer Pakt sowie ihre Über- und Unterseestreitkräfte ein. Dabei wird eine Vielzahl an Fotografien gezeigt, die bisher noch gar nicht oder nur selten veröffentlicht wurden.
240 Seiten, 300 Abbildungen,
Format 230 x 265 mm
ISBN 978-3-613-04126-4
€ 29,90 / € (A) 30,80

Stand September 2019
Änderungen in Preis und Lieferfähigkeit vorbehalten.

Überall, wo es Bücher gibt, oder unter
WWW.MOTORBUCH-VERSAND.DE
Service-Hotline: 0711 / 78 99 21 51

Motor buch Verlag